ETA 物理教程

热学

穆良柱 ◎编著

北京大学出版社
PEKING UNIVERSITY PRESS

图书在版编目 (CIP) 数据

热学 / 穆良柱编著 . — 北京：北京大学出版社， 2022.6
ISBN 978-7-301-33013-5

Ⅰ. ①热… Ⅱ. ①穆… Ⅲ. ①热学 Ⅳ. ① O551

中国版本图书馆 CIP 数据核字 (2022) 第 080113 号

书　　　名	热　学	
	REXUE	
著作责任者	穆良柱 编著	
责 任 编 辑	刘　啸	
标 准 书 号	ISBN 978-7-301-33013-5	
出 版 发 行	北京大学出版社	
地　　　址	北京市海淀区成府路 205 号　100871	
网　　　址	http://www.pup.cn	
电 子 信 箱	zpup@pup.cn	
新 浪 微 博	@ 北京大学出版社	
电　　　话	邮购部010-62752015　发行部010-62750672　编辑部010-62754271	
印 刷 者	北京溢漾印刷有限公司	
经 销 者	新华书店	
	730 毫米 ×980 毫米　16 开本　16.75 印张　328 千字	
	2022 年 6 月第 1 版　2023 年 5 月第 2 次印刷	
定　　　价	49.00 元	

前言

热学教材已经很多, 为什么要再写一本呢? 本书实际上是在物理认知规律指导下, 将物理认知模型 (ETA 模型)、方法、精神融入教材的一次尝试. 之所以做这样的尝试, 是为了在大学阶段弥补中学物理教育欠缺的物理认知能力, 也就是科学认知能力.

物理认知是典型的科学认知, 主要由实验认知 (E)、理论认知 (T)、应用认知 (A) 三个模式构成, 如图 1 所示, 每个模式都有其相应的认知目标和规律, 这就是 ETA 物理认知模型[1]. 大致说来, 这有点像盲人摸象: 运用触觉摸索的过程对应实验认知, 运用摸索得到的片段认识拼凑完整的图像对应理论认知, 如果经过实践检验图像还没错, 就可以用来和大象打交道了, 这对应应用认知. 其中实验认知、理论认知是对未知对象的科学探索过程, 应用认知则是技术应用过程. 而为了完成三个认知模式的认知目标, 需要采取对应的做事方法, 即物理方法[2] (图 1), 同时对认知者也提出了做人的要求, 即物理精神[3] (图 2).

中学阶段学生更多训练的其实是应用认知能力. 典型的做法就是记住大量公式, 然后解题. 之所以这样做, 是因为国家经济发展的需求. 新中国成立之初, 国家科技落后, 这时最有效的认知模式就是应用认知模式, 即快速学习别人先进的科技, 然后灵活应用. 教育为了满足这样的要求, 就需要把能快速学习新知识, 并灵活应用的人才选拔出来. 所以过去的应试教育实际上是成功的, 国家的飞速发展就是证明, 发达国家也都走过这样的道路.

但随着国家的发展, 有些先进科技被封锁了, 有的领域已经最先进了, 这时国家需要的是原创性的工作. 这样只有应用认知能力就远远不够了, 还需要能探索未知的实验认知和理论认知能力, 其实就是需要培养 "钱学森之问" 中的大师. 这样就对物理教育提出了更高的要求, 要同时加强三种认知模式的训练.

本书在撰写过程中, 尝试将实验认知、理论认知、应用认知的模式融入教材, 实际上就是按照认知规律将热学内容组织成一个富有启发性的认知案例, 在体验完整认知规律的同时, 训练对应的物理方法和物理精神.

本书分 24 讲 (采取这种形式, 一方面是为了方便教师组织教学, 1 讲对应 2 学

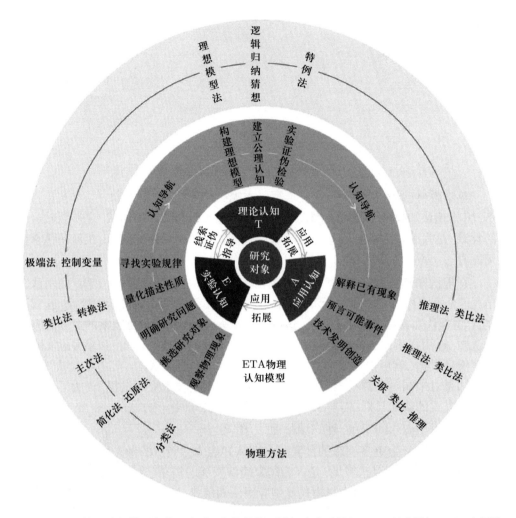

图 1　ETA 物理认知模型与物理方法. 完整的物理认知由实验认知 (E)、理论认知 (T)、应用认知 (A) 构成, 每个认知都有对应的认知目标和步骤, 而为了完成相应的认知任务还需要采取对应的物理方法. ETA 模型实际上提供了一个认知导航图, 对学习、做题、教学、科研等认知过程普遍适用

时, 另一方面是为了方便优秀学生自学, 以讲为单位控制学习进度), 其中第一至十讲的主要研究对象是处于平衡态的理想气体, 第十一、十二讲主要考虑处于线性非平衡态的理想气体, 第十三至十九讲讨论热力学过程, 第二十至二十二讲研究的是相变现象. 可以看到研究对象从简单到复杂, 是一个循序渐进的选择. 第二十三讲介绍化学反应的热力学, 第二十四讲则研究光子气.

　　对于平衡态、线性非平衡态的理想气体, 本书从宏观和微观两个角度介绍如何

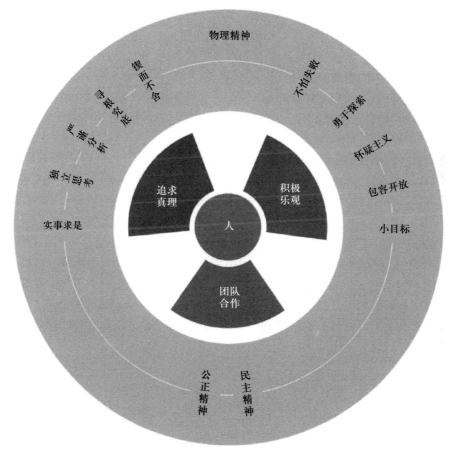

图 2　为了完成物理认知, 对认知者有做人方面的要求, 称为物理精神

用实验认知、理论认知模式构建系统化理解. 对于热力学过程、相变过程, 本书主要是从宏观角度用实验认知、理论认知构建理解. 而化学反应和光子气的部分则算是热学理论的应用.

在对每个研究对象构建认知的过程中, 本书都着重介绍了不断突破认知边界, 发现新现象和新规律的过程.

本书每讲都配有思考题和习题. 思考题主要是相对开放一些的问题, 不追求有标准解答, 能对理解每讲内容有帮助即可. 习题主要是为了配合学习, 巩固所学内容而设, 一般都是详细可解的. 与传统教材配有大量习题不同, 本书习题相对较少. 因为一方面学生在中学已经大量刷题, 训练了较充分的应用认知能力, 不必再增加负担, 另一方面这些习题都是精选的有训练价值的题目, 认真做完对理解热学已经足够了.

　　读者在学习过程中要紧紧围绕最简单的研究对象 —— 理想气体, 先学习如何用实验认知、理论认知、应用认知模式构建理解, 也就是学会如何思考, 还要理解对应的物理方法和精神, 也就是学会如何做事和做人, 然后再将这种物理认知能力迁移到稍微复杂的研究对象上.

　　实际上核心的物理认知规律是不变的, 一旦掌握这种能力, 不同对象的认知可以快速类比, 这就大大提高了认知效率, 而不用每次都像学习新东西那样耗费大量的时间.

　　本书内容在北京大学物理学院为本科生讲授多年, 学生评价是 "授人以渔" 的课程. 本书适用的读者是高等学校物理专业的学生, 可供其他理工科学生参考, 同时也非常适合优秀中学生自学. 希望阅读本书的朋友们都能享受物理认知带来的快乐.

　　在本书撰写过程中, 热学课程助教王贺明、叶柄天、李泽阳、韩兆宇、王峻、俞启威、姚明星等同学阅读了书稿, 在 2020 年疫情期间的热学线上课程中, 同学们帮助修订了一些错误, 北京大学和北京大学出版社立项支持, 好友、同事、热学课程团队的老师们都始终支持, 编辑刘啸也不断督促, 这里一并表示感谢.

　　北京大学物理学科即将迎来建立 110 周年, 谨以本书作为献礼!

穆良柱

2021 年 11 月

于北京大学物理学院

目录

热学简介

热学就是关于热这种研究对象的系统化认知. 什么是热? 系统化认知是什么样的? 怎么得到这些认知的? 热学课程将要讲述的就是这样一个认知故事.

当然, 本课程并不能覆盖所有热学知识, 我们只是挑选其中典型的部分, 来展示物理学家科学认知的模式、方法和精神, 以教会我们如何思考、做事、做人, 也就是建立科学认知能力.

本讲涉及的一些概念和内容会在后面陆续展开, 暂时看不懂也不用担心.

1.1 什 么 是 热

充满空气的气球放入液氮后, 会变得像纸一样扁平, 玫瑰从液氮中取出后轻轻一抓就会变成无数碎片, 铸铁做的球形容器装满水密闭后降温到零度以下会发生崩裂, 将磁化的镍片加热到一定温度后磁性消失, 摩擦生热 …… 这些现象与天体运动、电荷流动不同, 被单独归为一类, 称为热现象. 能被归为一类的原因一定是有共同点, 这类现象的共同点是什么呢?

一种理解是这些现象都有热量的传递, 另一种理解是这些现象都和温度有关, 看起来都有道理. 但有没有更本质的理解呢? 从热现象中挑出一个研究清楚热是什么, 那么自然可以类比到其他热现象.

这里以摩擦生热为例. 如图 1.1 所示, 一个木块在有摩擦的桌面上以初始速度 $v = 10\ \text{m/s}$ 运动, 之后越来越慢直到静止, 这个现象看起来奇怪吗? 如果你眼看着

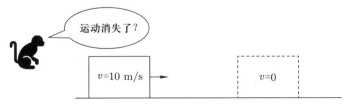

图 1.1　摩擦使得运动消失, 实际上是宏观运动变成了微观热运动

手中的百元人民币慢慢消失不见了, 你会觉得奇怪吗?

如果在力学中建立了所谓 "运动守恒" 的概念, 即能量守恒、动量守恒、角动量守恒, 那么看着一个宏观体系中的运动消失不见就像看着人民币消失不见一样令人惊奇. 如果仍然认为 "运动守恒", 那么可以假设看得见的宏观运动变为了看不见的微观运动. 这样就有理由认为所谓热就是一种微观的运动形式, 具体一点称为热运动. 而布朗运动 (Brownian motion) 的发现、解释以及实验检验, 则让人们更加相信这个物理图像, 即宏观物质是由原子、分子构成的, 而这些原子、分子都在做无规则热运动.

早期学者们曾将热理解为物质, 称为热质 (calorie, 即今天卡路里一词的由来), 如图 1.2 所示. 热质可以流入和流出, 但总量守恒. 在此基础上, 人们还发展了量热学, 提出了温度的概念, 用来度量热质的多少, 即热量.

但是这种理解不能解释摩擦生热, 因为热质大量产生, 总量不再守恒. 这样人们转而相信热动说, 即热是一种微观运动形式, 可以由宏观运动转化而来, 特别是焦耳 (Joule) 的热功当量实验, 更加确认了功和热量本质相同, 同是能量, 只是形式不同.

直到 1850 年, 克劳修斯 (Clausius) 发表了论文《关于我们称之为热的这种运动》, 才明确了物理上对热的理解, 而对热量的理解自然就变成了热运动形式能量传递的度量.

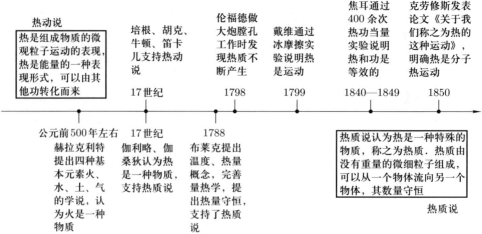

图 1.2 人类早期将热理解为一种物质, 并提出了热质说, 后来因为不能解释摩擦生热, 转而将热理解为微观上的一种运动

那温度是什么呢? 依然以摩擦生热为例, 消失的宏观运动越多, 微观上的热运动应该也越厉害, 宏观感觉上是温度越高, 这就意味着温度可能是微观热运动剧烈程度的度量.

这样热现象都可以归结为和微观粒子无规则热运动有关的现象, 但是还要注意一点, 这些粒子的数目是巨大的, 以摩尔 (mol) 来计量, 1 mol 粒子对应于约 6.02×10^{23} 个粒子.

这样就可以用统一的图像来理解热现象. 例如被液氮冷却的空气, 就是空气中大量分子热运动不断减弱, 最后聚集到一起变成液体的过程. 而磁化的镍片被加热后, 其中大量原子的热运动过于剧烈, 破坏了磁畴结构, 导致磁性消失.

我们可以看到对热现象的初步认识采用了分类法, 即将具有相同本质的大量现象归为一类, 从中挑选最简单的一个研究清楚, 再类比解释其他现象. 这是科学方法的一种, 显然可以大大提高科学认知的效率.

1.2　热学的研究对象

热学的研究对象就是和热运动有关的对象, 一般称为热力学系统, 可能是非常复杂的.

例如加热未名湖的一块冰, 这块冰在标况 (0°C, 1 个标准大气压) 下会变成水, 在沸点会变成水蒸气, 在更高的温度下, 水会分解为氢气与氧气, 温度再高, 可能会出现等离子体, 如果温度继续升高, 还可能出现原子核的分裂, 甚至质子、中子等的对撞, 从而出现夸克−胶子等离子体. 如果对这块冰降温, 它还可能变成另一种结构的冰, 如果加压, 则可能出现十多种结构的冰. 图 1.3 展示了水在不同压强和温度下的状态, 其中的曲线对应相变曲线, 注意其中冰点、沸点、临界点、三相点的位置.

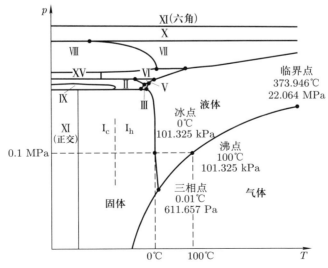

图 1.3　水的相图, 即水在不同温度和压强下的状态

尽管以上涉及的都可以是热学现象, 但刚开始时, 人们并不会选择过于复杂的研究对象. 实际上热学首选的研究对象一定是最简单的, 当然还要是最能体现热运动性质的. 显然单元系比多元系简单, 例如单纯的氧气比空气简单. 单相系比多相系简单, 例如单纯水蒸气比气液共存的情况简单. 气、液、固三态中, 气体显然最能体现热运动性质. 热学中最简单的研究对象就是理想气体, 理想气体的微观定义就是气体分子没有相互作用, 只有热运动, 如图 1.4 所示, 所以原则上这是最理想的热学研究对象.

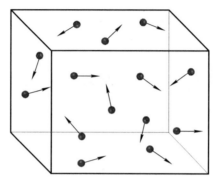

图 1.4　理想气体示意图, 其中气体分子只有无规则热运动

选定对象之后, 还要限定研究的物理性质, 例如主要研究热学性质、力学性质, 不可能一开始就什么性质都研究, 例如电性质、磁性质、光性质, 不然会使得问题过于复杂.

为了研究典型的热学性质, 还需要系统处于平衡态, 即用绝热壁隔绝 (绝热封闭系统), 且不对外做功的孤立系统经过长时间后, 内部达到热平衡 (温度处处相同)、力学平衡 (压强处处相同)、相平衡 (化学势处处相同). 这其实是为了能够量化定义物理量来描述相应的物理性质, 否则没有达到平衡时, 宏观整体性质还会随时间变化, 无法对整个系统定义相应的物理量.

所以最简单的热学研究对象就是处于平衡态的理想气体.

研究清楚了最简单的对象, 人们当然不会满足. 这时可以加入外部影响, 例如做功、传热, 使得系统从一个平衡态经历一个热力学过程变成另一个平衡态, 研究对象也就变成了热力学过程.

再复杂一点的情况可以是偏离平衡态不太远的非平衡态. 这时系统整体不处于平衡态, 但可以将局部宏观小、微观大的部分作为平衡态, 即做局域平衡假设. 这样平衡态的研究都可以直接应用, 无非是相邻平衡态之间有输运过程而已.

另一类复杂的情况是相变现象, 例如气液共存, 气液两相的粒子数都可以发生变化. 尽管看起来非常复杂, 但对其中每一相都可以套用之前已经研究清楚的理解. 当然不能预期阐明所有相变的性质, 实际上对于临界点是需要重新认知的.

最复杂的热学研究对象就是远离平衡态的非平衡态了, 例如人体这样的生命体, 因为涉及非线性问题, 对这类对象的理解非常有限.

本书将依次从简单到复杂, 介绍物理学家是怎样对这些研究对象建立起自己的认知的.

1.3 热力学与统计物理学

热学的研究对象, 即热力学系统, 一方面, 整体上看是一个研究对象, 可以直接从宏观角度研究, 另一方面, 它又是由大量微观粒子构成的, 人们猜想也许可以用还原论的思想, 先将其拆开成原子、分子, 再组装回一个整体. 沿这两个思路分别发展出了热力学和统计物理学.

从宏观角度研究平衡态性质时, 人们发现了物质的状态方程, 以及热力学第零定律. 研究热力学过程时, 人们发现了热力学第一、第二、第三定律. 研究输运过程时, 人们发现了牛顿 (Newton) 黏性定律、傅里叶 (Fourier) 热传导定律、菲克 (Fick) 扩散定律、昂萨格 (Onsager) 倒易关系、最小熵产生原理等. 研究相变时, 人们发现了平衡判据、平衡条件、克拉珀龙 (Clapeyron) 方程、临界幂律关系等. 研究非线性非平衡态时, 人们发现了普利高津 (Prigogine) 的耗散结构理论等. 这些统称为热力学, 其中部分理论已经形成系统的公理化认知.

微观研究则需要首先研究清楚单个粒子的规律. 如果作为经典质点, 其规律就是牛顿力学, 如果作为真实的微观粒子, 其规律就是量子力学. 在组装出平衡态性质时, 需要寻找统计规律, 如麦克斯韦–玻尔兹曼 (Maxwell-Boltzmann) 分布、费米–狄拉克 (Fermi-Dirac) 分布、玻色–爱因斯坦 (Bose-Einstein) 分布、系综理论等. 而对于热力学过程中的规律, 也可以从微观上导出. 输运过程中也有微观的输运理论, 如玻尔兹曼方程等. 对于相变则有平均场理论、标度律、重整化群理论、涨落理论等. 这些统称为统计物理学.

当然不管宏观理论还是微观理论, 研究的对象是相同的, 所以两种理论是相通的, 原则上可以由统计物理学导出热力学, 而导出的过程中往往要用统计平均的方法.

明确了研究对象之后, 整个热学的展开就都是以此为中心的了, 如果学习时觉得迷茫, 请问问自己研究对象是什么.

思 考 题

1. 你是如何建立对力学的认知的? 这样的方式同样适用于热学学习吗? 你准备如

何学习热学呢?

2. 物理学家是如何挑选热学研究对象的? 你会如何选择热学的研究对象呢?

3. 将你已经学过的热学知识系统整理一下, 涉及哪些研究对象? 你对这些研究对象感兴趣吗? 该如何建立对热学研究对象的认知呢?

习　　题

1. 什么是热?

2. 什么是热学最简单的研究对象?

3. 将一金属棒一端温度维持为 100°C, 一端温度维持为 0°C, 过一段时间后, 金属棒性质达到稳定, 此时金属棒处于平衡态吗?

4. 内燃机的转速可以达到 3000 转/分以上, 此时气缸内的气体还可以认为处于平衡态吗? 判断的依据是什么? 如果不能, 应该如何描述?

第二讲

温度

这一讲的主要内容是介绍温度的量化描述方法, 即温标. 物理性质如何量化呢? 温度的量化方法和时间、空间等物理量的量化方法一样, 都是非常好的量化案例.

2.1 状 态 参 量

热学的研究对象一旦确定, 接下来要做的就是观察相应的热学现象, 这通常可以通过加热或冷冻研究对象来产生. 例如加热或冷冻气体、液体、固体, 观察到的现象往往非常复杂, 而伴随着的物理性质也多种多样, 人的感官可以感受到的性质就有几何形体的变化、力的效应、冷热的程度、发光和发热等. 而这些性质都需要定义相应的物理量来量化描述, 如体积 V、压强 p、温度 T 等. 对于热学来讲, 温度这个量是特殊的, 因为大部分其他物理量都可以在别的学科里定义.

需要注意的是, 为了对热学的研究对象 (即热力学系统) 有效地量化描述, 要求系统处于平衡态 (即在没有外界影响的情况下, 系统自身性质不随时间变化的状态). 原因是显而易见的, 如果没有达到平衡态, 系统的性质不均一, 就没有一个简单的量化物理量来描述系统相应的性质.

以后学习中, 会注意到对于处于非平衡态的系统, 要想方设法利用平衡态的性质来描述, 例如将非平衡态的系统分割成局域平衡的微元平衡态.

这里列出常见的描述平衡态性质的一些物理量, 具体定义在用到时会详细解释. 描述热性质的是温度 T, 描述力性质的是压强 p, 描述空间几何性质的是体积 V, 描述微观上系统内部混乱性质的是熵 S, 描述能量性质的是内能 U, 描述等压条件下能量性质的是焓 H, 描述等温条件下能量性质的是自由能 (亥姆霍兹 (Helmholtz) 自由能) F, 描述等温等压条件下能量性质的是自由焓 (吉布斯 (Gibbs) 自由能、吉布斯函数) G.

有人用一句话概括了这几个常见物理量: G(ood) P(hysicist) H(as) S(tudied) U(nder) V(ery) F(ine) T(eacher)[4] (直译作 "好的物理学家是优秀的教师培养的"). 实际上这几个物理量是用来描述纯物质系统热学和力学性质的物理量, 如果涉电、磁等性质, 还要引入新的物理量, 在后面的学习中会偶有涉及.

这些物理量有些可以直接测量, 如温度、压强、体积, 称为状态参量, 因为可以直接用来描述热力学系统的状态. 有些无法直接测量, 如内能、熵、焓、自由能、自由焓等, 这些由系统的状态决定, 称为状态函数. 以后的实验和理论会揭示这些量之间存在函数关系, 所以从数学角度看, 它们其实没有本质区别. 实际上整个热力学就是为了对这些量之间的关系建立一个公理化体系.

根据这些物理量与系统物质的量的关系, 可以将它们分为强度量和广延量. 像压强、温度等不随物质的量倍增的量称为强度量, 像体积、熵、内能等随物质的量倍增的量称为广延量. 实际上, 1 mol 物质的体积、熵、内能等就变成了强度量.

由于温度是热学中独有的物理量, 所以这里详细给出温度的量化方法, 即温标.

2.2　摄　氏　温　标

摄氏温标是生活中广泛采用的温标 (除了美国等极少数国家用华氏温标), 温度记为 t, 单位为摄氏度, 符号为 °C. 如通常使用的水银体温计, 用水银的体积来标记温度, 将其放入 1 个标准大气压下的冰水混合物中, 此时水银的体积对应 0°C, 将其放入 1 个标准大气压下的沸水中, 此时水银的体积对应 100°C, 将两个体积之差等分 100 份, 每一份的变化对应 1°C.

简单归纳一下, 这个温度计用水银作为测温物质, 水银的体积 V 和温度 t 的线性关系 (注意刻度等分) 作为测温属性, 即 $t = t_0(1 + \alpha V)$, 还规定了两个固定点来确定测温属性中的待定系数 t_0, α.

需要注意的是这里的测温属性为什么是线性关系. 实际上在温度还没有量化的时候, 测温属性中的函数关系可以任意人为规定, 之所以用线性关系是因为最简单. 同时需要了解的是, 这样定义的温度会影响到涉及温度的物理规律的表述形式, 实际上换成其他函数关系, 我们今天熟知的热学规律形式也会有相应的变化.

这样就有一个如何选择的问题, 也许奥卡姆剃刀 (Occam's razor) 原理会提供一点帮助. 这个原理是"如无必要, 勿增实体". 实际上站在物理认知的角度这也是可以理解的, 最简单的认知当然是最容易被接受的.

当然固定点的选择同样具有人为任意性. 事实上, 1724 年, 德国人华伦海特 (Fahrenheit) 就选择将一定浓度的盐水凝固时的温度定为 0 度, 将他妻子的体温定为 100 度, 这就是华氏温标. 华氏度符号为 °F. 由于这两个固定点的可重复性较差, 后来人们又将 1 个标准大气压下, 冰水混合物的温度定为 32°F, 水的沸点定为 212°F, 以此作为相对严格的华氏温标.

而 1742 年, 瑞典天文学家摄尔修斯 (Celsius) 提出摄氏温标的时候甚至是将冰水混合物的温度定为 100°C, 沸水的温度定为 0°C, 现在的摄氏温标其实是 1744 年, 瑞典植物学家林奈 (Linnaeus) 将两个温度颠倒得来的 (实际上同时代有不少人提出了类似的温标).

遵循这样的方法可以类比定义各种温度计, 如电阻温度计、温差电偶温度计、红外温度计等等. 以这类方法定义的温标统一地被称为经验温标.

经验温标显然是重要的, 非常实用, 但同时也带来很多问题. 即使都使用摄氏温标, 用不同测温物质或者测温属性做出的温度计在测量同一物体的温度时, 得出的数值除了在水的冰点和沸点相同以外, 其他处很可能不同, 图 2.1 是一个示意图.

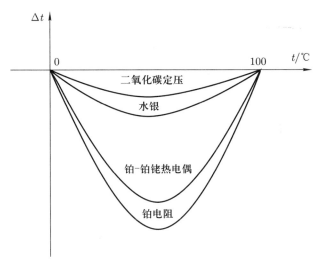

图 2.1 以氢气定体温度计标定的各种温度计的差异示意图

另外, 不同的温度计受限于测温物质的性质, 通常只能测量某个温区的温度, 对于极端高、极端低的温度往往不适用. 例如不可能拿水银温度计去测钢水的温度.

存不存在更好的温标呢?

2.3 理想气体温标

什么是理想气体? 实验发现, 以气体作为测温物质, 气体的压强 p (保持体积恒定) 或体积 V (保持压强恒定) 与温度 t 的线性关系作为测温属性, 按摄氏温标得到的气体温度计有个特性, 即在气体密度趋于零的极限下, 不同气体温度计测得的温度趋于相同. 这意味着不同气体在密度趋于零的极限下具有相同的性质, 这种极限条件下的气体被称为理想气体.

显然将理想气体作为测温物质是个更好的选择, 至少在可以测量的温度范围内, 得到的温度和所用气体种类无关.

按摄氏温标, 理想气体的测温属性在密度趋于零时变为

$$p = p_0(1 + \alpha_p t),$$
$$\lim_{n_0 \to 0} \alpha_p = (1/273.15)^\circ \mathrm{C}^{-1},$$

(2.1)

或者

$$V = V_0(1 + \alpha_V t),$$
$$\lim_{n_0 \to 0} \alpha_V = (1/273.15)^\circ \mathrm{C}^{-1},$$

(2.2)

其中 p_0, n_0, V_0 为 0°C 时气体温度计中气体的压强、密度、体积. 若做替换 $T = t + 273.15$ (暂时不写出单位), 则测温属性变为正比例关系, 即

$$p = \frac{p_0}{273.15} T,$$

(2.3)

或者

$$V = \frac{V_0}{273.15} T.$$

(2.4)

将 T 作为新的温标, 单位称为开尔文, 记为 K, 则测温属性可以一般地写作

$$\frac{T}{p} = C,$$

(2.5)

或者

$$\frac{T}{V} = C',$$

(2.6)

其中 C, C' 表示常数, 即只有一个待定系数, 只需一个固定点.

原则上固定点可以任意选择, 即指定一个固定的温度 (通常选某种纯物质的相变点) 对应任意一个数值. 公式 (2.3) 和 (2.4) 其实对应了一个固定点, 即将 1 个标准大气压下冰水混合物的温度选为 273.15 K, 这样只要测出这个温度下温度计中气体的压强或体积, 就可以确定待定系数, 从而完全确定 T, 而且这样定出的 1 K 就是 1°C. 但是这样做的一个难点是需要精确控制冰水混合物的压强.

实际应用中, 由于水的气、液、固三相共存点温度是固定的, 只有一个数值, 所以常选这个点作为固定点. 由于摄氏温标下这个温度是 0.01°C, 所以人们为了仍然保持 1 K 就是 1°C, 就将水的三相点温度选作 273.16 K. 一种三相点装置如图 2.2 所示.

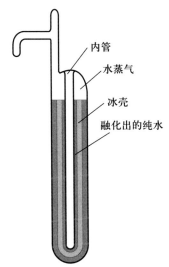

内管

水蒸气

冰壳

融化出的纯水

图 2.2 水的三相点装置, 类似一个 U 形管, 管中是纯水和水蒸气. 使用时先将其放入冰水中冷却至 0°C, 再在 U 形管中间的内管中加入干冰, 使得靠内侧管壁的水结成冰壳, 将干冰取出, 再加入温水, 使得靠近管壁的冰部分融化, 将冰水取出, 加入预先冷却到 0°C 的水, 待基本稳定后, U 形管中间内管的温度即为水的三相点温度. 这里之所以要先结冰, 再将靠管壁的冰部分融化, 是为了获得更纯净的水, 因为玻璃容器中长期放置的水会溶解少量玻璃中的成分, 例如氧化钠

以理想气体为测温物质, 公式 (2.5) 或者 (2.6) 作为测温属性, 水的三相点选作固定点, 并规定三相点温度的数值为 273.16, 单位为 K 的温标就称为理想气体温标.

从公式 (2.1) 和 (2.2) 中可以看出, 由于理想气体的压强和体积不可能变为 0, 所以摄氏温标有个低温极限值 −273.15°C, 对应到理想气体温标中就是 0 K. 从实验中归纳得到的经验是可以趋近这个极限值, 但是无法达到, 这被称为热力学第三定律.

理想气体温标有什么缺点吗? 还能继续改进吗? 理想气体温标的测温区间依然受气体性质的限制, 如氦气在 4.2 K 以下就液化了, 不再是气体, 所以原则上需要一个更普适的温标.

2.4 开尔文温标

开尔文温标, 也被称作热力学温标、绝对温标, 是开尔文 (Kelvin, 也就是汤姆孙 (W. Thomson)) 根据卡诺 (Carnot) 定理提出的普适热力学温标.

什么是卡诺定理?

卡诺为了研究热机效率, 提出了一种最简单的热机(将热转换为功的机器), 即只从一个高温热源 (用温度 Θ_1 标记) 吸热 Q_1, 只向一个低温热源 (用温度 Θ_2 标记) 放热 Q_2, 并可以对外做功 W 的热机, 其中热源是指无论吸放热, 温度都不变的热力学系统. 这种热机被称为卡诺热机, 如图 2.3 所示.

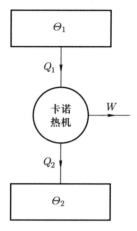

图 2.3　卡诺热机示意图

如果整个过程可逆, 即外界对热机做功 W, 可使得热机从低温热源吸热 Q_2, 向高温热源放热 Q_1, 这种热机就是可逆卡诺热机, 其他的卡诺热机则为不可逆卡诺热机.

根据能量守恒, 对外做功的大小等于吸放热之差, $W = Q_1 - Q_2$, 热机的效率为

$$\eta = \frac{W}{Q_1} = 1 - \frac{Q_2}{Q_1}. \tag{2.7}$$

卡诺研究该热机的效率得到了卡诺定理: 卡诺热机中可逆卡诺热机效率是最高的, 并且不同可逆卡诺热机的效率都相等, 而且该效率只依赖于高低温热源的温度, 与热机采用的工作物质无关.

卡诺定理和温度的定义有什么关系?

考虑到公式 (2.7) 中效率和热量比的关系, 由卡诺定理可以得到,

$$\frac{Q_2}{Q_1} = f(\Theta_2, \Theta_1), \tag{2.8}$$

其中 f 是某个函数关系, 具体形式和温度的定义有关. 考虑第三个热源, 温度为 Θ_3, 且 $\Theta_3 > \Theta_1 > \Theta_2$, 让一个可逆卡诺热机工作在 Θ_1 和 Θ_2 之间, 从 Θ_1 吸热 Q_1, 向 Θ_2 放热 Q_2, 则可以得到公式 (2.8). 类似地, 让另一个可逆卡诺热机工作在 Θ_3 和

Θ_1 之间, 从 Θ_3 吸热 Q_3, 向 Θ_1 放热 Q_1, 则根据公式 (2.8) 可得

$$\frac{Q_1}{Q_3} = f(\Theta_1, \Theta_3). \tag{2.9}$$

两个热机联合作用后, 对热源 Θ_1 吸放热抵消, 没有影响, 所以其结果等效于工作于 Θ_3 和 Θ_2 之间的一个卡诺热机, 有

$$\frac{Q_2}{Q_3} = f(\Theta_2, \Theta_3). \tag{2.10}$$

联立公式 (2.8)、(2.9)、(2.10), 可以得到

$$\frac{Q_2}{Q_1} = f(\Theta_2, \Theta_1) = \frac{f(\Theta_2, \Theta_3)}{f(\Theta_1, \Theta_3)},$$

这意味着

$$\frac{Q_2}{Q_1} = \frac{g(\Theta_2)}{g(\Theta_1)},$$

其中 g 表示某个函数, 具体形式依赖于温度的量化定义. 开尔文将该函数选为 $g(\Theta) = \Theta$, 则有

$$\frac{Q_2}{Q_1} = \frac{\Theta_2}{\Theta_1}. \tag{2.11}$$

由于焦耳的热功当量实验决定了热量可以通过功来定义和测量, 所以这个公式意味着热量和温度之间的关系可以用来定义温度. 当然这个关系里需要一个固定点, 即人为选取某个热源温度规定好其数值, 再让一个可逆卡诺热机工作在和待测温物体温度相同的热源与这个选定的热源之间, 只要测出吸放热就可以算出待测温物体的温度.

开尔文据此提出了不依赖于任何测温物质的热力学温标, 单位为开尔文, 记为 K, 测温物质可以是任意能完成卡诺热机工作的热力学系统, 测温属性就是公式 (2.11), 而固定点同样可以任意选定, 后来与理想气体温标一样选水的三相点温度为 273.16 K.

为什么热力学温标看起来很像理想气体温标?

若选取理想气体作为可逆卡诺热机的工作物质, 并用理想气体温标来标定热源温度, 则可以算出 (见后续相关内容)

$$\frac{Q_2}{Q_1} = \frac{T_2}{T_1}.$$

由于热力学温标的固定点也和理想气体相同, 所以两个温标在可测量范围内实际上是相同的. 当然这里有人为选定的因素, 比如函数 g 的选取也保证了这一点.

热力学温标尽管不实用, 却在理论上给出了一个完美的温标.

2.5 热力学第零定律

尽管各种温标给出了温度的量化描述, 但还是存在一个问题: 用温度计测量的两个热力学系统, 数值相同意味着什么? 也就是说温度描述热状态是不是普适的? 这需要依靠实验上总结的热平衡定律来回答: 如果两个热力学系统分别和第三个热力学系统处于热平衡的状态, 则这两个系统间也处于热平衡的状态. 这里的热平衡指的是相互间没有热量传递. 这是实验定律, 是总结归纳出的结果.

承认热平衡定律是对的, 就表明用来描述热平衡的温度是个普适的量, 温度数值相同的两个物体处于热平衡, 具有相同的热的状态. 实际上温度计就是热平衡定律中的 "第三个系统", 而这也为温度是一个状态参量从实验角度给出了支持.

热平衡定律是在热力学第一、第二定律之后发现的, 但由于其在定义温度上的重要性, 所以被称为热力学第零定律.

思 考 题

1. 测温属性一定是线性的吗? 一定是单调函数关系吗?
2. 理想气体温标实际能测量的温度范围是多少?
3. 开尔文温标能测量的温度范围是多少?
4. 能设计出一种温标的温度范围是 $(-\infty, \infty)$ 吗? 如果能, 如何理解热力学第三定律?
5. 如何测量大气温度? 如何测量过去几千年的大气温度? 如何测量过去几亿年的大气温度?

习 题

1. 将两根不同金属制作的导线端对端焊接, 若两端点温度不同, 则回路中会产生电动势, 这被称为热电偶. 将热电偶的一端保持在水的冰点温度, 另一端保持在任一摄氏温度 t 时, 回路中的电动势由下式确定:

$$\mathscr{E} = \alpha t + \beta t^2,$$

其中 $\alpha = 0.20 \text{ mV/}^\circ\text{C}$, $\beta = -5.0 \times 10^{-4} \text{ mV/}^\circ\text{C}^2$. 设用 $\mathscr{E}$ 作为测温属性, 用下列线性方程来定义温标 t^*,

$$t^* = a\mathscr{E} + b,$$

并规定水的冰点 $t^* = 0°$, 沸点 $t^* = 100°$, 试求出 a 和 b 的值, 并画出 t^*-t 图. 观察该图, 解释为什么两套温度值有差异.

2. 定义温标 t^* 与理想气体的压强 p 之间满足测温属性

$$t^* = \ln(kp),$$

其中 k 为常数, 假定在水的三相点, $t^* = 273.16°$.

(1) 试确定 t^* 与热力学温标 T 之间的关系.

(2) 在温标 t^* 中, 冰点和沸点各为多少度?

(3) 在温标 t^* 中, 是否存在 $0°$?

状态方程

确定热学的研究对象, 从该研究对象的各种性质中挑选出和热性质密切相关的现象加以研究, 量化描述相应的物理性质, 寻找这些量之间的关系, 即经验的实验规律, 这就是通常实验物理认知的主要工作.

物质的状态方程 (或称为物态方程) 就是这样的实验规律. 如固定物质的量的纯物质系统的状态方程就是 p, V, T 之间的关系, 因为实验表明一加热, 这三个量就相互关联着发生变化, 特别是当其中两个量固定时, 另一个量也随之固定, 这表明三者之间存在一个函数约束关系 $f(p, V, T) = 0$.

当然复杂的地方在于这是多变量之间的关系, 在实验上通常用控制变量法来寻找规律, 而这正是数学上的偏微分.

3.1 理想气体的状态方程

理想气体是密度趋于零的气体, 从微观角度看就是气体分子间距离比较大, 相互作用可以忽略, 从而只有分子无规则热运动. 显然这是热学研究的最简单和最佳的对象. 日常能接触到的大气几乎就可以当成理想气体.

玻意耳 (Boyle) 在通过实验研究空气的弹性时发现, 在等温的情况下, 气体的压强和体积成反比, 即玻意耳定律 (也被称作马里奥特 (Mariotte) 定律):

$$pV = C(T),$$

其中 $C(T)$ 表示只依赖于温度的常数 (常数指的是不随 p 和 V 变化).

查理 (Charles) 则发现在等压的情况下, 气体的体积与温度成线性关系, 用理想气体温标表示则是简单的正比关系, 即查理定律 (也被称作盖吕萨克 (Gay-Lussac) 定律):

$$\frac{V}{T} = B(p),$$

其中 $B(p)$ 是只依赖于压强的常数.

我们很自然地会想到, 在等容的情况下, 气体的压强也与温度成线性关系, 用理想气体温标表示就是

$$\frac{p}{T} = A(V),$$

其中 $A(V)$ 是依赖于体积的常数.

显然这是应用了控制变量法得到的三个气体定律, 然而需要注意的是, 除了玻意耳定律, 其他两个定律实际上是理想气体温标给出的结果, 也就是说这两个定律实际上是人为选定的, 原则上温标定义不同, 这两个定律也会发生变化.

从实验角度看, 得到这三个定律已经非常好了, 然而从认知角度看还需要改进. 一方面, 看起来定律比较多, 认知不够简洁. 另一方面, 每个定律都有明显的限定条件, 这和物理认知追求普遍规律的信仰不符. 有没有对这些实验定律更加简洁的认知呢?

从数学角度看, p, V, T 三个量中能控制改变的只有两个, 这就说明三个量只有一个函数关系, 而不是三个定律. 问题是如何找到这个函数关系, 也就是状态方程.

一种方法是考虑到这三个量都是依赖于气体状态的, 如果能将任意状态和一个参考状态联系起来, 就可能找到任意状态的规律. 为此考虑物质的量为 ν 的理想气体, 选择一个参考态 (p_0, V_0, T_0). 为了能和任意一个态 (p, V, T) 联系起来, 可以先用一个等温过程将气体从状态 (p_0, V_0, T_0) 变到 (p, V', T_0), 再经历一个等压过程变为 (p, V, T), 如图 3.1 所示.

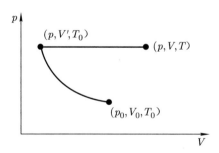

图 3.1 通过等温过程和等压过程将任意一个状态 (p, V, T) 和参考态 (p_0, V_0, T_0) 建立起关联

利用等温过程和等压过程中的规律, 可以得到

$$pV' = p_0 V_0,$$
$$\frac{V}{T} = \frac{V'}{T_0}.$$

由此可以得到

$$\frac{pV}{T} = \frac{p_0 V_0}{T_0} = \nu R. \tag{3.1}$$

常数 R 可以根据阿伏伽德罗 (Avogadro) 定律得到, 即标况下, 1 mol 理想气体的体积约是 22.4 L, 由此可以算出 $R \approx 8.31$ J·K^{-1}·mol^{-1}. 注意这里的 R 对任何种类的理想气体都是一样的, 称为普适气体常数. 公式 (3.1) 称为理想气体状态方程.

如果总分子数是 N, 并将 1 mol 的分子数, 即阿伏伽德罗常数记为 $N_A (\approx 6.02 \times 10^{23}$ mol$^{-1})$, 则状态方程就变为

$$\frac{pV}{T} = \nu R = \frac{N}{N_A} R = N k_B, \tag{3.2}$$

其中 $k_B \approx 1.38 \times 10^{-23}$ J/K, 称为玻尔兹曼常数, 是热学中的标志性常数, 特别是在统计物理学中经常用到.

另一种方法是利用数学上的偏微分概念. 从数学角度说, 为了找出三个量之间的关系, 或者一个二元函数关系, 如 $p = p(V, T)$, 可以先找到其微分关系, 再解微分方程, 即需要给出

$$dp = \left(\frac{\partial p}{\partial V}\right)_T dV + \left(\frac{\partial p}{\partial T}\right)_V dT. \tag{3.3}$$

dV 和 dT 前的系数就是偏微分, 这里特意在偏微分的右下角加上了保持不变的量, 这是因为热学中常根据需要使用不同的变量, 为了避免混淆, 所以要指定正在使用的变量. 若没有学过偏微分, 可将偏微分简单理解为权重因子.

这些偏微分在物理中恰好就对应控制变量法, 如由等温情况下的玻意耳定律马上可以得到

$$\left(\frac{\partial p}{\partial V}\right)_T = \left(\frac{\partial (C(T)/V)}{\partial V}\right)_T = -\frac{C(T)}{V^2} = -\frac{p}{V},$$

而由等体情况下的压强和温度关系马上可以得到

$$\left(\frac{\partial p}{\partial T}\right)_V = \left(\frac{\partial (A(V)T)}{\partial T}\right)_V = A(V) = \frac{p}{T}.$$

将这些实验测得的偏微分代入公式 (3.3), 同样考虑物质的量为 ν 的理想气体, 即可解出

$$\frac{pV}{T} = \nu R. \tag{3.4}$$

这里 R 为常数, 同样可以由阿伏伽德罗定律得到 $R \approx 8.31$ J·K^{-1}·mol^{-1}.

事实上, 这种方法是一种普适方法, 适用于寻找多个变量之间的关系, 而之前的寻找任意态和参考态之间关系的方法, 其实质就是对这个微分方程积分. 而这里的偏微分在热学中就对应响应函数, 如体膨胀系数 α、压强系数 β、等温压缩系数

κ 的数学形式就是

$$\alpha = \frac{1}{V} \left(\frac{\partial V}{\partial T} \right)_p,$$

$$\beta = \frac{1}{p} \left(\frac{\partial p}{\partial T} \right)_V,$$

$$\kappa = -\frac{1}{V} \left(\frac{\partial V}{\partial p} \right)_T.$$

找到了理想气体的状态方程, 我们马上就发现对其性质的理解简化了, 只要记住一个方程, 应用到不同情况下就得到了气体的各种性质. 这正是物理学家喜欢的认知方式.

然而这个状态方程正确吗? 物理认知上是需要证伪的, 因为实验总结的规律由于是简单归纳法得出的, 无法证明其正确性, 只能检验是否错误.

以上得出的方程原则上在气体密度趋于零时是正确的, 当气体稠密, 特别是接近相变时则与实验偏离较大. 原因也是显然的, 这时的气体分子间距较小, 相互作用不可忽略. 事实上, 正是因为有相互作用, 分子才会凝聚在一起形成液态和固态, 即凝聚态.

这样一来, 就能理解理想气体是实际气体在极端条件下的一个近似模型, 甚至可以认为满足公式 (3.2) 的气体就是理想气体.

尽管理想气体对实际气体的近似非常大胆, 但对于物理认知来说, 这总比什么都没有强, 而且理解了一些简单的性质后, 可以逐步加上复杂的因素, 修改状态方程, 从而逐渐逼近真实的认知. 这正是物理学家积极乐观主义的一种体现.

3.2　范氏气体的状态方程

对于实际气体来说, 其宏观性质受分子间相互作用的影响, 其状态方程一定不会像理想气体那样简单, 但是怎样才能给出一个包含分子间相互作用的状态方程呢?

原则上依然可以利用实验上测得的响应函数, 得到偏微分, 再解全微分方程. 然而实际操作的时候会发现, 很难有解析表达式. 这时物理学家灵活的思维方式就显示出来了: 可以猜一个有相互作用的状态方程, 其可靠程度靠实验来检验.

这类猜想中最著名的可能就是范德瓦耳斯 (van der Waals) 状态方程了, 即物质的量为 ν 的气体的状态方程为

$$\left(p + \frac{\nu^2 a}{V^2} \right) (V - \nu b) = \nu R T, \tag{3.5}$$

其中 a, b 为范德瓦耳斯修正量, 是待定系数, 由实际气体的性质拟合得到.

这个方程是怎么猜出的呢? 这一猜测可以在理想气体状态方程的基础上, 从分子间相互排斥和吸引的角度加以修正.

理想气体状态方程中的体积 V 可以理解为平均每个分子能自由跑遍的空间. 而由于实际气体分子之间有排斥作用, 所以平均每个分子实际能跑遍的空间一定小于 V, 引入修正量 b, 将分子自由跑遍的空间修正为

$$V - \nu b.$$

理想气体状态方程中的压强 p 可以理解为容器器壁单位时间、单位面积上受到气体分子持续撞击而产生的动量改变, 称为动理压强,

$$p_{\mathrm{k}} = \nu RT/V.$$

而由于实际气体分子之间有相互吸引的作用, 所以在分子撞击器壁时, 气体内部分子吸引的作用会导致实际撞击分子的动量改变变小. 由于一方面撞击器壁的分子数正比于数密度 $n = N/V$, 另一方面每个撞击器壁的分子受到气体内部分子的吸引, 而这些内部分子的数目也正比于数密度 n, 所以压强修正量应该正比于数密度的平方 $n^2 = N^2/V^2$, 考虑到粒子数与物质的量成正比, 修正后的压强可以写为

$$p_{\mathrm{k}} - \nu^2 a/V^2.$$

同时考虑排斥和吸引的作用, 就可以得到范德瓦耳斯方程, 即公式 (3.5). 由于这是猜出的方程, 并没有实际的气体严格符合这个方程, 所以可以由该方程反过来定义一个气体模型, 即范德瓦耳斯气体, 简称范氏气体, 作为实际气体的近似.

如果将方程 (3.5) 中的温度固定, 画出 p-V 图, 如图 3.2 所示, 则可以发现一个有趣的现象: 在温度值较低时, 等温线上有一个极大值, 一个极小值, 温度较高时则没有极值, 中间存在一个临界温度 T_{c}, 两个极值恰好重合为一个临界点 $(p_{\mathrm{c}}, V_{\mathrm{c}})$, 而这也恰好是一个拐点, 即对应数学上要求

$$\left(\frac{\partial p}{\partial V}\right)_T = 0, \quad \left(\frac{\partial^2 p}{\partial V^2}\right)_T = 0.$$

所以由这个点的性质可以求出

$$p_{\mathrm{c}} = \frac{a}{27b^2}, \quad V_{\mathrm{c}} = 3\nu b, \quad T_{\mathrm{c}} = \frac{8a}{27Rb}. \tag{3.6}$$

将这个临界点对应的数值作为压强、体积、温度的单位, 重新定义无量纲的压强 p_{r}、体积 V_{r}、温度 T_{r}, 即

$$p_{\mathrm{r}} = \frac{p}{p_{\mathrm{c}}}, \quad V_{\mathrm{r}} = \frac{V}{V_{\mathrm{c}}}, \quad T_{\mathrm{r}} = \frac{T}{T_{\mathrm{c}}},$$

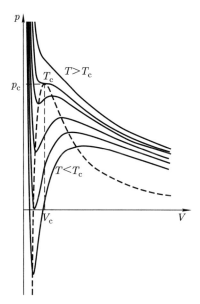

图 3.2 范德瓦耳斯气体的等温线图

并代入公式 (3.5), 可得

$$\left(p_{\mathrm{r}}+\frac{3}{V_{\mathrm{r}}^{2}}\right)\left(V_{\mathrm{r}}-\frac{1}{3}\right)=\frac{8}{3}T_{\mathrm{r}}. \tag{3.7}$$

这个方程中不再有待定系数, 意味着这个方程所具有的性质适合所有不同种类的范氏气体, 像理想气体一样具有普适的规律性. 这正是物理学家喜爱的特性. 这种形式的方程称为对比状态方程或者约化范氏方程.

由于液体可以近似为稠密气体, 所以范氏气体状态方程可以同时近似描述气体和液体, 因此自然地可以奢望这个方程也能描述气体和液体之间的相变. 幸运的是, 它确实能, 方程中的临界点恰好对应实际气体的相变临界点.

范氏方程对实际气体的近似好不好呢? 同样需要通过实验来检验.

一方面, 如果实验上已经测量到某种气体临界点的临界参数 $p_{\mathrm{c}},V_{\mathrm{c}},T_{\mathrm{c}}$, 则可以用来定出范氏修正量 a,b, 再通过实验检验由此定出的范氏状态方程. 或者注意到 $p_{\mathrm{c}},V_{\mathrm{c}},T_{\mathrm{c}},R$ 能组成一个无量纲的数, 称为临界系数, 即

$$\frac{\nu R T_{\mathrm{c}}}{p_{\mathrm{c}} V_{\mathrm{c}}}=\frac{8}{3},$$

可以用实验测得的临界参数来检验这个系数. 实际上二者并不严格符合, 实验测得的多为大于 3 的值, 当然数量级是符合的.

另一方面, 也可以测量气体的性质定出 a,b, 算出临界参数, 从而指导气体的液化. 由于已知气体在临界温度以上做等温压缩是不会发生气液相变的, 所以气体的

液化需要在临界温度以下进行, 而对于陌生的气体这个临界温度现在可以由范氏气体状态方程算出, 这显然是有重要意义的.

昂内斯 (Onnes) 就受到了范氏方程的指导从而完成了氦气的液化, 也帮助自己发现了水银的低温超导现象, 并因此获得了 1913 年的诺贝尔物理学奖.

范德瓦耳斯因为提出了这个方程, 对揭示气体和液体性质做出了贡献, 从而获得了 1910 年的诺贝尔物理学奖.

3.3　纯物质系统的状态方程

对实际气体来说, 理想气体和范氏气体都只描述了其近似性质, 有没有可能找到更好的描述呢?

一种最偷懒的做法就是描点法, 即将所有可能的状态挨个扫描一遍. 将压强、体积、温度作为三个正交坐标, 构成三维空间, 则一个点 (p, V, T) 就对应一个热力学系统的状态, 由于三个量之间存在一个函数关系, 所以所有可能的状态在这个空间中构成一个曲面. 实用中只要有足够的实验点构成一个网格, 再用插值法就可以给出整个曲面上任意的状态了. 以范氏气体为例, 可以得到图 3.3.

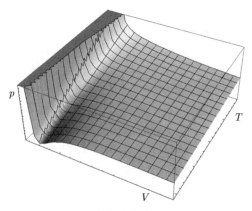

图 3.3　范氏气体的 pVT 图

这种方法可以推广到液体、固体的纯物质系统, 从而相当于得到了纯物质系统的状态方程. 例如在研究和设计原子弹时, 需要知道铀的状态方程, 这可以通过各种核试验收集大量关键的数据点, 一旦数据足够了, 就可以停止核试验, 因为利用这些数据就可以模拟核试验, 设计核武器, 不再需要实际的试验了.

如果考虑解析计算的需要, 也可以将状态方程写成收敛的级数形式, 根据计算精度的需要截取近似表达式, 其中涉及的参数用实验数据拟合.

还有一种做法是用统计物理学的方法, 即从微观模型出发推导宏观状态方程, 这里暂时不再举例.

3.4 状态方程举例

寻找状态方程的经验可以很容易地类比到其他研究对象上.

对于拉伸的弹簧而言, 加热后, 明显能看到弹簧弹力 F、长度 L、温度 T 的变化, 从而可以轻松找到其状态方程, 即胡克定律:

$$F = k(T)(L - L_0), \tag{3.8}$$

其中 L_0 是弹簧原长, $k(T)$ 是弹簧的劲度系数, 是温度的函数, 需要由实验定出.

对于顺磁介质而言, 在外加磁场强度 $\mathscr{H}$ 下, 磁介质会被磁化, 磁化程度可以用磁矩 M 描述. 加热后, 磁介质磁性和温度发生变化, 温度越高, 磁矩越小, 高到临界温度后, 磁性消失. 简单考虑磁性与温度成反比, 与外加磁场成正比, 就可以得到近似的状态方程

$$M = C\frac{\mathscr{H}}{T}. \tag{3.9}$$

这就是居里 (Curie) 定律, 其中 C 是常数, 即所谓的居里系数.

实际上, 寻找状态方程的方法是实验物理的普适方法, 绝大部分经验规律都是这样发现的, 而这在超出物理的其他研究对象上也可以尝试使用.

思 考 题

1. 推导公式 (3.4).
2. 对理想气体找到其体膨胀系数 α、压强系数 β、等温压缩系数 κ 之间的关系, 证明该关系适用于任何纯物质系统.
3. 推导范氏气体状态方程的临界点 $(p_\mathrm{c}, V_\mathrm{c}, T_\mathrm{c})$.
4. 推导范氏气体状态方程对应的对比状态方程.
5. 实际气体的状态方程也可以采用按照密度展开的形式, 即

$$\frac{pV}{\nu RT} = 1 + \frac{B(T)\nu}{V} + \frac{C(T)\nu^2}{V^2} + \cdots,$$

其中 $B(T), C(T)$ 被称为第二、第三位力系数, 请求出范氏气体对应的第二、第三位力系数.

习　题

1. 一抽气机转速为 ω, 每分钟能抽出气体 ΔV. 一容器体积为 V, 其中有压强为 p_0 的气体, 使用抽气机从容器中抽气. 试假设合理的抽气过程, 推导经过多长时间后容器中的压强变为 p.

2. 已知二氧化碳的范德瓦耳斯常数为 $a = 3.592\,\mathrm{atm \cdot L^2 \cdot mol^{-2}}$, $b = 0.04267\,\mathrm{L \cdot mol^{-1}}$, 试用 pVT 三维图画出范氏气体模型与理想气体模型的状态方程, 计算二氧化碳的临界点温度、压强、摩尔体积, 并与网络查阅得到的实验数值进行比较, 尝试自己提出一个物理量来检验模型描述实际气体性质的好坏程度.

第四讲

物质的微观图像

热学的研究对象可以直接从宏观角度研究, 也可以采用还原论的思想, 将其拆开成基本组分, 再组装出整体的性质. 而物质的基本组分是什么呢? 物质的微观图像是怎样的? 这个图像是怎样建立起来的?

4.1　布　朗　运　动

对于物质微观上的图像, 从古希腊时代就有各种猜想, 至 1800 年前后已经有物理学家、化学家从化学反应中意识到原子的存在, 如道尔顿 (Dalton) 在 1808 年提出了原子假说, 但相对明确的实验证据却来自布朗运动的发现、解释、验证.

1827 年, 植物学家布朗在显微镜下观察到悬浮在水中的花粉颗粒在做无规则运动. 花粉颗粒的运动被称为布朗运动. 对这个现象的解释有很多, 如花粉颗粒有生命, 可以自己游动等等. 当然这些都可以通过实验证伪, 从而排除.

爱因斯坦 (Einstein) 于 1905 年, 斯莫卢霍夫斯基 (Smoluchowski) 于 1906 年分别从统计的角度对布朗运动给出了解释, 朗之万 (Langevin) 于 1908 年则从动力学角度出发给出了描述花粉颗粒运动的朗之万方程.

在三人的理论中都假定水是由水分子构成的, 水分子自身在做无规则运动, 花粉颗粒的运动是受到水分子从不同角度撞击之后产生的. 由于统计上的涨落效应, 花粉颗粒受到的力是随机的, 从而其运动也是随机的.

这种随机运动有一定的统计规律, 表现为花粉颗粒位移平方的平均值 $\overline{x^2}$ 正比于时间 t, 花粉颗粒在竖直方向上的数密度正比于一个指数

$$e^{-\frac{mgh}{k_B T}},$$

其中 m 为花粉颗粒的质量, g 为重力加速度, h 为花粉颗粒在水中的高度, T 为溶液的温度, k_B 为玻尔兹曼常数.

理论是否可靠是需要实验检验的. 佩兰 (Perrin) 于 1908 年在显微镜下对花粉颗粒的运动和分布做了统计, 验证了理论的预言 (见图 4.1), 从而让物理学家普遍

接受了物质是由原子、分子构成, 且原子、分子在做无规则运动的微观图像. 佩兰也因此获得了 1926 年的诺贝尔物理学奖.

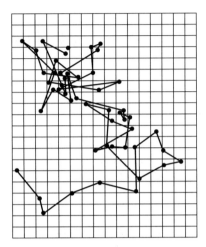

图 4.1　一个藤黄花粉颗粒悬浮在水中形成的布朗运动轨迹图, 每隔 30 s 记录一次颗粒的位置 (根据佩兰实验中三个颗粒中的一个重新绘制)

4.2　物质是由原子构成的

布朗运动的理论解释与实验验证让物理学家相信物质微观上是由原子、分子构成的, 而分子又是由原子构成的, 电子显微镜的发明则让原子可以被看到, 甚至 IBM 发明出扫描隧道显微镜, 可以直接操控 35 个氙原子在镍基底上排列成 "IBM". 原子和分子不再是个假说, 而是被确认的事实. 费曼 (Feynman) 曾说原子是人类最值得保留的概念.

受此启发, 一个自然的想法是, 原子是由什么组成的呢? 1897 年, 汤姆孙 (J. J. Thomson) 发现了电子, 揭示了原子中存在更小的粒子, 由此于 1904 年提出了原子的布丁模型, 即原子像一个布丁一样, 均匀带有正电荷, 而电子则零散地嵌在布丁上. 这个模型正确吗?

卢瑟福 (Rutherford) 认为如果这个模型正确, 用 α 粒子轰击金原子时应该会发现像子弹击穿布丁一样的现象, 然而实验中却发现有 α 粒子反弹回来 (见图 4.2(a)), 这意味着布丁模型并不正确. 所以卢瑟福于 1911 年提出了新的原子模型, 认为原子中心有个小到 10^{-15} m 的原子核, 电子则被束缚在原子核周围运动 (见图 4.2(b)). 这个模型正确吗? 如果这个模型遵循经典电动力学, 则电子绕核运动会发出电磁辐射, 损失能量, 从而不稳定. 如果这个模型遵循量子电动力学, 则可以是一个很好的原子模型.

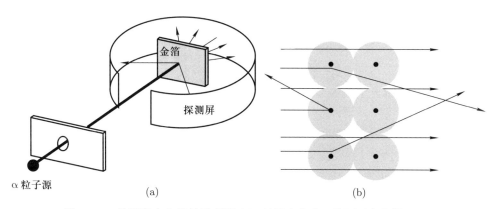

图 4.2 α 粒子轰击金箔的示意图 (a), 以及由此建立的原子有核模型 (b)

卢瑟福于 1917 年用 α 粒子轰击氮核, 得到了新粒子——质子, 这意味着原子核也是可以拆分的.

约里奥–居里 (Joliot-Curie) 夫妇发现 α 粒子轰击铍核产生的一种中性粒子可以从石蜡中轰击出质子, 查德威克 (Chadwick) 于 1932 年认为这是卢瑟福假设的中子.

这样原子核就被拆成了中子和质子. 然而这个模型是否正确呢? 如果考虑到质子是带有正电的, 集中在很小的空间中将会产生很强的排斥作用, 为了维持原子核的稳定, 就需要引入强相互作用. 如果考虑到原子核可以发生 β 衰变放出电子, 则需要引入弱相互作用. 考虑了这两种相互作用后的原子核模型是可以接受的模型.

由于在拆分物质上的成功, 使得物理学家相信核子 (质子、中子的统称) 也可以进一步拆分, 方法是用高能电子作为探针去轰击质子. 为了解释电子–质子深度非弹性碰撞的实验现象[5], 费曼于 1969 年提出了部分子模型[6], 认为在核子内部存在一定数量的点状粒子, 即部分子. 而在 1964 年, 盖尔曼 (Gell-Mann) 为了解释在宇宙线中发现的各种基本粒子, 提出了夸克模型[7], 认为像核子这样的重子是由三个夸克构成的, 而介子则由一对正反夸克构成.

20 世纪是物理学极为辉煌的世纪, 还原论的思想被用到了极致, 整个能探测到的世界被物理学家拆成了夸克 (quark)、轻子 (lepton). 夸克有六味, 即上 (up) 夸克、下 (down) 夸克、粲 (charm) 夸克、奇异 (strange) 夸克、顶 (top) 夸克、底 (bottom) 夸克, 每一味夸克还有红、绿、蓝三种 "色", 每一个带色的夸克还有对应的反夸克, 这样一共有 36 种夸克. 轻子也有六种, 电子、电子中微子、μ 子、μ 子中微子、τ 子、τ 子中微子, 每个粒子都有对应的反粒子, 这样一共有 12 种轻子. 这就是目前物理学标准模型中构成物质的基本粒子. 加上传递相互作用的规范玻色子

和希格斯 (Higss) 玻色子, 就是标准模型中的全部基本粒子, 如图 4.3 所示.

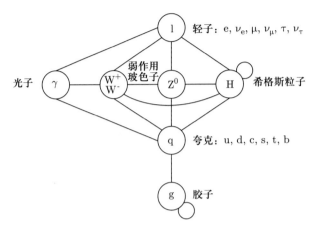

图 4.3　标准模型中基本粒子与基本相互作用的示意图, 其中构成物质的是夸克和轻子, 传递相互作用的是光子、胶子、弱相互作用玻色子, 还有希格斯玻色子, 有线相连表示存在相互作用

　　这些真的是最基本的粒子了吗? 这么多独立粒子的存在多少让人有点恼火, 按照物理学家的信仰, 一定会去寻找更基本的粒子, 或是像超弦理论那样试图把所有这些粒子统一起来. 另一方面, 如果真的存在暗物质、暗能量, 那对它们的认知还处于很初等的状态. 再如黑洞真的是一个数学上的奇异点, 而不是由某种基本粒子构成的? 中微子振荡又意味着什么呢?

　　我们对这个世界的探索远未停止.

4.3　分子间存在相互作用

　　仅仅将物质拆开成原子、分子对理解物质是远远不够的, 还需要将它们组装回去, 而一旦组装就离不开相互作用.

　　原子、分子间的相互作用是怎样的? 从宏观角度看, 固体中的原子、分子被束缚在一起, 就意味着存在相互吸引的作用, 而保持有一定的体积, 就意味着存在相互排斥的作用.

　　而从还原论的角度看, 则希望直接从微观上研究两个原子或分子之间的相互作用. 从物理的角度看, 原子无非是电子被束缚在原子核周边, 两个原子之间的相互作用也无非是带电体之间的相互作用, 也就是电磁相互作用, 似乎很简单. 然而实际的情况是, 由于涉及量子和多体问题, 这种相互作用变得非常复杂.

　　对这类相互作用研究最多的可能是化学家. 化学家用离子键、金属键、共价键、范德瓦耳斯键、氢键等概念来区分这类相互作用, 实际上是用分类法尽量简化对这类相互作用的描述.

对于物理学家来说, 更多要关心的是这些相互作用的共同之处, 定性的简单类比可以用弹簧, 复杂一点的则可以定义各种经验相互作用势, 如刚球势、萨瑟兰 (Sutherland) 势等.

刚球势的数学形式为

$$\varphi(r) = \begin{cases} 0, & r \geqslant d, \\ \infty, & r < d, \end{cases} \tag{4.1}$$

r 为两分子之间的距离, d 为分子直径, 刚球模型下就是刚球直径.

萨瑟兰势则可以写为

$$\varphi(r) = \begin{cases} -\varepsilon \left(\dfrac{d}{r}\right)^6, & r \geqslant d, \\ \infty, & r < d. \end{cases} \tag{4.2}$$

ε 是一个表示相互作用强度的系数, 为能量量纲.

图 4.4 给出了一种原子或分子间的相互作用势.

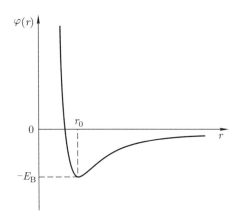

图 4.4 定性的一种原子或分子间相互作用势图示, 其中 E_{B} 是结合能, r_0 为平衡间距

同样, 对于原子核, 也需要通过强相互作用和弱相互作用才能理解核子组装在一起的性质. 而夸克组装成各种粒子同样需要强相互作用. 太阳系、银河系则需要引力相互作用来组装.

有趣的是, 相互作用在标准模型中也通过粒子描述. 如电磁相互作用是靠交换光子完成的, 这就像在光滑冰面上滑冰的两个人, 可以相互扔一个篮球来产生相互作用, 为了改变强度, 还可以扔铅球. 强相互作用是靠交换胶子完成的. 胶子有八种, 相互作用当然也相对复杂. 弱相互作用的传递则是通过交换 W^+, W^-, Z^0 粒子. 而对于引力相互作用, 人们自然会猜想存在引力子 (尚未发现).

对于期待世界简单的物理学家来说, 四种相互作用太多了, 最好只有一种. 幸好电弱统一理论的成功让大家看到了希望, 这个方向的探索也就没有停止过, 而标准模型的成功让物理学家似乎离简单世界又更近了一步.

基本粒子加基本相互作用, 这就是标准模型描述的几乎完美的世界, 然而标准模型是正确的吗? 2011—2013 年标准模型中预言的希格斯粒子被实验发现, 这让大家对标准模型更加有信心. 然而中微子振荡、四夸克态 (tetraquark)、五夸克态 (pentaquark) 等现象的出现, 又让大家开始在新的实验中不断检验标准模型.

4.4 分子在做无规则热运动

原子和分子在做无规则热运动, 这个图像是布朗运动现象揭示的, 而这种无规则热运动恰恰是热学的研究对象. 实际上, 温度就是无规则热运动剧烈程度的宏观描述.

甚至可以认为, 做布朗运动的花粉颗粒是超大的分子, 这些花粉颗粒分子与水分子达到了热平衡, 从而具有相同的温度. 为了验证这种图像是否正确, 可以用朗之万的动力学方程来推导一个可检验的推论, 再由实验来检验.

在水分子无规则运动的图像下, 花粉颗粒受到水分子的无规则撞击, 某个瞬间在某个方向上会获得一个随机力, 需要描述的就是受到随机力的花粉颗粒如何运动, 有什么可检验的推论.

为了简单, 只考虑花粉颗粒在 x 方向上的运动, 按照牛顿第二定律可以写出朗之万方程

$$m\frac{\mathrm{d}^2 x}{\mathrm{d}t^2} = F(t) - \alpha\frac{\mathrm{d}x}{\mathrm{d}t}, \tag{4.3}$$

其中 m 是花粉颗粒的质量, $F(t)$ 是花粉颗粒受到的随机力, 而由于其在水中运动, 还受到水的黏滞阻力, α 是阻力系数.

显然方程 (4.3) 是无法求解的, 因为不知道随机力. 但随机力有个性质, 就是平均值为零,

$$\overline{F(t)} = 0.$$

这里的平均是指对大量花粉颗粒求平均. 然而如果将方程两边同时求平均, 由于花粉颗粒的运动也是随机的, 所以

$$\overline{x} = 0,$$

结果方程变成了 $0 = 0$, 显然没有有效信息.

如果注意到 x^2 是不小于 0 的, 自然其平均值 $\overline{x^2}$ 不为零, 则可以想办法建立关于 $\overline{x^2}$ 的方程并求解. 为此, 可以写出 x^2 的二阶导数来寻找方程:

$$\frac{\mathrm{d}^2 x^2}{\mathrm{d}t^2} = 2x\frac{\mathrm{d}^2 x}{\mathrm{d}t^2} + 2\left(\frac{\mathrm{d}x}{\mathrm{d}t}\right)^2.$$

将公式 (4.3) 代入上式, 有

$$m\frac{\mathrm{d}^2 x^2}{\mathrm{d}t^2} + \alpha\frac{\mathrm{d}x^2}{\mathrm{d}t} = 2xF(t) + 4 \times \frac{1}{2}m\left(\frac{\mathrm{d}x}{\mathrm{d}t}\right)^2.$$

将上式两边求平均, 并注意到 x 和 $F(t)$ 是两个独立的随机变量, 其乘积的平均值为 0, 同时注意到

$$\overline{\frac{1}{2}m\left(\frac{\mathrm{d}x}{\mathrm{d}t}\right)^2}$$

是花粉颗粒的动能平均值, 直观上就可以猜测这个量是正比于温度的, 因为温度越高, 水分子热运动越剧烈, 必然也会导致花粉颗粒的运动也越剧烈. 以后通过温度的微观解释, 会知道这一项可以写为 $k_\mathrm{B}T/2$, 则有

$$m\frac{\mathrm{d}^2\overline{x^2}}{\mathrm{d}t^2} + \alpha\frac{\mathrm{d}\overline{x^2}}{\mathrm{d}t} = 2k_\mathrm{B}T. \tag{4.4}$$

显然这是一个可以解的方程. 如果觉得这个方程有点复杂, 不会解的话, 可以考虑到水中黏滞阻力比较大, 即 $\alpha \gg m$, 则公式简化为

$$\alpha\frac{\mathrm{d}\overline{x^2}}{\mathrm{d}t} = 2k_\mathrm{B}T,$$

从而可以轻松得到

$$\overline{x^2} = 2\frac{k_\mathrm{B}}{\alpha}Tt,$$

其中假设 $t = 0$ 时, 粒子的位置都在原点. 这和爱因斯坦、斯莫卢霍夫斯基用统计方法得到的结果一致. 显然这是可以实验检验的.

佩兰在显微镜下对花粉颗粒观察到的结果证实了这一预言, 这让物理学家相信水分子确实在做随机无规则运动, 而这种运动形式可能是一种普遍的运动形式, 称为热运动.

稍微复杂一点的近似, 可以取 $\alpha \ll m$ 的情况, 即阻力可以忽略. 这当然不是花粉颗粒在水中的情况, 但却是另一种常见的现象, 即雾霾时, PM2.5 颗粒悬浮在空中, 被空气分子随机碰撞时的情况.

实际上方程 (4.4) 有严格解, 即

$$\overline{x^2} = 2\frac{k_\mathrm{B}}{\alpha}Tt - C_1\frac{m}{\alpha}\mathrm{e}^{-\frac{\alpha}{m}t} + C_2, \tag{4.5}$$

其中 C_1, C_2 是积分常数, 需要通过初条件定出. 在两个极端条件下就得到了上述的两种解.

4.5　气、液、固三态

看起来, 物质的微观图像就是大量原子、分子在做无规则热运动, 同时这些原子、分子之间还有相互作用.

如果原子、分子之间距离比较大, 相互作用比较弱, 则热运动占主要地位, 其特征就是无规则, 这恰好对应物质的气体状态. 如果相互作用比较强, 则可以大大抑制热运动, 这时原子、分子倾向于聚集在一起, 形成规则的结构, 这对应固体的状态. 自然, 液体是介于两者之间的情况.

对于气体来讲, 由于无规则热运动的能量远远大于相互作用的能量, 所以气体的主要性质就由无规则热运动来主导, 而这正是气体成为热学的主要研究对象的原因, 其中理想气体是最极端的代表.

对于气体, 其研究原则上说应该挺困难的, 因为无规则, 但幸运的是极端的无规则却是有规律的, 即统计规律. 事实上, 统计物理学研究得最清楚的就是理想气体.

有趣的是, 物理学中会把金属中的大量电子模型化为自由电子气, 尽管电子之间其实有很强的电磁相互作用. 宏观来说, 金属中电子的流动看起来几乎没有阻力, 自然可以做这样的假设. 微观来说, 这是因为电子被束缚在晶格势中, 形成了能带结构.

类似地, 白矮星都可以被当成电子气, 晶格的振动则被模型化为声子气, 中子星也被处理成中子气, 热辐射则是光子气.

另一个极端就是完美晶格了, 因为完全不考虑热运动, 只有相互作用, 对应零温情况. 这种情况也是物理中研究得比较充分的, 有专门的晶格动力学、固体物理来处理.

完美晶格极其有序, 从任何一个格点出发, 就可以把其他格点位置全都确定下来, 即长程有序. 各种可能的晶格构成了 7 个晶系、14 种布拉维 (Bravais) 格子, 如图 4.5 所示, 还有明确的转动对称性、平移对称性、反演对称性, 其中转动与反演对称性构成了 32 个点群, 加上平移对称性则构成了 230 个空间群.

由于完美晶格的结构要求可以铺满整个空间, 即满足平移对称性, 所以对转动对称性是有约束的, 例如可以有 $n = 1, 2, 3, 4, 6$ 次轴对称性, 即绕定轴转动角度为 $360°/n$ 的倍数时, 晶格不变, 但不能有 $n = 5, 7$ 等.

然而在快速冷却的 Al-Mn 合金中却发现了 5 次轴的准晶体, 类似图 4.6 所示, 甚至还发现了 8 次、12 次对称轴的准晶体, 这说明原子、分子的组合具有丰富的复杂度.

即使对于完美晶格, 也可能在形成过程中出现缺半层、错位等不完美情况, 对

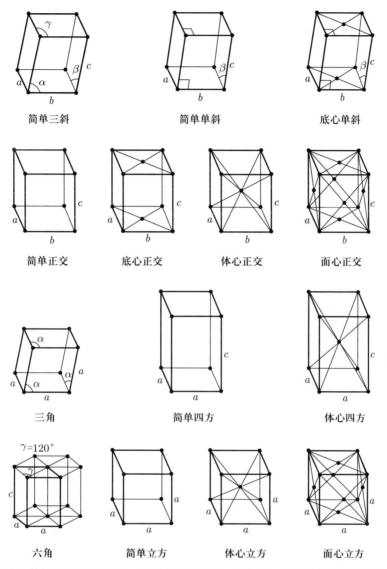

简单三斜   简单单斜   底心单斜

简单正交   底心正交   体心正交   面心正交

三角   简单四方   体心四方

六角   简单立方   体心立方   面心立方

图 4.5 完美晶体构成的 7 个晶系、14 种布拉维格子, 其中每一种格子内不同字母代表不相等的参数

应刃位错、螺旋位错等情况, 也有可能个别晶格位置上出现空缺, 或者杂质粒子, 或者在晶格的空隙中出现间隙杂质, 这些都形成了晶格的各种缺陷. 有趣的是, 这些有缺陷的晶格往往体现出特殊的物理性质, 有着广泛的实用价值.

    然而还有一种固体几乎没有固定的结构, 即处于玻璃态的固体. 已经有金属玻璃被制备出来, 其性质也得到了广泛的研究.

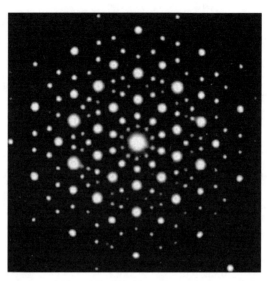

图 4.6　具有 5 次轴对称性准晶体的电子衍射照片. 引自文献 [8]

对固体的研究其实不限于通常的三维结构, 还有一维结构, 比如碳纳米管、硅纳米线等, 甚至有零维的量子点研究. 由于制备二维晶格技术的进步, 二维材料也成了广泛关注的对象, 如石墨烯等.

相对复杂的可能就是液体了, 既不像气体那样完全随机, 也不像固体那样有序. 站在一个液体分子上来看, 其周围有一定的结构性, 但距离较远则几乎无序, 即短程有序、长程无序, 从径向分子密度的分布规律中可以清晰地看到这个特点.

为了研究液体, 可以从两方面逼近近似: 一方面其行为像稠密气体, 热学中就常常用范氏气体状态方程来近似描述液体的部分性质; 另一方面其行为像濒临瓦解的晶格, 特别在快速碰撞, 如跳水时平着撞击水面的过程中.

液体有一个特别的地方是其表面, 如荷叶上的水珠会收缩成球状, 肥皂膜可以形成各种有趣的形状和结构, 水黾可以在水的表面跳跃, 直观的感受是表面有收缩的趋势, 即存在表面张力. 这表明液体表面和内部分子的性质是有区别的, 表面的分子数密度相对更小, 分子间距离更大, 从而有表面张力.

实际上固体的表面也比较特殊, 其性质和内部的性质也是不同的. 比如拓扑绝缘体, 表面态是导电的, 内部却是绝缘的.

还有一类叫作液晶的物质则更加有趣, 兼具液体和固体的特点, 还可以通过外加电场控制其结构. 由于光通过液晶可以发生振动方向的偏转, 而电场可以控制液晶的结构, 进而控制偏转的程度, 所以液晶和两个偏振片组合使用就成了液晶显示器.

思　考　题

1. 费曼的部分子模型认为核子内部有很多点状粒子, 而盖尔曼的夸克模型认为核子内部只有三个夸克, 这两个模型矛盾吗? 如何理解?

2. 将公式 (4.5) 取极限对应到水中花粉颗粒情形, 以及雾霾时空气中 PM2.5 情形.

习　　题

1. 金属 Li 原子组成体心立方晶格, 其晶格常数, 即立方体的边长为 a. 原胞是晶格中体积最小的可重复单元, 试确定立方晶格的原胞形状, 计算其体积. 如果不要求体积最小, 稍大一点的原胞还可能是什么形状? 体积是多少?

2. 为什么完美晶格不允许有 5 次轴对称性?

微观初级理论

有了物质的微观图像, 就可以尝试将分子组装成物质了, 也就是从微观解释宏观的各种物理性质. 怎么做到呢? 应该首先找出单个分子的规律, 再找到相互作用的规律, 最后根据相互作用组装.

单个分子的性质, 一种可能是用牛顿质点的性质来描述, 另一种严格的考虑则需要量子力学. 为了简单, 我们可以先用牛顿质点近似.

对于理想气体, 由于密度足够稀薄, 所以可以认为没有相互作用, 而对于范氏气体则需要考虑相互作用.

组装的过程则相对复杂, 由于涉及大量粒子的无规则运动, 凭空想出组装的办法是有困难的, 实际上需要借鉴数学中处理大量事件的概率统计方法. 为此, 我们可以先从一个简单例子中熟悉统计的方法, 再将成功的方法类比到组装物质的过程中.

5.1 概率统计简介

数学上处理大量事件发展出的理论是概率统计, 详细的介绍过于复杂, 这里只借用最简单的部分. 以一个班级某一次的热学成绩为例, 班级共有 N_0 人, 为了描述每个人的成绩需要做个列表:

$$\{x_i\}, \quad i = 1, 2, \cdots, N_0.$$

假设成绩都是整数, 列表中的元素可以是相同的.

要衡量整个班级的成绩水平该怎么办呢? 常用的方法就是求成绩平均值, 即

$$\overline{x} = \frac{\sum\limits_{i=1}^{N_0} x_i}{N_0} = \sum\limits_{i=1}^{N_0} x_i \frac{1}{N_0}.$$

实际求平均的时候, 会发现有些成绩是重复的. 为此可以先简单统计一下成绩为 x 的人数 $N(x)$, 即人数按分数的分布. 这里 x 的取值范围就是由成绩列表缩并成的

有序集合

$$\{x_j\}, \quad j = 1, 2, \cdots, l,$$

集合中的值不再允许重复, 并将成绩按从小到大排列, 共有 l 个不同的成绩, 图 5.1 是一个具体的例子. 这样求平均就变成了

$$\overline{x} = \sum_{j=1}^{l} x_j \frac{N(x_j)}{N_0} = \sum_{j=1}^{l} x_j P(x_j).$$

数学上把 x 称为随机变量, $\{x_j\}$ 是随机变量的取值范围, $P(x_j)$ 则是 x 取值为 x_j 的概率, 表示求和中的权重. 很容易理解概率是归一化的:

$$\sum_{j=1}^{l} P(x_j) = \sum_{j=1}^{l} \frac{N(x_j)}{N_0} = 1.$$

这里, 一个学生的成绩为 x_j 的概率是 $P(x_j)$, 与成绩为 x_j 的学生有 $N(x_j)$ 人是等价的两种描述, 即概率和统计分布是一回事.

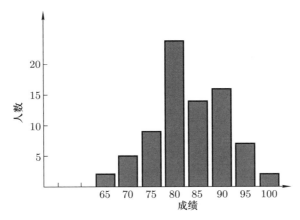

图 5.1 某班热学成绩分布图

如果成绩 x 允许连续变化, 即 x 的取值范围是一个区间 $[a, b]$, 则上述描述需要适当修改, 在统计人数按分数的分布时需要给出在区间 $x \rightarrow x + \mathrm{d}x$ 内的人数 $N(x \rightarrow x + \mathrm{d}x)$, 相应的概率也变成了成绩在区间 $x \rightarrow x + \mathrm{d}x$ 内的概率 $P(x \rightarrow x + \mathrm{d}x)$. 注意到区间大小 $\mathrm{d}x$ 越大, 相应概率越大, 所以一定有

$$P(x \rightarrow x + \mathrm{d}x) = f(x)\mathrm{d}x,$$

其中 $f(x)$ 就称为概率密度, 因为是单位成绩变化区间的概率. 当然也要满足归一化条件

$$\int_a^b f(x)\mathrm{d}x = 1.$$

这样连续随机变量 x 的平均值就变为

$$\overline{x} = \sum xP(x \to x + \mathrm{d}x) = \int_a^b xf(x)\mathrm{d}x.$$

注意积分区间一定是 x 所有取值构成的区间 $[a, b]$.

如果奖学金数额 s 是根据热学成绩 x 评定的, 并且有函数关系 $s(x)$, 那么为了衡量整个班级的奖学金数额情况应该怎么办呢? 同样可以求平均每人获奖数额, 即

$$\overline{s} = \sum_{j=1}^{l} s(x_j)P(x_j),$$

或者对于连续随机变量,

$$\overline{s} = \int_a^b s(x)f(x)\mathrm{d}x.$$

班级平均成绩对成绩的描述显然是最宏观的, 没有任何细节信息, 而最详细的信息则是每个人的成绩列表. 如果不关心每个人的情况, 则用概率密度或者统计分布也是足够精细的.

不同概率分布很可能得出相同的平均值, 例如双峰分布的平均成绩, 和只有一个峰的高斯分布 (Gaussian distribution) 平均成绩, 其值可能相同, 但分布却有着显著差异. 为了能稍微精确一点反映概率分布的信息, 可以求方差 σ^2, 即

$$\sigma^2 = \sum_{j=1}^{l} (x_j - \overline{x})^2 P(x_j) = \overline{x^2} - \overline{x}^2, \tag{5.1}$$

或者

$$\sigma^2 = \int_a^b (x - \overline{x})^2 f(x)\mathrm{d}x = \overline{x^2} - \overline{x}^2.$$

显然方差越小, 对平均值的偏离越小, 分布就越集中.

只考虑一门课的成绩是简单的. 将情况变得复杂一点, 假设热学成绩 x 是连续随机变量, 同时考虑思想道德基础与法律修养 (以下简称思修) 成绩 y 也是连续随机变量, 其取值范围为 $[c, d]$, 其对应的概率密度是 $g(y)$. 则一个学生热学成绩在 $x \to x + \mathrm{d}x$ 区间内, 同时思修成绩在 $y \to y + \mathrm{d}y$ 区间内的概率可以记为 $P(x \to x + \mathrm{d}x, y \to y + \mathrm{d}y)$. 考虑到区间越大, 概率越大, 将该概率写成概率密度的形式则有

$$P(x \to x + \mathrm{d}x, y \to y + \mathrm{d}y) = h(x, y)\mathrm{d}x\mathrm{d}y.$$

一般情况下, $h(x, y)$ 需要根据实际成绩进行统计, 但如果假设两个成绩是不相关的, 则可以利用概率中的乘法原理, 直接得到

$$h(x, y) = f(x)g(y).$$

这时, 分别求两个成绩的平均值与单独考虑时得到的结果是相同的.

如果奖学金数额 s 同时是热学成绩 x 和思修成绩 y 的函数 $s(x, y)$, 则奖学金数额的平均值就变为

$$\overline{s} = \int_a^b \int_c^d s(x, y) h(x, y) \mathrm{d}x \mathrm{d}y.$$

以上概率描述最直接的效果就是, 对每个人的属性 (热学成绩、思修成绩、奖学金数额) 求平均来体现总体的属性. 这与理想气体的情况是可以直接类比的, 每个原子、分子的物理属性都可以单独描述, 大量粒子的平均属性就对应宏观性质.

5.2 理想气体压强的微观统计解释

理想气体是最简单的热学对象, 也许也是最容易组装的对象, 所以我们从理想气体开始尝试.

理想气体的压强是宏观性质, 微观上怎么组装出这个性质呢? 微观上压强的效应, 可以假设为粒子撞击器壁产生的力学效应. 一个粒子撞击器壁反弹, 这个过程中动量发生了变化, 大量粒子单位时间内在单位面积器壁上撞击而产生的动量改变就是压强.

以单原子分子理想气体为例, 由于各种速度的分子都有, 所以为了简单, 先对大量分子做分类, 并统计. 这样同一类分子对压强的贡献可以先算出, 再将不同类分子的贡献相加即可.

先给出如下分类描述. 将原子的三个速度分量作为随机变量, 则速度在 $v_x \to v_x + \mathrm{d}v_x, v_y \to v_y + \mathrm{d}v_y, v_z \to v_z + \mathrm{d}v_z$ 区间, 可以被归为同类的分子数密度是

$$\frac{N}{V} f(v_x, v_y, v_z) \mathrm{d}v_x \mathrm{d}v_y \mathrm{d}v_z,$$

其中 N 为总分子数, V 为体积, $f(v_x, v_y, v_z) \mathrm{d}v_x \mathrm{d}v_y \mathrm{d}v_z$ 为一个分子速度在该区间的概率, $f(v_x, v_y, v_z)$ 为对应三个速度随机变量的概率密度.

在器壁上取 ΔS 的面积, 取垂直于该面积并朝向容器外侧的方向为 x 轴正方向, 则一个分子撞击到该面积上, 反弹回来后动量改变为

$$2P_x = 2mv_x.$$

同类的能撞到 ΔS 面积上的粒子数有多少? 由于同类分子的速度都朝同一方向, 假设所有分子都继续向前飞行 Δt 时间, 则可以发现, 只有以 ΔS 为底, $v_x \Delta t$ 为高, 沿着速度方向的斜圆柱体积内的分子可以撞击到 ΔS 面积上, 如图 5.2 所示, 对应的粒子数为

$$\Delta S v_x \Delta t \frac{N}{V} f(v_x, v_y, v_z) \mathrm{d}v_x \mathrm{d}v_y \mathrm{d}v_z.$$

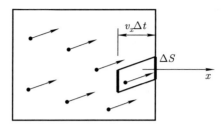

图 5.2 某个速度区间内的气体分子撞击器壁, 只有在斜柱体内的分子才能在相应时间段内撞击到对应面积的器壁上

需要注意的是, 只有 $v_x > 0$ 的粒子才能撞击到 ΔS 上, 所以同一类分子对压强的贡献即为

$$\mathrm{d}p = \left.\frac{2mv_x\Delta S v_x \Delta t \dfrac{N}{V} f(v_x, v_y, v_z)\mathrm{d}v_x\mathrm{d}v_y\mathrm{d}v_z}{\Delta S \Delta t}\right|_{v_x > 0}.$$

不同类分子对压强的贡献求和就是总的压强:

$$\begin{aligned}
p &= \int \mathrm{d}p \\
&= \int_{-\infty}^{\infty} \int_{-\infty}^{\infty} \int_0^{\infty} 2mv_x^2 \frac{N}{V} f(v_x, v_y, v_z)\mathrm{d}v_x\mathrm{d}v_y\mathrm{d}v_z.
\end{aligned}$$

考虑到 $v_x > 0$ 和 $v_x < 0$ 的粒子一样多, 且概率密度应是 v_x 的偶函数, 所以上式变为

$$\begin{aligned}
p &= \int_{-\infty}^{\infty} \int_{-\infty}^{\infty} \int_{-\infty}^{\infty} mv_x^2 \frac{N}{V} f(v_x, v_y, v_z)\mathrm{d}v_x\mathrm{d}v_y\mathrm{d}v_z \\
&= \frac{N}{V}\overline{mv_x^2} \\
&= \frac{N}{V}\overline{P_x v_x}.
\end{aligned}$$

由于坐标 x 方向是任意选取的, 压强也不会和方向有关, 所以有

$$p = \frac{N}{V}\overline{mv_x^2} = \frac{N}{V}\overline{mv_y^2} = \frac{N}{V}\overline{mv_z^2} = \frac{2}{3}\frac{N}{V}\overline{\frac{1}{2}mv^2}, \tag{5.2}$$

或者

$$p = \frac{N}{V}\overline{P_x v_x} = \frac{N}{V}\overline{P_y v_y} = \frac{N}{V}\overline{P_z v_z} = \frac{1}{3}\frac{N}{V}\overline{\boldsymbol{P}\cdot\boldsymbol{v}}. \tag{5.3}$$

从公式 (5.3) 中可以看出理想气体宏观性质压强 p 和微观分子物理量动量变化快慢 $\boldsymbol{P}\cdot\boldsymbol{v}$ 之间的关系, 即压强的微观解释, 因此理想气体的压强也被称为动理压强. 这和对班级成绩做平均一样, 其实用的都是统计方法.

对于非相对论气体, 动量变化快慢可以改写为由平动能表示, 对于相对论性气体, 特别是光子气, 其能量和动量满足关系

$$\boldsymbol{P} = \varepsilon \boldsymbol{c}/c^2,$$

其中 ε 是光子的能量, 所以光压变为

$$p = \frac{1}{3}\frac{N\bar{\varepsilon}}{V} = \frac{1}{3}u,$$

其中 u 是光子气的内能密度.

实际上光子的速度都为光速, 所以用速度作为随机变量就不合适了, 这时需要用动量作为随机变量, 则上述的推导就成立了.

对于混合理想气体, 可以先按分子种类分类, 再按速度分类来求出其总压强, 所以自然可以得到道尔顿分压定律, 即

$$p = \sum_{i=1}^{M} p_i,$$

其中 p_i 是分压强, 表示该种气体单独占有总体积时的压强, M 是气体种类数.

5.3 理想气体温度的微观统计解释

实际上公式 (5.2) 可以认为是从理想气体模型导出的理想气体状态方程, 和宏观方法得到的理想气体状态方程比较, 立刻可以得到

$$\frac{3}{2}k_{\mathrm{B}}T = \overline{\frac{1}{2}mv^2}. \tag{5.4}$$

这说明温度确实是微观无规则热运动的宏观度量. 实际上微观粒子的速度、动量也可以是运动的度量, 但其宏观平均值都为零, 所以真正能体现出宏观效应的是平均值不为零的平动能.

由公式 (5.2) 知道, 各方向上的平动能平均值是相同的, 即

$$\overline{\frac{1}{2}mv_x^2} = \overline{\frac{1}{2}mv_y^2} = \overline{\frac{1}{2}mv_z^2} = \frac{1}{2}k_{\mathrm{B}}T,$$

即看起来能量平均值是在三个平动自由度上均分的.

这个结论可以推广到其他自由度, 例如对于双原子分子除了三个平动自由度, 还有两个转动自由度、一个振动自由度, 每个自由度上对应的动能平均值都是 $k_{\mathrm{B}}T/2$, 这个性质称为经典统计理论中的能量均分定理, 可以从微观模型出发, 用统计方法证明.

5.4　范德瓦耳斯修正量的微观解释

对于范氏气体, 组装的情况要复杂一些, 因为有相互作用. 由于范氏气体是在理想气体基础上改进的, 所以微观到宏观的理解基本相似, 只要给出修正系数 a, b 的微观理解, 原则上就可以了. 下面考虑的都是 1 mol 的范氏气体.

对于修正系数 b 的理解是由于受到排斥力的影响, 一个分子不能进入的空间, 显然这应该是平均来讲每个分子不能进入的体积. 将分子近似为刚球, 其直径为 d, 则分子间的相互作用就是刚球势, 两分子质心间距小于等于 d 时, 势能为无穷大, 大于 d 时, 势能为零, 即公式 (4.1). 将两个分子靠近, 就会发现相互不能进入的体积为 (见图 5.3)

$$\frac{4}{3}\pi d^3.$$

对于所有的 N_A 个分子来讲, 两两相互不能进入的总体积是

$$\frac{1}{2}N_\mathrm{A}(N_\mathrm{A}-1)\frac{4}{3}\pi d^3,$$

平均到每个分子, 不能自由进入的空间就变为

$$b = \frac{1}{2}(N_\mathrm{A}-1)\frac{4}{3}\pi d^3 \approx 4N_\mathrm{A}\frac{4}{3}\pi\left(\frac{d}{2}\right)^3,$$

即 b 约为分子总体积的 4 倍.

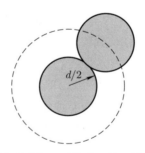

图 5.3　两个刚球相互不能进入的区域如虚线所示

对于修正系数 a 的理解是由相互吸引作用引起的对压强的修正. 压强是力性质的体现, 而力性质或者体现为动量改变 (即运动状态改变), 或者体现为能量改变. 为了简单, 这里考虑能量改变.

让气体膨胀 ΔV, 压强 p 几乎不变, 则气体对外界做功 $p\Delta V$(为了方便理解, 可以假设气体被活塞封闭在一个气缸内). 由于能量守恒, 这部分功一定来源于内能 U 的减少, 即

$$p = -\frac{\Delta U}{\Delta V}.$$

由于内能是所有分子的动能 U_k 和势能 U_p 之和, 而其中动能部分对应理想气体的动理压强 p_i, 即

$$p = -\frac{\Delta U_k}{\Delta V} - \frac{\Delta U_p}{\Delta V} = p_i + \Delta p.$$

根据相互作用可以得到总势能. 假设只有两体相互作用, 则总势能为

$$U_p = \frac{1}{2} N_A (N_A - 1) \overline{\varphi},$$

其中 $\overline{\varphi}$ 是两个分子间的平均相互作用势能. 这里再一次用到了统计描述.

由于分子在空间的分布是平均分布, 概率密度是 $1/V$, 所以这个平均值容易求出, 即

$$\overline{\varphi} = \int \varphi(r) \frac{1}{V} 4\pi r^2 \mathrm{d}r.$$

假设两个分子间的相互作用是萨瑟兰势, 即

$$\varphi(r) = \begin{cases} -\varepsilon \left(\dfrac{d}{r}\right)^6, & r \geqslant d, \\ \infty, & r < d. \end{cases}$$

则平均势能为

$$\overline{\varphi} = -\frac{\varepsilon}{V} \left(\frac{4}{3}\pi d^3\right).$$

由此可以得到

$$\begin{aligned} \Delta p &= -\frac{\Delta U_p}{\Delta V} \\ &= -4\varepsilon N_A (N_A - 1) \frac{4}{3}\pi \left(\frac{d}{2}\right)^3 \frac{1}{V^2}. \end{aligned}$$

注意范氏气体状态方程中对应动理压强的是

$$p_i = p - \Delta p = p + a/V^2,$$

所以可以得到修正系数为

$$a = 4\varepsilon N_A (N_A - 1) \frac{4}{3}\pi \left(\frac{d}{2}\right)^3.$$

由此就从微观上组装出了范氏气体. 这依然是在微观模型假设基础上, 再利用统计描述完成的.

这种方法对不对呢? 可以检验一下. 取简单的单原子气体, 如 Ne 气, 其原子直径为[9]

$$d \approx 2.55 \times 10^{-10}\ \mathrm{m},$$

萨瑟兰势中的参数为

$$\varepsilon = 1.68 \times 10^{-21} \text{ J},$$

则可以算出修正系数为

$$a = 2.12 \times 10^{-2} \text{ J} \cdot \text{m}^3/\text{mol}^2, \quad b \approx 2.09 \times 10^{-5} \text{ m}^3/\text{mol}.$$

而对 Ne 气状态方程实际测量[10] 拟合得到的数值为

$$a = 2.16 \times 10^{-2} \text{ J} \cdot \text{m}^3/\text{mol}^2, \quad b \approx 1.74 \times 10^{-5} \text{ m}^3/\text{mol}.$$

读者可以自己判断一下近似的准确程度. 实际上影响近似的因素比较多, 认真考虑还是很复杂的, 这里只是展示统计的方法.

思　考　题

1. 推导公式 (5.1).
2. 二项分布对应随机变量为 n, 取值范围为 $n = 1, 2, \cdots, N$, 对应的概率为

$$P(n) = \frac{N!}{n!(N-n)!} p^n (1-p)^{N-n},$$

p 为常数, 取值范围为 $(0,1)$, 求平均值和方差.
3. 已知随机变量 x 取值范围为 $(-\infty, \infty)$, 对应概率密度为 $\mathrm{e}^{-x^2}/\sqrt{\pi}$, 求平均值和方差.

习　　题

1. 一立方体容器, 边长为 1 m, 其中存有标况下的氧气, 试求氧气分子每秒撞击器壁的次数. 注意如果不能相对严格求出, 可以尝试做近似.
2. 一立方体容器体积为 V, 其中存有 1 mol 气体, 气体分子可以模型化为直径是 d 的刚球, 并将这些刚球逐个放入容器, 求:
   (1) 第一个分子放入容器后, 其中心能够自由活动的空间体积;
   (2) 第二个分子放入容器后, 其中心能够自由活动的空间体积;
   (3) 第 N_A 个分子放入容器后, 其中心能够自由活动的空间体积;
   (4) 平均来说, 每个分子的中心能够自由活动的空间体积.

第六讲

麦克斯韦速度分布律

由于热力学系统是由微观粒子构成的, 所以原则上可以从微观组装出宏观性质. 一方面, 这需要微观模型, 即单个粒子的性质, 以及粒子间的相互作用, 另一方面, 对大量粒子需要统计描述, 而统计描述中, 一个关键的性质就是概率或者概率密度.

例如理想气体中求压强、温度的微观解释, 要对动量、动能求平均值, 对于非相对论气体, 由于动量、动能都可以看成速度的函数, 所以求平均值就离不开关于速度的概率密度.

概率密度可以说是统计规律, 麦克斯韦求得的速度分布律正是这样一种统计规律. 这是如何得到的呢? 这个规律可靠吗?

6.1 麦克斯韦速度分布律

按照统计语言, 求速度分布律就是求速度分布的概率密度.

每个粒子都有速度 $\boldsymbol{v} = (v_x, v_y, v_z)$, 这三个速度可以选作随机变量, 假设每个速度的可取值都为 $(-\infty, \infty)$. 简单地考虑, 可以找出关于每一个速度的分布, 即一个粒子某个方向的速度位于区间 $v_i \to v_i + \mathrm{d}v_i$ 内的概率 $f_i(v_i)\mathrm{d}v_i$, 其中 $i = x, y, z$. 也可以考虑得稍微复杂一点, 即求一个粒子速度同时位于三个区间 $v_x \to v_x + \mathrm{d}v_x$, $v_y \to v_y + \mathrm{d}v_y$, $v_z \to v_z + \mathrm{d}v_z$ 内的概率 $f_{\mathrm{M}}(v_x, v_y, v_z)\mathrm{d}v_x\mathrm{d}v_y\mathrm{d}v_z$.

一般情况下, 可以由 $f_{\mathrm{M}}(v_x, v_y, v_z)$ 得到 $f_i(v_i)$, 如为了得到 $f_x(v_x)$, 可以用下式:

$$f(v_x)\mathrm{d}v_x = \mathrm{d}v_x \int_{-\infty}^{\infty} \int_{-\infty}^{\infty} f_{\mathrm{M}}(v_x, v_y, v_z)\mathrm{d}v_y\mathrm{d}v_z,$$

即将 v_y, v_z 在随机变量空间积分, 就是对概率都求和. 但反过来, 由 $f_i(v_i)$ 得到 $f_{\mathrm{M}}(v_x, v_y, v_z)$ 却不一定可以, 但在 v_x, v_y, v_z 是相互独立随机变量的情况下是可以的, 此时有

$$f_{\mathrm{M}}(v_x, v_y, v_z)\mathrm{d}v_x\mathrm{d}v_y\mathrm{d}v_z = f_x(v_x)\mathrm{d}v_x f_y(v_y)\mathrm{d}v_y f_z(v_z)\mathrm{d}v_z.$$

这样就可以发现, 原则上需要求的是四个函数 $f_i(v_i)$, $f_M(v_x, v_y, v_z)$. 如何才能求出这四个函数呢? 一般的做法应该是实验上真的对大量分子做统计, 但是热力学系统的分子数都是摩尔量级的, 数起来并不容易, 所以早期大家并不知道该怎么做.

如果实验上暂时做不到, 还有没有别的办法呢? 物理学家有一种精神是积极乐观主义, 总要想方设法前进一步, 而不是留在原地抱怨和放弃, 哪怕得到的结果只是部分正确也比没有好.

麦克斯韦正是这样做的. 在一篇论文中[11], 他通过三个假设, 对速度概率密度函数的性质做了约束, 从而猜出了上述四个速度分布.

首先, 假设三个方向的速度分布是等价的, 即 $f_i(v_i)$ 的函数形式是相同的, 可以统一写为 $f(v_i)$, 这样待求的函数只剩下了两个.

其次, 假设三个方向的速度分布是独立的, 即概率的乘法原理成立, 故有

$$f_M(v_x, v_y, v_z) \mathrm{d}v_x \mathrm{d}v_y \mathrm{d}v_z = f(v_x) \mathrm{d}v_x f(v_y) \mathrm{d}v_y f(v_z) \mathrm{d}v_z.$$

这样, 待求函数只有一个了, 即 $f(v_x)$.

最后, 假设粒子在速度空间的分布是各向同性的. 这是什么意思呢? 每个粒子都有三个速度值, 可以由 (v_x, v_y, v_z) 构成速度空间, 将粒子按照对应速度值放入该空间, 得到的就是速度空间的粒子分布. 而这个分布应该是不依赖于方向的, 即在相同速率值处, 概率密度应该是相同的. 注意这里的概率密度指的是 $f_M(v_x, v_y, v_z)$, 即速度空间中 $\mathrm{d}v_x \mathrm{d}v_y \mathrm{d}v_z$ 体积内的粒子数除以总粒子数之后, 再除以体积 $\mathrm{d}v_x \mathrm{d}v_y \mathrm{d}v_z$ 得到的概率密度 (概率密度一定是和相应的随机变量对应的), 参见图 6.1. 因此各

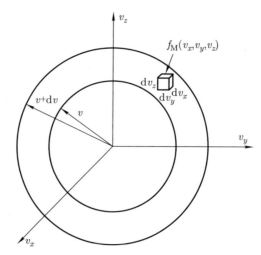

图 6.1 粒子在速度空间的分布应该各向同性, 即速率相同处概率密度相同

向同性的含义其实是概率密度 $f_\mathrm{M}(v_x, v_y, v_z)$ 只和速率 v 有关, 故有

$$f_\mathrm{M}(v_x, v_y, v_z) = g(v) = f(v_x)f(v_y)f(v_z).$$

上式对待求函数形式做了约束. 注意到

$$v^2 = v_x^2 + v_y^2 + v_z^2,$$

这意味着三个函数相乘的效果相当于变量的平方相加, 在所遇到的各种函数中挑选候选者的话, 自然会想到指数函数或者常数.

如果函数为常数, 其实对应的是平均分布, 显然这和无规则热运动的图像不符合, 所以可以猜测是指数函数, 即

$$f(v_x) = C\mathrm{e}^{-Av_x^2}.$$

显然该函数满足麦克斯韦的三个约束条件. 需要注意的是, 指数上取负号, 这是因为直观上不可能速度越大, 粒子数越多, 如果是那样, 就太可怕了, 理想气体可以变成终极武器. 另外如果指数为正, 相应概率也不能归一化.

一个极限情况是, 平均分布可以认为是 $A = 0$ 的指数分布, 但是要对随机变量取值做出限制, 否则一样不可以归一化.

接下来要做的就是确定待定系数. 这显然需要两个条件, 一个条件是归一化, 即

$$\int_{-\infty}^{\infty} C\mathrm{e}^{-Av_x^2}\mathrm{d}v_x = 1.$$

另一个条件是利用温度的微观定义, 即分子平均动能和温度的关系

$$\overline{\frac{1}{2}mv_x^2} = \frac{1}{2}k_\mathrm{B}T,$$

所以有

$$\int_{-\infty}^{\infty} \frac{1}{2}mv_x^2 C\mathrm{e}^{-Av_x^2}\mathrm{d}v_x = \frac{1}{2}k_\mathrm{B}T,$$

其中 m 为分子质量, T 为热平衡时的温度. 由这两个条件可以得到速度分布为

$$f(v_x) = \left(\frac{m}{2\pi k_\mathrm{B}T}\right)^{1/2} \mathrm{e}^{-\frac{\frac{1}{2}mv_x^2}{k_\mathrm{B}T}}. \tag{6.1}$$

自然地有

$$f_\mathrm{M}(v_x, v_y, v_z) = \left(\frac{m}{2\pi k_\mathrm{B}T}\right)^{3/2} \mathrm{e}^{-\frac{\frac{1}{2}m(v_x^2 + v_y^2 + v_z^2)}{k_\mathrm{B}T}}. \tag{6.2}$$

这就是通常说的麦克斯韦速度分布律. N_2 分子不同温度下的麦克斯韦速度分布律
曲线如图 6.2 所示.

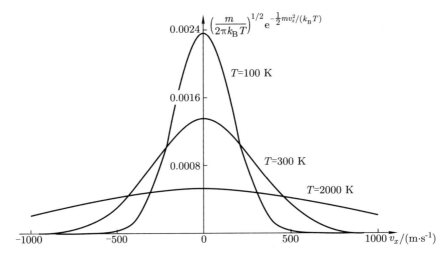

图 6.2　N_2 分子不同温度下 x 方向上的麦克斯韦速度分布律曲线, 注意温度极大和极小的极限
情况

　　很显然, 如果假设麦克斯韦速度分布律是对的, 就很容易通过求分子物理量平
均值的方式, 求出压强和温度这些宏观量.

　　知道了速度分布律, 能不能知道速率分布律呢? 特别需要注意的是, 一定要清
楚这个问题是什么. 每个粒子都有自己的速率 v, 速率的取值范围是 $(0, \infty)$, 问速
率分布律, 其实就是问一个粒子的速率落在 $v \to v + \mathrm{d}v$ 区间内的概率 $F(v)\mathrm{d}v$ 是多
少.

　　这个概率如何得到呢? 可以利用速度空间的概率密度来计算. 在速度空间来看,
这个问题相当于是问速度空间中一个粒子的速率在 $v \to v + \mathrm{d}v$ 的球壳内的概率是
多少. 由于已知速度空间的概率密度, 所以只要求出球壳体积, 乘以密度就是概率
了, 即速率分布律为

$$F(v)\mathrm{d}v = \left(\frac{m}{2\pi k_B T} \right)^{3/2} \mathrm{e}^{-\frac{\frac{1}{2}mv^2}{k_B T}} 4\pi v^2 \mathrm{d}v.$$

注意速率对应的概率密度 $F(v)$ 和速度空间的概率密度不是一回事, 比较明显的是
量纲都不一样. 不同温度下的麦克斯韦速率分布律曲线如图 6.3 所示.

　　另外一种做法是, 在速度空间采用球坐标, 将速度随机变量更换为 (v, θ, φ), 再
将概率对角度积分, 只剩下速率的概率, 从而可以得到对应速率的概率密度. 当然
结果是相同的, 读者可以自己推导一下.

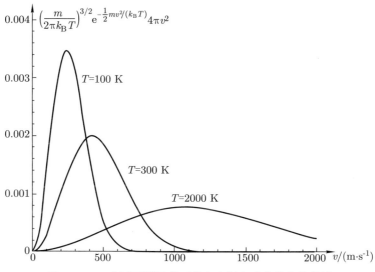

图 6.3 N$_2$ 分子不同温度下的麦克斯韦速率分布律曲线

6.2 斯特恩实验

麦克斯韦速度和速率分布律正确吗? 这是需要实验检验的. 最直接的检验就是真的按照速度做统计, 然而难度是可想而知的, 毕竟是摩尔量级的粒子数.

一种近似的方法是用分子动力学模拟由成百上千粒子构成的理想气体, 让其处于热运动的平衡态, 再对其做速度、速率统计. 为了简单, 可以做速率统计, 如图 6.4 所示. 从统计的结果可以看出相应速率区间内的粒子数会在麦克斯韦速率分布附近涨落. 增加粒子数, 这种相对涨落会变小, 可以猜想如果粒子数趋于无穷, 涨落也趋于零. 也就是说, 麦克斯韦速率分布律可能是平衡态对应的平均分布.

现在计算物理已经成为物理学的一个重要分支, 在验证理论、探索性质、指导实验方面都有重要的意义.

另一种方法当然就是直接做实验做统计, 例如 1920 年的斯特恩 (Stern) 实验[12], 如图 6.5 所示. 该实验以一根铂丝为轴, 外加两层圆筒, 内筒半径 $r = 2 \sim 3$ mm, 内筒壁上有一条沿着铂丝方向的狭缝, 外筒半径 $R = 5 \sim 6$ cm, 两圆筒可以绕铂丝以角速度 ω 旋转. 在铂丝上镀银, 并在铂丝中通入电流加热银, 使其蒸发为理想气体. 当没有转动时, 银分子从内筒壁上的狭缝飞出, 到达外筒壁时沉淀下来, 沉淀的厚度就代表了分子数的多少.

当两圆筒旋转时, 银分子从狭缝飞出并到达外筒壁的时间为

$$\Delta t = (R - r)/v,$$

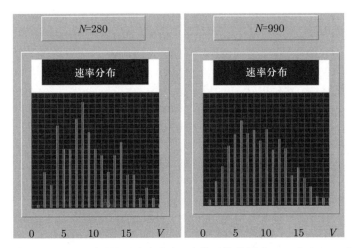

图 6.4　分子动力学模拟出的瞬时粒子速率分布, 总粒子数分别为 280 个和 990 个, 其中横坐标是粒子速率, 纵坐标是相应速率区间的粒子数

其中 v 为银分子飞出狭缝时的速率值, 这段时间内, 外筒同时旋转了角度 $\omega\Delta t$, 则银分子沉淀的位置距离正对狭缝位置的弧长为

$$l = R\omega\Delta t.$$

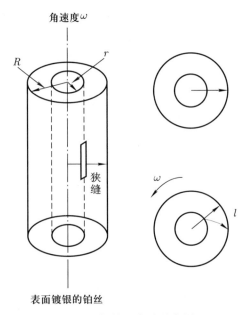

图 6.5　斯特恩实验示意图

所以弧长和速率之间有关系

$$v = \frac{\omega R(R-r)}{l}.$$

这样只要画出银分子厚度与速率的关系图, 就可以验证关于速率的分布是否正确.

然而这里需要注意的是, 从狭缝出来的银分子的速度分布并不是麦克斯韦速度分布, 因为经过了狭缝选择. 为了考虑这种选择的作用, 可以先研究泻流问题.

在盛有理想气体的容器壁上开一个足够小的孔, 小到分子在飞过孔时不会和其他分子发生碰撞而改变速度, 孔面积为 ΔS, 从小孔飞出的分子就称为泻流分子.

为了找出泻流分子的速度分布, 可以参考压强的微观解释. 设粒子数为 N, 体积为 V, 在容器内部, 气体分子的速度分布是麦克斯韦速度分布, 所以在 Δt 时间内穿越 ΔS 面积的、速度在 $v_x \to v_x + \mathrm{d}v_x$, $v_y \to v_y + \mathrm{d}v_y$, $v_z \to v_z + \mathrm{d}v_z$ 范围内的分子数为

$$\Delta S v_z \Delta t \frac{N}{V}\left(\frac{m}{2\pi k_\mathrm{B}T}\right)^{3/2} \mathrm{e}^{-\frac{\frac{1}{2}mv^2}{k_\mathrm{B}T}}\mathrm{d}v_x\mathrm{d}v_y\mathrm{d}v_z,$$

这里 z 方向为垂直于 ΔS 朝向容器外部. 泻流出的总分子数就是对所有速度的分子求和, 其中 $v_z > 0$, 则有

$$\Gamma \Delta S \Delta t = \int_0^\infty \int_{-\infty}^\infty \int_{-\infty}^\infty \Delta S v_z \Delta t \frac{N}{V}\left(\frac{m}{2\pi k_\mathrm{B}T}\right)^{3/2} \mathrm{e}^{-\frac{\frac{1}{2}mv^2}{k_\mathrm{B}T}}\mathrm{d}v_x\mathrm{d}v_y\mathrm{d}v_z.$$

计算可得

$$\Gamma = \frac{1}{4}\frac{N}{V}\sqrt{\frac{8k_\mathrm{B}T}{\pi m}} = \frac{1}{4}n\overline{v},$$

其中 Γ 称为气体分子碰壁数, 即单位时间、单位面积上撞击到器壁的分子数, n 为分子数密度, $\overline{v}$ 为麦克斯韦速率分布对应的速率平均值.

因此, 泻流气体的速度分布律, 即一个泻流分子速度位于 $v_x \to v_x + \mathrm{d}v_x$, $v_y \to v_y + \mathrm{d}v_y$, $v_z \to v_z + \mathrm{d}v_z$ 区间内的概率为

$$\frac{4}{\overline{v}}v_z\left(\frac{m}{2\pi k_\mathrm{B}T}\right)^{3/2}\mathrm{e}^{-\frac{\frac{1}{2}mv^2}{k_\mathrm{B}T}}\mathrm{d}v_x\mathrm{d}v_y\mathrm{d}v_z.$$

请读者注意其中的概率密度是什么.

为了得到其对应的速率分布, 需要换用速度空间的球坐标, 先得到小体积元 $v^2\sin\theta\mathrm{d}v\mathrm{d}\theta\mathrm{d}\varphi$ 内的概率, 即用体积元乘以概率密度:

$$\frac{4}{\overline{v}}v\cos\theta\left(\frac{m}{2\pi k_\mathrm{B}T}\right)^{3/2}\mathrm{e}^{-\frac{\frac{1}{2}mv^2}{k_\mathrm{B}T}}v^2\sin\theta\mathrm{d}v\mathrm{d}\theta\mathrm{d}\varphi,$$

其中 v_z 已经换成了球坐标, 球坐标选取时规定速度矢量与 z 轴夹角为 θ, 速度矢量在 x-y 平面上的投影与 x 轴的夹角为 φ.

再对可能的角度积分, 即能得到按速率的分布:

$$\int_0^{\pi/2} \int_0^{2\pi} \frac{4}{\bar{v}} v \cos\theta \left(\frac{m}{2\pi k_{\mathrm{B}} T}\right)^{3/2} e^{-\frac{\frac{1}{2}mv^2}{k_{\mathrm{B}} T}} v^2 \sin\theta \, \mathrm{d}v \mathrm{d}\theta \mathrm{d}\varphi,$$

注意其中 θ 的取值范围是为了确保 $v_z > 0$. 积分可得

$$\frac{4\pi}{\bar{v}} \left(\frac{m}{2\pi k_{\mathrm{B}} T}\right)^{3/2} v^3 e^{-\frac{\frac{1}{2}mv^2}{k_{\mathrm{B}} T}} \, \mathrm{d}v.$$

这就是泻流分子的速率分布.

这个结果和实验结果符合得较好, 一般会认为实验验证的就是这个分布, 然而斯特恩实验验证的真的是泻流分子的速率分布吗? 认真考虑之后, 会发现有一定问题.

实际上由于内筒壁有一定厚度, 并且如果狭缝比较短, 则狭缝相当于一个小孔, 这时从狭缝出来的分子中, 偏离 v_z 方向的分子会被挡住, 而统计时是沿着弧长方向统计, 所以真正统计的分子 v_x, v_y 几乎为零. 这种分子束称为分子射束, 其速度分布是按 v_z 的分布, 即一个分子速度处于 $v_z \to v_z + \mathrm{d}v_z$ 区间的概率为

$$\frac{4}{\bar{v}} v_z \left(\frac{m}{2\pi k_{\mathrm{B}} T}\right)^{1/2} e^{-\frac{\frac{1}{2}mv_z^2}{k_{\mathrm{B}} T}} \, \mathrm{d}v_z.$$

由于 $v_z > 0$, 所以这实际上也是按速率的分布. 但遗憾的是, 这个结果和实验符合得并不好.

问题在哪呢? 问题出在不能简单地认为 v_x, v_y 几乎为零, 就直接把其贡献扔掉. 实际上在外筒弧长上统计某个速度区间的粒子数时, 取的是一小段面积, 这一小段面积对狭缝的中心张开一定的立体角 $\Delta\Omega$, 所以这个立体角内的分子应该都算进来. 为此, 应该在速度空间采用球坐标, 并对相应的立体角积分, 则得到

$$\int_{\Delta\Omega} \frac{4}{\bar{v}} v_z \left(\frac{m}{2\pi k_{\mathrm{B}} T}\right)^{3/2} e^{-\frac{\frac{1}{2}mv^2}{k_{\mathrm{B}} T}} v^2 \mathrm{d}v \mathrm{d}\Omega,$$

其中积分是对立体角 $\mathrm{d}\Omega$ 中的两个角度积分. 由于范围比较小, 即 v_x, v_y 比较小, 所以分子速率 v 约等于 v_z, 这样积分结果简化为

$$\Delta\Omega \frac{4}{\bar{v}} \left(\frac{m}{2\pi k_{\mathrm{B}} T}\right)^{3/2} e^{-\frac{\frac{1}{2}mv_z^2}{k_{\mathrm{B}} T}} v_z^3 \mathrm{d}v_z.$$

这样就可以和实验测量的结果对应上了.

经过实验的检验, 可以看到麦克斯韦速度分布律是相对可靠的. 然而, 积极的思考方式是采取怀疑的态度, 看看有没有新的发现. 例如将其推广到二维、一维还

正确吗? 实际上, 如果真的是一维的 N 个粒子, 相互之间是完全弹性碰撞, 则初始速度分布给定后, 分布就不再变化, 也就是说可以是任何分布.

如果在碰撞中加入随机因素又如何呢? 还存在分布规律吗? 对于一个完全随机的一维运动, 其分布规律还是高斯分布吗? 如果加入相互作用, 速度分布依然是麦克斯韦速度分布吗? 这些都是可以研究的.

思 考 题

1. 定出公式 (6.1) 中的系数.
2. 利用麦克斯韦速率分布求速率平均值.
3. 求出麦克斯韦速率分布中对应概率密度极大值的速率, 即最概然速率.
4. 结合逃逸速度, 从速率分布角度解释为什么地球上有大气, 而月球上没有.
5. 如果已知理想气体分子的速率分布对应的概率密度为 $F(v)$, 能求出其速度分布律吗?
6. 考虑分子质量不同的两种分子同时泻流后的数密度变化, 并说明如何用泻流法来提纯 ^{235}U. 注意为了变成气体, 可以将其变为 UF_6, 自然界中 ^{235}U 和 ^{238}U 共存, 且 ^{235}U 的原子丰度只有 0.72%, 而用来做原子弹的核燃料中 ^{235}U 的丰度要达到 99%.
7. 如果斯特恩实验中内筒的狭缝足够长, 则实验上测到的速率分布应该是什么样的?

习 题

1. 求速率大于 v 的气体分子每秒与单位面积器壁碰撞的次数.
2. 对于单原子理想气体, 利用麦克斯韦速率分布律计算关于平动能 $\varepsilon = \frac{1}{2}mv^2$ 分布的概率密度.

第七讲

麦克斯韦-玻尔兹曼分布与能量均分定理

对于气体中的分子来讲, 为了描述其物理性质, 需要引入各种物理量, 如坐标、动量等. 由于每个分子都有相应的物理量, 所以类比麦克斯韦速度分布律, 也应该有分子按其他物理量的分布规律. 当然如果能有一种统一的分布规律就更好了, 这就是麦克斯韦-玻尔兹曼分布律. 当然这个规律对不对, 同样需要实验检验.

7.1 玻尔兹曼密度分布律

通常情况下, 将气体封闭在一个边长为 L 的立方体容器中, 达到平衡态后, 分子数密度处处相同, 即其中分子按照坐标的分布可以认为是平均分布.

换成概率描述就是, 每个分子都有自己的坐标 (x, y, z), 将 x 选为随机变量, 其取值范围为 $(0, L)$, 则一个分子落在 $x \to x + \mathrm{d}x$ 区间内的概率为

$$C\mathrm{d}x,$$

其中 C 为常数, 即平均分布. 这个常数可以利用归一化条件

$$\int_0^L C\mathrm{d}x = 1$$

求出, 容易得到

$$C = 1/L.$$

关于 y, z 的分布与此类似. 由于三个坐标相互独立, 所以一个分子三个方向上同时落在 $x \to x + \mathrm{d}x, y \to y + \mathrm{d}y, z \to z + \mathrm{d}z$ 区间内的概率为

$$\frac{1}{L^3}\mathrm{d}x\mathrm{d}y\mathrm{d}z.$$

这个分布对吗? 在地球表面上, 高的地方空气往往稀薄, 也就是分子不倾向于分布在高处, 所以在没有重力场等外场约束的条件下, 上述的平均分布才是正确的.

然而有重力场的条件下, 分布又如何呢? 如图 7.1 所示, 为了得到重力场下的分布, 可以在地球表面取一段向上的空气柱, 底面积是 ΔS, 沿竖直方向建立 z 轴, 地面处 $z=0$, 需要得到的就是分子落在 $z \to z+\mathrm{d}z$ 区间内的概率, 即

$$\frac{n(z)\Delta S\mathrm{d}z}{\displaystyle\int_0^\infty n(z)\Delta S\mathrm{d}z}.$$

这里假设 z 的取值范围为 $(0,\infty)$, $n(z)$ 为 $\Delta S\mathrm{d}z$ 中的分子数密度, 显然这是要想办法确定的.

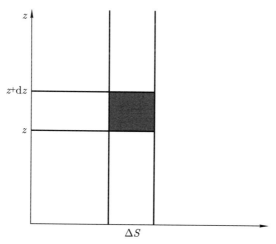

图 7.1　重力场下的大气分布, 不同高度处分子数密度不同

考虑到力学平衡, 即 $\Delta S\mathrm{d}z$ 是稳定在空气柱中的, 所以有重力和压强差平衡, 即

$$mgn(z)\Delta S\mathrm{d}z = -\Delta S\mathrm{d}p(z),$$

其中 m 为分子质量, g 为重力加速度. 遗憾的是, 这个方程引入了新的未知量 $p(z)$, 所以还需要继续找新的方程. 假设 $\Delta S\mathrm{d}z$ 中的气体是平衡态的理想气体, 按理想气体状态方程有

$$p(z) = n(z)k_\mathrm{B}T(z).$$

然而, 这又一次引入了新的物理量 $T(z)$. 实际上大气中的温度随高度变化关系是非常复杂的, 如图 7.2 所示, 在靠近地面附近, 即对流层内, 温度随高度降低, 到对流层顶部时, 温度则几乎不变, 再向外又出现升高、降低的振荡.

我们采取积极乐观的精神, 为了能继续讨论这个问题, 考虑最简单的情况: 温度 $T(z) = T_0$ 为常数, 即等温大气模型. 这样可以解出分子数密度

$$n(z) = n_0\mathrm{e}^{-mgz/(k_\mathrm{B}T)},$$

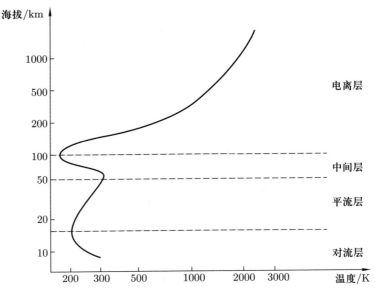

图 7.2   地球大气温度随高度的变化示意图 (大气温度廓线)

其中 n_0 是地面处的气体分子数密度. 这被称为玻尔兹曼密度分布律. 这样就可以得到重力场中的分子分布概率为

$$\frac{mg}{k_{\mathrm{B}}T}\mathrm{e}^{-mgz/(k_{\mathrm{B}}T)}\mathrm{d}z.$$

这样的分布是否正确呢? 这可以通过观测布朗运动中花粉颗粒在竖直方向上的分布来检验. 佩兰的实验证实了这个分布.

7.2   麦克斯韦–玻尔兹曼分布

注意到麦克斯韦速度分布的形式和玻尔兹曼密度分布的形式有相似之处, 特别是 e 指数上的形式为

$$mv_x^2/2, \quad mv_y^2/2, \quad mv_z^2/2, \quad mgz,$$

都是分子的能量项, 简单归纳就可以猜测, 也许这是一个普遍的规律, 即若描述分子的坐标或者动量为 q, 其对分子能量的贡献为 $\varepsilon(q)$, 则分子按 q 的分布概率为

$$C_q\mathrm{e}^{-\varepsilon(q)/k_{\mathrm{B}}T}\mathrm{d}q, \tag{7.1}$$

其中归一化系数 C_q 可以根据归一化条件确定. 这就是麦克斯韦–玻尔兹曼分布.

这里之所以选择坐标和动量, 是因为从力学可以知道, 这两类量足以完备地描述一个粒子的所有力学性质. 显然, 对于已知的麦克斯韦速度分布、重力场下的玻尔兹曼密度分布、没有外场时的空间平均分布, 麦克斯韦–玻尔兹曼分布都是正确的.

知道这个分布对认知热力学系统有什么帮助呢? 下面以双原子分子为例来讨论一下.

以经典力学观点来看, 描述一个质点需要 3 个坐标, 即 3 个自由度, 描述一个双原子分子则需要 6 个坐标, 即 6 个自由度. 为了对双原子的描述更直观, 可以将 6 个坐标选为质心坐标 x_c, y_c, z_c, 两原子连线绕质心转动的角度 θ, φ, 以及两原子相对距离 r. 这 6 个坐标对应 6 个动量, 其中角度对应的其实是角动量, 也可以用 6 个速度对应, 其中角度对应角速度, 其实就是 6 个坐标随时间的变化.

动量或速度对分子能量的贡献是动能, 而坐标则可以贡献势能. 没有外场时, 一个双原子分子的能量为

$$\varepsilon = \frac{1}{2}m_c v_x^2 + \frac{1}{2}m_c v_y^2 + \frac{1}{2}m_c v_z^2 + \frac{1}{2}I_\theta \omega_\theta^2 + \frac{1}{2}I_\varphi \omega_\varphi^2 + \frac{1}{2}m_r v_r^2 + \frac{1}{2}kr^2,$$

其中 m_c 为质心质量, (v_x, v_y, v_z) 为质心速度, I_θ, I_φ 为转动惯量, ω_θ, ω_φ 为转动角速度, m_r 为折合质量, v_r 为两原子相对运动速度, $kr^2/2$ 是将两原子之间的相互作用近似为简谐势.

我们来看关于任意速度, 如 $\omega_\theta \in (-\infty, \infty)$ 的分布. 按照麦克斯韦–玻尔兹曼分布, 一个分子位于 $\omega_\theta \to \omega_\theta + \mathrm{d}\omega_\theta$ 内的概率为

$$C_{\omega_\theta} \mathrm{e}^{-\frac{\frac{1}{2}I_\theta \omega_\theta^2}{k_B T}}.$$

利用归一化条件可得系数为

$$C_{\omega_\theta} = \left(\frac{I_\theta}{2\pi k_B T}\right)^{1/2}.$$

自然地可以得到对应动能平均值为

$$\overline{\frac{1}{2}I_\theta \omega_\theta^2} = \frac{1}{2}k_B T.$$

类似地, 每个自由度对应的动能项的平均值都为 $k_B T/2$, 这被称为能量均分定理. 而对于势能项, 如果是简谐势 $kr^2/2$, 则同样可以求出其平均值为 $k_B T/2$. 这样, 一个双原子分子的平均能量就为

$$\bar{\varepsilon} = (3 + 2 + 1 + 1)\frac{1}{2}k_B T = \frac{7}{2}k_B T.$$

推广到一般情况, 一个 $n(n > 2)$ 原子分子有 3 个平动自由度、3 个转动自由度、$3n - 6$ 个振动自由度, 其分子的平均能量为

$$\bar{\varepsilon} = (3 + 3 + 3n - 6 + 3n - 6)\frac{1}{2}k_{\mathrm{B}}T = (3n - 3)k_{\mathrm{B}}T.$$

实际上, 这是利用能量均分定理求出了理想气体的内能. 对于 1 mol 的气体来说, 其内能就为

$$U = N_{\mathrm{A}}\bar{\varepsilon}.$$

显然, 内能只是温度的函数.

麦克斯韦-玻尔兹曼分布不仅对于气体是适用的, 也可适当扩展到固体上, 例如单原子分子的固体晶格. 固体中的分子都固定在格点附近, 既没有平动, 也没有转动, 只有振动, 一个简略的猜测是, 每个分子都有三个振动自由度, 达到热平衡后, 每个自由度上都可以分得 $k_{\mathrm{B}}T/2$ 的振动动能, 和 $k_{\mathrm{B}}T/2$ 的振动势能. 所以对于 N_{A} 个分子来说, 其总内能为 $3RT$.

这个结果可靠吗? 其实问题有点复杂, 因为每个分子的振动并不是相互独立的, 实际上最简单的情况也要考虑最邻近分子的影响. 幸好在这种情况下, 可以将关联的振动变换为互不关联的整体振动模式, 而振动模式的数目正好是所有的振动自由度, 即 $3N_{\mathrm{A}}$. 此时可以认为每个振动模式对应一个"准粒子", 即声子. 这样固体晶格的热运动问题就转换为 $3N_{\mathrm{A}}$ 个只有振动自由度的声子构成的理想气体问题, 由于每个声子只有一个振动自由度, 自然可以利用能量均分定理得到其总的内能.

7.3　等容热容检验

看起来, 麦克斯韦-玻尔兹曼分布很有用, 能直接从微观出发, 用统计规律求出总内能. 然而这个分布需要实验的检验. 为了能够检验, 必须有可检验的预言.

由于在等容的情况下, 热力学系统吸收的热量都用来增加内能, 所以等容热容和内能之间有关系

$$C_V = \left(\frac{\mathrm{d}Q}{\mathrm{d}T}\right)_V = \left(\frac{\mathrm{d}U}{\mathrm{d}T}\right)_V.$$

这样通过测热容, 就可以检验用麦克斯韦-玻尔兹曼分布导出的内能是否正确. 例如对于 1 mol 双原子分子, 根据能量均分定理, 其等容热容为

$$C_V = \frac{7}{2}N_{\mathrm{A}}k_{\mathrm{B}} = \frac{7}{2}R.$$

实验上可测得氢气的等容热容, 将其作为温度的函数作图, 如 7.3 所示, 则可以发现, 在温度较低时其为常数 $3R/2$, 温度较高时其为常数 $7R/2$, 温度介于两者之间

时其为常数 $5R/2$, 而每两个常数之间都由一段连续曲线相连, 即其不是常数, 而是温度的函数. 这意味着理论和实验只在温度较高时符合, 其他温度处则不符合. 然而有趣的是, 如果不考虑振动自由度, 则理论给出的热容值为 $5R/2$, 如果更进一步, 同时不考虑转动自由度, 则热容值恰为 $3R/2$. 这是怎么回事呢? 自由度会被 "冻结"?

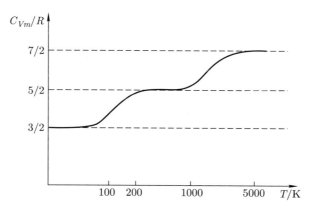

图 7.3   氢气在不同温度下的摩尔热容

一种解释是在量子力学描述中, 分子的物理性质是量子化的, 即分子的平动能 ε_t、转动能 ε_r、振动能 ε_v 的取值是一系列分立值 $\{\varepsilon_{k1}, \varepsilon_{k2}, \varepsilon_{k3}, \cdots\}$, $\{\varepsilon_{r1}, \varepsilon_{r2}, \varepsilon_{r3}, \cdots\}$, $\{\varepsilon_{v1}, \varepsilon_{v2}, \varepsilon_{v3}, \cdots\}$, 即有能级结构. 而且平动能级间的特征差值 $\Delta\varepsilon_t$, 转动能级间的特征差值 $\Delta\varepsilon_r$, 振动能级间的特征差值 $\Delta\varepsilon_v$ 满足关系

$$\Delta\varepsilon_t \ll \Delta\varepsilon_r \ll \Delta\varepsilon_v.$$

由于热运动的能量量级为 $k_B T$, 所以当温度很高时,

$$k_B T \gg \Delta\varepsilon_v,$$

分子间碰撞传递的能量足够改变分子的振动能级取值, 分子有振动自由度. 而当温度较低时, 分子的振动能级则只能取最低的振动能级, 即振动自由度被冻结.

类似的讨论可以解释转动自由度的冻结. 由于平动自由度的能级间隔非常小, 所以即使在温度较低时, 依然有平动自由度.

然而这个解释能完全理解等容热容的特性吗? 其实等容热容–温度曲线上还有依赖于温度的部分, 其具体函数关系还没有给出.

而对于固体的热容, 实验上早就发现了杜隆 (Dulong)–珀蒂 (Petit) 定律, 即室温下不少固体的摩尔热容约为 $3R$, 显然和能量均分定理得到的相似. 然而也有例外, 如金刚石和硼. 对于金刚石, 在高温时热容才趋于 $3R$, 而在室温时则仅有 $0.68R$ (见图 7.4), 而硼在室温时热容则为 $1.26R$. 同样, 这些行为不能简单地用麦克斯韦–玻尔兹曼分布来解释. 当然出现例外, 就意味着找到了认知边界, 也就意味着将要有新的突破.

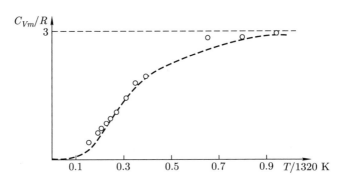

图 7.4　金刚石的摩尔热容随温度变化的曲线, 在高温时趋于$3R$

事实上, 即使承认麦克斯韦–玻尔兹曼分布是对的, 也不能令人满意, 因为物理追求的是更基本的理论, 需要解释为什么是麦克斯韦–玻尔兹曼分布. 这就需要构建模型, 建立理论, 而这恰是统计物理学理论需要做的.

思 考 题

1. 请查找数据验证地球重力场中等温大气模型下玻尔兹曼密度分布律的准确程度. 为了更准确, 可以如何修正?
2. 类比重力场中气体分子分布的推导, 求离心势场下的气体分子分布. 例如龙卷风中的分子密度分布, 或者离心机中气体分子的密度分布. 能否利用离心机来分离 ^{235}U?
3. 请查找典型的单原子分子气体、多原子分子气体 (如二氧化碳) 的热容数据, 检验与能量均分定理是否符合. 如果不符合, 能用自由度冻结来解释吗?

习 题

1. 求地球重力场中气体分子的平均重力势能.
2. 对于 1 mol 二氧化碳气体,
   (1) 求一个二氧化碳分子的平动、转动和振动自由度;

(2) 假设温度足够高, 所有自由度都充分激发, 根据能量均分定理求这种气体的摩尔等容热容;

(3) 二氧化碳的摩尔等容热容在 5000 K 时约为 $6.7R$, 6000 K 时约为 $6.8R$, 你的计算和实验符合吗? 如果不符合, 请尝试解释.

第八讲

麦克斯韦-玻尔兹曼分布的经典版本

物理理论追求的是对研究对象给一个有效的公理化认知, 用尽量少的公理假设解释尽量多的物理现象.

对于理想气体, 如何才能构建这样一个理论体系呢? 按照物理的认知规律, 首先要构造一个模型, 再构建公理化认知, 最后还要做实验检验.

实际上理想气体已经是一个模型了, 而且是一个极端简化的理想模型, 因为只有无规则热运动. 这里为了进一步简化, 将气体分子再简化为经典粒子, 即牛顿力学描述的质点. 这样对单个分子, 就可以用经典力学的一套公理化体系描述了. 然而对于大量分子, 还需要一套理论来描述. 显然这套理论最好能给出大量粒子的统计分布规律, 所以这套理论也被称为统计物理学. 当然这里介绍的仅仅是初步理论.

需要注意的是, 对一个未知对象凭空想出一个公理化体系是很困难的, 所以总会借鉴一些成功的经验来帮助构造, 尽管这些成功的经验未必能再次成功. 成功是成功之母.

8.1 相空间中的统计分布

有了模型之后, 怎样才能构建公理化体系呢? 首先需要明确对大量粒子的描述方式, 然后需要找到基本的公理.

经典力学中, 对一个分子的描述需要用广义坐标 $\{Q_i\}$ 和广义动量 $\{P_i\}$, 其中 $i = 1, 2, \cdots, N_f$, N_f 为分子的自由度. 之所以说广义, 是因为广义坐标可能是角度或者各种坐标的重新组合, 广义动量则可能是角动量或者各种动量的重新组合.

这些物理量随时间的演化确定了该分子的所有运动学性质. 这样一来, 可以用广义坐标和广义动量作为坐标, 构造一个相空间, 其中的一个点对应分子的一个运动状态, 而分子的运动在相空间中就表示为一条曲线. 例如, 一个一维谐振子的运动在相空间就被描述为一个椭圆, 如图 8.1 所示.

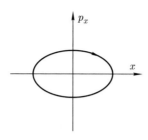

图 8.1　一个一维谐振子的运动在相空间中被描述为一个椭圆

　　如果不做任何限制, 显然一个分子可以跑遍整个相空间, 如果是完全无规则随机运动, 那么在相空间任意一个点附近, 分子都是等概率出现, 这被称为等概率假设, 是统计物理学的一个基本公理.

　　原则上只要得到关于广义坐标和广义动量的分布规律, 关于其他物理量的分布都可以由此得到, 因此只需要关注广义坐标和广义动量的分布, 也就是只要关注大量粒子在相空间中如何分布即可.

　　统计规律实际上就是需要找到的公理, 这是统计理论需要解决的基本问题.

8.2　二 项 分 布

　　关于大量粒子分布规律的问题, 可以从简单的案例中寻找解决的方法, 再推广到复杂的情况.

　　为此, 我们将一个容器等分为左右两部分, 相当于两个格子, 考虑 N 个分子在其中的分布问题. 为了方便, 这里假设 N 为偶数. 实际上此时每个分子的位置 x 只有两个取值 "–1" 和 "1", 并且取每个值的概率都是 1/2.

　　观察分子的分布情况可以从两个角度看. 一个是宏观角度, 只看按左右的分布, 这样可能出现的分布情况是, 左边的分子数 n 可以从 0 到 N, 剩下的则都在右边, 可以用 $\{n, N-n\}$ 来表示宏观分布, 如图 8.2 所示. 另一个角度是微观角度, 即给每个分子编号, 确定每一个有编号的分子在左右两边的排列情况, 一共有 2^N 种微观分布. 由于每个分子等概率占据左右两边, 所以每种微观分布出现的概率都一样, 即 $1/2^N$.

　　宏观分布和微观分布是有对应关系的, 一个宏观分布 $\{n, N-n\}$ 可以对应的微观分布数目有

$$C_N^n = \frac{N!}{n!(N-n)!},$$

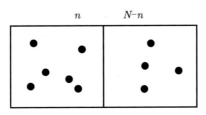

图 8.2　粒子在容器中形成的二项分布

也就是说这种宏观分布出现的概率是

$$C_N^n/2^N.$$

这就是二项分布.

如果对 C_N^n 的性质有了解, 马上就会发现, 当 $n = N/2$ 时, 这个概率是最大的, 对应宏观分布为

$$\{N/2, N/2\}.$$

这被称为最概然分布. 从微观分布上看, 此时微观状态数最多, 所以最概然分布对应微观分布最混乱的状态.

由于每种宏观分布都是以一定概率出现的, 自然可以求平均分布

$$\{\overline{n}, \overline{N-n}\}.$$

求这个分布需要用一定技巧, 其结果恰好为

$$\{N/2, N/2\},$$

与最概然分布相同.

如果宏观分布确定为

$$\{n, N-n\},$$

此时一个分子位于左边 $(x = -1)$ 的概率为 n/N, 位于右边 $(x = 1)$ 的概率为 $(N-n)/N$, 对应 x 的平均值为

$$\overline{x} = \frac{n}{N} \times (-1) + \frac{N-n}{N} \times 1.$$

注意到宏观分布本身也是以一定的概率出现的, 所以 x 的总体平均值应为

$$
\begin{aligned}
\overline{x} &= \sum_{n=0}^{N} \frac{\mathrm{C}_N^n}{2^N} \left(\frac{n}{N} \times (-1) + \frac{N-n}{N} \times 1 \right) \\
&= \frac{\overline{n}}{N} \times (-1) + \frac{\overline{N-n}}{N} \times 1 \\
&= \frac{N/2}{N} \times (-1) + \frac{N/2}{N} \times 1 \\
&= 0.
\end{aligned}
$$

从上式可以看出, 严格来讲, 求平均值时应该用平均宏观分布, 但在二项分布情况下, 可以用最概然分布来代替. 一个原因是确实两者恰好相等, 另一个原因是最概然分布是非常好的近似, 因为从求平均的公式中就可以看到最概然分布占的权重最高.

这种描述和实际情况是否符合呢? 显然, 从宏观角度看, 达到平衡态时, 气体分子在容器左右两边确实是等概率分布, 也就是均匀分布, 看起来和二项平均分布或者最概然分布都符合得很好. 而由于最概然分布明显简单很多, 所以可以直接用最概然分布来代替更准确的平均分布. 但从微观角度看, 情况则有点不同, 左右两边的分子数并不总是一样, 有一定概率偏离平均分布或者最概然分布. 这种偏离被称为涨落, 而且分子数越少, 涨落越明显, 分子数越多, 涨落相对越小.

8.3 麦克斯韦–玻尔兹曼分布是最概然分布

讨论大量分子在相空间的分布问题时, 我们可以借鉴二项分布.

将相空间切割成无数个小格子, 每个格子的体积是

$$
\prod_{i=1}^{N_{\mathrm{f}}} \mathrm{d}Q_i \mathrm{d}P_i,
$$

这样问题就和二项分布类似了, 无非就是 N 个分子放在多个格子里, 如图 8.3 所示. 当然要用等概率假设, 即不受任何约束的条件下, 分子在相空间各处出现的概率相同, 或者说概率密度为常数, 即均匀分布.

显然在格子体积足够小的情况下, 格子中的粒子数正比于格子体积, 这样第 j 个格子中的粒子数就为

$$
a_j(Q_i, P_i) = n_j(Q_i, P_i) \prod_i \mathrm{d}Q_i \mathrm{d}P_i.
$$

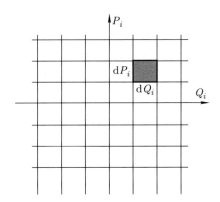

图 8.3　相空间被划分为许多格子, 粒子按自己的坐标填入相应的格子, 形成占据分布

这里已经做了简写, 即

$$a_j(Q_i, P_i) \equiv a_j(Q_1, Q_2, \cdots, Q_{N_\mathrm{f}}, P_1, P_2, \cdots, P_{N_\mathrm{f}}).$$

$n_j(Q_i, P_i)$ 也同样做了简写, 表示相空间的粒子数密度. 将该粒子数除以总粒子数, 就是需要求的概率.

　　与二项分布类似, 一方面, 只关心格子中粒子数的宏观分布时其可以用 $\{a_j\}$ 描述, 另一方面, 还有每个编了号的粒子具体在哪个格子中的微观分布. 这样, 宏观分布对应的微观分布数为

$$W = \mathrm{C}_N^{a_0} \mathrm{C}_{N-a_0}^{a_1} \mathrm{C}_{N-a_0-a_1}^{a_2} \cdots = \frac{N!}{\displaystyle\prod_j a_j!}.$$

显然这个数正比于宏观分布出现的概率. 由于无法归一化, 就用 W 表示概率, 称为热力学概率.

　　换个角度看, W 越大, 意味着微观上越混乱, 为了描述这种混乱程度, 普朗克 (Planck) 定义了玻尔兹曼熵, 一般称为玻尔兹曼关系:

$$S = k_\mathrm{B} \ln W.$$

这个定义后来被刻在玻尔兹曼的墓碑上以纪念他的重要贡献.

　　原则上, 应该由此求出平均分布, 再用统计方法求出整体性质, 当然也可以用最概然分布. 实际上, 在不做任何限制的情况下, 平均分布和最概然分布是相同的, 都是均匀分布. 然而, 如果真的是均匀分布, 马上就会发现系统的能量是发散的. 实际上, 分子的分布是有约束条件的, 即总能量 U 一定, 当然总粒子数 N 也一定, 写

成数学式就是

$$
\begin{aligned}
N &= \sum_j a_j(Q_i, P_i) \\
&= \int n_j(Q_i, P_i) \prod_i \mathrm{d}Q_i \mathrm{d}P_i, \\
U &= \sum_j \varepsilon_j(Q_i, P_i) a_j(Q_i, P_i) \\
&= \int \varepsilon_j(Q_i, P_i) n_j(Q_i, P_i) \prod_i \mathrm{d}Q_i \mathrm{d}P_i,
\end{aligned}
$$

其中 $\varepsilon_j(Q_i, P_i)$ 是分子在相空间点 (Q_i, P_i) 附近时对应的能量. 当然这里显然用了理想气体模型的假设, 即粒子之间没有相互作用. 这种系统也被称为近独立子系.

然而加了约束条件之后, 我们马上会发现求平均分布已经很难实现了. 这时该怎么办呢? 物理的精神是积极乐观的, 既然不能严格求出平均分布, 那就用最概然分布来近似, 总比什么都求不出强. 这样问题就变成了如何求最概然分布.

最概然分布就是 W 极大值对应的宏观分布 $\{a_j\}$. 为了求出这个分布, 可以用变分法, 即利用条件

$$
\delta W = \delta \frac{N!}{\prod_j a_j!} = 0.
$$

之所以用变分的概念, 是因为变化的是分布 $\{a_j(Q_i, P_i)\}$, 相当于一个函数在变. 但在这个具体的问题里, 也可以简单地认为是粒子数 $a_j(Q_i, P_i)$ 在变.

在求具体的变化时会发现很困难, 因为是阶乘函数, 没有解析的表达方式. 为了能够解析计算, 可以考虑将阶乘转换为求和, 即求对数. 考虑到 $\ln W$ 和 W 之间是单调递增关系, 两者的极大值应该在同一位置, 所以可以将问题转换为求

$$
\delta \ln W = \delta \left(\ln N! - \sum_j \ln a_j! \right) = 0,
$$

其中阶乘取对数后转换为求和, 即

$$
\ln a_j! = \sum_{k=1}^{a_j} (\ln k \times 1) \approx a_j \ln a_j - a_j.
$$

这里的近似是用了一个简化版的斯特林 (Stirling) 公式. 这样计算就可以解析进行了, 即

$$
\delta \ln W = -\sum_j \ln a_j \delta a_j.
$$

　　当然问题没有这么简单, 因为还有两个约束条件, 所以这是约束条件下的极值问题. 我们借鉴数学中的方法, 引入两个拉格朗日 (Lagrange) 乘子 α, β, 将问题转换为

$$\delta\left(\ln W - \alpha\sum_j a_j - \beta\sum_j a_j\varepsilon_j\right) = 0.$$

变分整理之后可以得到

$$\sum_j(\ln a_j + \alpha + \beta\varepsilon_j)\delta a_j = 0.$$

注意由于约束条件转移到了 α, β 上, 所以 δa_j 可以任意变化. 由于求和要始终为零, 就意味着 δa_j 前面的系数都为零, 所以得到

$$a_j = \mathrm{e}^{-\alpha-\beta\varepsilon_j}. \tag{8.1}$$

由于在上述讨论中, 相空间中取定的微元体积,

$$\prod_i \mathrm{d}Q_i\mathrm{d}P_i$$

是个常数, 而对应粒子数 a_j 一定正比于这个体积元, 所以可以得到

$$a_j = \alpha'\mathrm{e}^{-\beta\varepsilon_j}\prod_i \mathrm{d}Q_i\mathrm{d}P_i.$$

这就是经典统计下的麦克斯韦–玻尔兹曼分布. 当然概率需要除以总粒子数, 其中系数 α', β 由两个约束条件确定.

　　为了得到这两个系数, 可以 1 mol 单原子理想气体为特例. 设气体放在正方体容器中, 体积为 V, 内能为 $3k_\mathrm{B}T/2$, 则可以得到

$$\alpha' = \frac{N}{V}\left(\frac{m}{2\pi k_\mathrm{B}T}\right)^{3/2}, \quad \beta = \frac{1}{k_\mathrm{B}T}.$$

这里 β 的取值可以推广到一般情况, 相对严格的证明还需要用统计理论, 以后假设这总是成立的. 而 α' 的取值则是由归一化条件确定的, 不同情况不一样.

　　以上推导过程只说明麦克斯韦–玻尔兹曼分布是极值分布. 为了证明其是极大值分布, 也就是最概然分布, 需要计算 $\ln W$ 的二阶变分值. 直接计算得

$$\delta^2\ln W = -\sum_j\frac{1}{a_j}(\delta a_j)^2 < 0,$$

所以麦克斯韦–玻尔兹曼分布是最概然分布.

实验上真正观测到的是这个分布吗? 这里需要引入另一个假设 —— 遍历假设, 就是说微观上, 各种允许的微观分布真的都能出现. 这种情况下实验观测到的应该是平均分布, 也就是平衡态对应的应该是平均分布. 由于无法求出平均分布, 这里用最概然分布来近似平均分布, 近似程度在 N 足够大时会足够好.

这样我们就在理想气体的模型下, 利用等概率假设、遍历假设作为公理, 给出了相空间分布的一个公理化体系, 并推导出了麦克斯韦 - 玻尔兹曼分布.

如果用玻尔兹曼熵来描述, 最概然分布对应的是微观上最混乱的分布. 联想到平衡态的宏观定义就可以发现, 平衡态对应的熵达到极大, 而从不平衡到平衡的过程, 就是熵不断增加, 以至极大的过程.

然而这套理论正确吗? 这依然不能解释氢气分子的热容行为, 也不能解释金刚石等某些固体的热容行为. 后来, 瑞利 (Rayleigh) 和金斯 (Jeans) 用这套理论计算出黑体辐射的光谱, 结果发现在低频段与实验相符合, 但在高频端却是发散的, 与实验测到的黑体辐射谱严重不符, 这就是著名的紫外灾难. 这样就通过实验证伪再次发现了认知的边界, 而这也意味着即将发现新的认知.

普朗克为了解决这个问题, 假设黑体辐射中电磁波的能量取值只能是量子化的, 从而开启了量子力学的序幕. 所以分子的经典描述并不正确, 更符合实际的描述应该是量子力学描述, 我们需要在此基础上重新建立统计理论.

思　考　题

1. 求二项分布对应的平均分布. 如果粒子在容器左边的占据概率是 p, 在右边的占据概率是 $q = 1 - p$, 再求二项分布对应的平均分布.
2. 如何量化描述二项分布对平均分布或最概然分布的涨落? 请计算涨落的大小.
3. 推导斯特林公式 $\ln a! \approx a \ln a - a$.

习　　题

1. 计算 1 mol 单原子理想气体麦克斯韦 - 玻尔兹曼分布中对应的待定系数 α', β.
2. 计算 N 个原子服从二项分布时对应的玻尔兹曼熵.

第九讲

麦克斯韦–玻尔兹曼分布的量子版本

在经典力学基础上得到的经典统计理论不能完全解释实验现象, 这是因为微观的粒子服从的是量子力学规律, 所以需要在量子力学基础上重新建立麦克斯韦 – 玻尔兹曼分布.

量子力学描述下的粒子具有的基本特点是, 其物理量可能不再是连续值, 而是分立值, 这导致做统计平均时的求和行为和连续变量的求积分行为有较大的差异.

9.1 分子的量子力学描述

量子世界中的分子是什么样的呢? 量子力学描述的分子同样处于某种"运动状态", 称为态函数, 或波函数, 记为 ψ. 这种态函数描述了分子在空间中分布的概率性质, 其模的平方对应概率密度, 表征波粒二象性中的波动性. 波动性不是说粒子本身是波, 而是说粒子在空间各处出现的概率分布具有波动性.

确定的态需要一个或多个确定的量子数标记, 与量子数相对应的一般是确定的物理量. 同一个确定的物理量可能对应多个态函数, 称为简并.

为了确定态函数, 可以用薛定谔 (Schrödinger) 方程, 即

$$i\hbar \frac{\partial \psi(r_j, t)}{\partial t} = \hat{H}\psi(r_j, t),$$

其中 $\hat{H}$ 是系统的哈密顿算符, r_j 是量子力学系统的坐标, 坐标数量由自由度决定, $\hbar$ 为约化普朗克常数 ($h = 2\pi\hbar$ 为普朗克常数).

如将一个单原子分子限制在边长为 L 的立方容器中, 分子的态函数将具有驻波的特性, 只能取一系列分立的态, 对应的平动能量 ε_t 也只能取一系列分立值, 形

成能级, 即

$$\begin{aligned}
\varepsilon_{\mathrm{t}} &= \frac{1}{2m}\left(\frac{h}{2L}\right)^2\left(n_x^2 + n_y^2 + n_z^2\right) \\
&= \left(n_x^2 + n_y^2 + n_z^2\right)k_{\mathrm{B}}\theta_{\mathrm{t}},
\end{aligned} \tag{9.1}$$

其中 h 为普朗克常数, m 为分子质量, n_x, n_y, n_z 为标记平动状态的量子数, 与之对应的物理量是每个方向上的平动能, 量子数的取值为正整数, θ_{t} 是等效的平动特征温度, 其对应的热运动特征能量与平动能级差相当. 一维情况如图 9.1 所示.

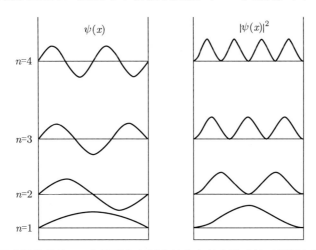

图 9.1 根据量子力学的描述, 一个原子在空间中的分布具有波动性, 当其被束缚在一维盒子中时, 这种波动性体现为驻波. 由于驻波是分立的模式, 所以对应原子的状态是分立的状态. 为了标记这个状态, 可以用对应的量子数 n. 很容易看出这个量子数的含义, 利用德布罗意 (de Broglie) 关系, 可以用 n 得到对应分立状态下的动量和能量

与能量 ε_{t} 对应的简并度是所有可能的 (n_x, n_y, n_z) 组合的数目, 但是这没有解析表达式. 为了给出一个解析表达式, 我们转而考虑与 $\varepsilon_{\mathrm{t}} \to \varepsilon_{\mathrm{t}} + \mathrm{d}\varepsilon_{\mathrm{t}}$ 区间相对应的分立态的数量, 这样有

$$g_{\varepsilon_{\mathrm{t}}} = \frac{4\sqrt{2}\pi}{h^3}m^{3/2}V\sqrt{\varepsilon_{\mathrm{t}}}\mathrm{d}\varepsilon_{\mathrm{t}}. \tag{9.2}$$

$g_{\varepsilon_{\mathrm{t}}}$ 被称为简并度, $V = L^3$ 为系统的体积.

需要注意的是, 这样考虑其实相当于假设了能量取值为连续的, 或者要求特征能级差非常小. 显然特征能级差可以用下式标记:

$$\Delta\varepsilon_{\mathrm{t}} = \frac{1}{2m}\left(\frac{h}{2L}\right)^2.$$

将典型的物理量代入, 就可以发现它非常小, 与室温下热运动的特征能量相比, 可以看成无穷小. 或者等效地说, θ_t 非常小.

如将一个双原子分子限制在容器中, 其质心平动能量取值与单原子情况类似, 而其转动能级 ε_{rl} 与简并度 g_l 分别为

$$\varepsilon_{rl} = \frac{l(l+1)\hbar^2}{2I} = l(l+1)k_B\theta_r,$$
$$g_l = 2l+1, \quad l = 0, 1, 2, \cdots, \tag{9.3}$$

其中 $\hbar$ 为约化普朗克常数, I 为分子的转动惯量, θ_r 为等效的转动特征温度, 其对应的热运动特征能量与转动能级差相当.

双原子分子还有振动自由度, 其振动能级 ε_{vk} 与简并度 g_k 则为

$$\varepsilon_{vk} = \left(k + \frac{1}{2}\right)\hbar\omega = \left(k + \frac{1}{2}\right)k_B\theta_v,$$
$$g_k = 1, \quad k = 0, 1, 2, \cdots, \tag{9.4}$$

其中 ω 为振动特征角频率, θ_v 为振动特征温度, 其对应的热运动特征能量与振动能级差相当.

这里只是给出了关于分子的量子力学描述结果, 并没有解释为什么是这样, 具体的理解需要在量子力学课程中学习.

9.2 量子版本的麦克斯韦－玻尔兹曼分布

有了量子力学描述后, 每个分子都处于某个量子态上, 并有相应的物理量.

如果关心其按能量的分布, 可以将量子态按能级 $\{\varepsilon_i\}$ 排序, 和能量 ε_i 对应的态有 g_i 个, 这样问题就变成了求 N 个粒子在能级 $\{\varepsilon_i\}$ 对应的量子态上占据形成的分布 $\{a_i\}$, 如图 9.2 所示.

做等概率假设和遍历假设, 可以得到对应宏观分布 $\{a_i\}$ 的微观分布数为

$$W_{\{a_i\}} = C_N^{a_1}g_1^{a_1}C_{N-a_1}^{a_2}g_2^{a_2}\cdots = \frac{N!}{\prod\limits_i a_i!}\prod_i g_i^{a_i}.$$

$W_{\{a_i\}}$ 是热力学概率, 换个角度看, 也可以认为是宏观分布 $\{a_i\}$ 在微观上混乱程度的衡量. 由此引入玻尔兹曼熵为

$$S = k_B \ln W. \tag{9.5}$$

这里取对数是为了满足熵是广延量的要求.

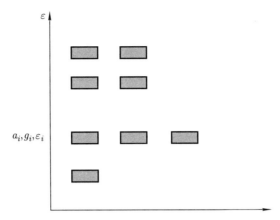

图 9.2 将量子态按照能量分类排序, 能量同为 ε_i 的量子态有 g_i 个, 分子数有 a_i 个, 每个量子态相当于一个可以放入分子的盒子

为了求每个分子能量的平均值, 原则上应该用平均分布 $\{\overline{a_i}\}$, 或者用最概然分布 $\{a_i^*\}$ 近似. 如果没有任何限制, 平均分布就是均匀分布, 而这同样会导致总能量发散的问题.

实际情况是有限制条件的, 即能量 U 守恒, 总粒子数 N 守恒, 但这种情况下求平均分布变得非常困难, 所以只能本着积极乐观主义的态度, 采取最概然分布来近似了.

由于分布 $\{a_i\}$ 可以看作一个函数, 所以求最概然分布就要求热力学概率的一阶变分为零, 即

$$\delta W = 0.$$

当然由于实际上改变的就是 a_i, 所以直接当作全微分处理即可.

由于涉及的是阶乘函数, 所以为了能够解析计算, 我们将其换成对数函数的变分, 将连乘换成求和, 即

$$\delta \ln W = 0.$$

使用斯特林公式

$$\ln a_i! \approx a_i \ln a_i - a_i$$

近似, 则有

$$\delta \ln W = \sum_i (\ln g_i - \ln a_i)\delta a_i = 0.$$

当然这样求出的结果为

$$a_i = g_i,$$

其实是均匀分布. 这是因为还没加上限制条件

$$N = \sum_i a_i, \quad U = \sum_i a_i \varepsilon_i.$$

能量之所以可以写成这样, 是假设了粒子间相互没有影响, 即该系统为近独立子系.

为了求条件极值问题, 需要引入拉格朗日乘子 α, β, 将问题转换为

$$\delta \left(\ln W - \alpha \sum_i a_i - \beta \sum_i a_i \varepsilon_i \right) = 0.$$

化简后得到

$$\sum_i (\ln g_i - \ln a_i - \alpha - \beta \varepsilon_i) \delta a_i = 0.$$

由于引入拉格朗日乘子后, 每个 δa_i 都可以随意变化, 所以每一项的系数都必须为零, 这样就得到最概然分布

$$a_i^* = g_i \mathrm{e}^{-\alpha - \beta \varepsilon_i}. \tag{9.6}$$

这就是量子版本的麦克斯韦–玻尔兹曼分布.

拉格朗日乘子则由两个约束条件确定. 将该分布代入约束条件, 得到

$$N = \mathrm{e}^{-\alpha} \sum_i g_i \mathrm{e}^{-\beta \varepsilon_i},$$

$$U = -\frac{N}{\displaystyle\sum_i g_i \mathrm{e}^{-\beta \varepsilon_i}} \frac{\partial \displaystyle\sum_i g_i \mathrm{e}^{-\beta \varepsilon_i}}{\partial \beta}.$$

注意我们已经做了化简.

解出上述方程就可以定出拉格朗日乘子. 注意到计算中经常用到一个求和项, 所以将其单独给一个定义, 称为子系配分函数, 即

$$Z = \sum_i g_i \mathrm{e}^{-\beta \varepsilon_i}. \tag{9.7}$$

利用子系配分函数, 可以将两个约束条件写为

$$N = \mathrm{e}^{-\alpha} Z,$$
$$U = -N \frac{\partial \ln Z}{\partial \beta}.$$

显然如果分子的能级系统给定, 只要知道 β 值, 就可以求出子系配分函数, 进而求出系统总能量, 从而可以求出系统热容, 这样就可以和实验结果比较了. 这里, 不加证明地假定

$$\beta = 1/(k_{\mathrm{B}}T).$$

这一假定当然也可以利用单原子分子理想气体的摩尔内能为 $3k_{\mathrm{B}}T/2$ 猜出.

这个分布正确吗? 如果这是更严格的物理理论, 原则上它应该能兼容经典理论, 也就是说在特定条件下应该回到经典理论.

经典情况是在相空间中描述分子. 将相空间划分为许多小格子, 第 j 个格子体积为

$$\prod_{i=1}^{N_{\mathrm{f}}} \mathrm{d}Q_i \mathrm{d}P_i,$$

其中 N_{f} 是分子的自由度, 格子中分子的能量为 $\varepsilon_j(Q_i, P_i)$.

在量子力学描述下, 坐标和对应的动量不能同时确定, 即存在不确定关系

$$\Delta Q_i \Delta P_i \geqslant \frac{\hbar}{2},$$

所以分子能占据的状态不再是相空间的一个点, 而是一个小的区域, 这样与量子描述中 g_i 相对应的就是

$$\frac{\prod_i \mathrm{d}Q_i \mathrm{d}P_i}{\left(\dfrac{\hbar}{2}\right)^{N_{\mathrm{f}}}}.$$

这里需要注意相空间不同区域的能量可能相同, 但这并不影响结果.

因此对应经典情况的麦克斯韦 – 玻尔兹曼分布就是

$$\frac{1}{N\left(\dfrac{\hbar}{2}\right)^{N_{\mathrm{f}}}} \mathrm{e}^{-\alpha - \frac{\varepsilon_j}{k_{\mathrm{B}}T}} \prod_j \mathrm{d}Q_j \mathrm{d}P_j,$$

其中 α 要通过归一化条件定出. 显然这和经典情况是相同的.

能和经典情况兼容, 量子版本的麦克斯韦 – 玻尔兹曼分布就正确了吗? 显然还需要实验, 特别是经典麦克斯韦 – 玻尔兹曼分布无法解释的实验的检验.

9.3 平动自由度的热容

考虑平动自由度. 设温度为 T, 单原子分子的能级结构由公式 (9.1) 和 (9.2) 描述, 先求子系配分函数 Z_{t}:

$$Z_{\mathrm{t}} = \sum g_{\mathrm{t}} \mathrm{e}^{-\frac{\varepsilon_{\mathrm{t}}}{k_{\mathrm{B}}T}}.$$

考虑到能量间隔非常小, 求和可以看成是积分, 则有

$$Z_{\mathrm{t}} = \int_0^\infty \frac{4\sqrt{2}\pi}{h^3} m^{3/2} V \sqrt{\varepsilon_{\mathrm{t}}} \mathrm{e}^{-\frac{\varepsilon_{\mathrm{t}}}{k_{\mathrm{B}}T}} \mathrm{d}\varepsilon_{\mathrm{t}}.$$

计算得

$$Z_{\mathrm{t}} = \left(\frac{2\pi m k_{\mathrm{B}}T}{h^2}\right)^{3/2} V. \tag{9.8}$$

由此可得系统总能量为

$$U_{\mathrm{t}} = -N \frac{\partial \ln Z_{\mathrm{t}}}{\partial \beta} = \frac{3}{2} N k_{\mathrm{B}}T.$$

因此摩尔等容热容为

$$C_{V\mathrm{t}} = \frac{3}{2} N_{\mathrm{A}} k_{\mathrm{B}} = \frac{3}{2} R. \tag{9.9}$$

显然与经典情况相符合. 双原子分子的平动自由度情况类似.

这样计算真的对吗? 我们找个极端特例试试. 如果温度非常低, 趋于 0 K, 配分函数求和项中占主要贡献的就只有能量非常小的前几项, 极端条件下, 只取第一项, 则明显发现由此求出的热容不再是常数.

因此可以看出, 常数结果实际上是做了近似的. 一个近似是可以用公式 (9.2) 代替真实的简并度, 另一个近似是配分函数中的求和可以用求积分来代替, 这其实是要求平动能级间隔远远小于热运动的特征能量, 即

$$\Delta\varepsilon_{\mathrm{t}} \ll k_{\mathrm{B}}T.$$

换个角度看, 就是热运动的能量足够大, 可以让分子在不同能级对应的态上跳来跳去, 充分自由地在不同平动状态上占据, 也就是平动自由度要充分激发. 这被称为经典极限条件.

对于平动自由度来说, 由于能量正比于 h^2, 所以能级差是非常小的, 通常温度下, 经典极限条件都能满足. 另一方面, 温度极端低时, 气体已经变成液体或固体了, 这里的讨论也就不适合了.

这样就可以看出从气体分子的平动自由度考虑, 量子版本的麦克斯韦–玻尔兹曼分布暂时还没有错.

9.4　转动自由度的热容

对于双原子分子的转动自由度, 能级结构由公式 (9.3) 描述, 所以相应的转动配分函数 Z_{r} 为

$$Z_{\mathrm{r}} = \sum_l g_{r l} \mathrm{e}^{-\frac{\varepsilon_{r l}}{k_{\mathrm{B}}T}} = \sum_l (2l+1) \mathrm{e}^{-l(l+1)\frac{\theta_{\mathrm{r}}}{T}}.$$

显然这个求和看起来没有简单的解析表达式, 只能数值求和了.

但是物理学家是积极乐观的, 求不出严格的, 就找极端条件下的近似, 看看这个求和的性质, 特别是和实验的比较.

一个极端条件是温度很高, 即

$$T \gg \theta_{\mathrm{r}},$$

其实就是转动自由度充分激发, 这时配分函数中的求和可以变成求积分:

$$Z_{\mathrm{r}} = \int_0^\infty (2l+1)\mathrm{e}^{-l(l+1)\frac{\theta_{\mathrm{r}}}{T}}\,\mathrm{d}l = \frac{k_{\mathrm{B}}T}{k_{\mathrm{B}}\theta_{\mathrm{r}}},$$

其中 $\mathrm{d}l$ 对应求和中 l 的变化, 显然为 1.

由此可以求出转动自由度的总能量为

$$U_{\mathrm{r}} = Nk_{\mathrm{B}}T,$$

对应的摩尔等容热容是

$$C_{V\mathrm{r}} = \frac{2}{2}N_{\mathrm{A}}k_{\mathrm{B}} = R.$$

这显然与实验结果是符合的.

只求出这个结果当然不能令人满意, 还可以再找个极端条件, 让温度比较低, 即

$$T \ll \theta_{\mathrm{r}}.$$

这样配分函数求和项中只有前几项是比较重要的. 第一项为常数, 没有意义, 所以取到第二项, 即

$$Z_{\mathrm{r}} \approx 1 + 3\mathrm{e}^{-2\frac{\theta_{\mathrm{r}}}{T}}.$$

由此得到转动自由度能量为

$$U_{\mathrm{r}} = 6Nk_{\mathrm{B}}\theta_{\mathrm{r}}\mathrm{e}^{-2\theta_{\mathrm{r}}/T},$$

对应的摩尔等容热容为

$$C_{V\mathrm{r}} = 12R\left(\frac{\theta_{\mathrm{r}}}{T}\right)^2 \mathrm{e}^{-2\theta_{\mathrm{r}}/T}.$$

显然在低温极限 $T \ll \theta_{\mathrm{r}}$ 时, 等容热容趋于零, 即转动自由度冻结. 这和实验也是吻合的.

两个极端情况都是正确的就能证明转动的考虑是对的吗? 对于双原子气体的实际热容曲线, 特别是介于高温和低温之间的情况, 则要认真做数值计算再与实验比较.

很遗憾的是, 如上的计算结果显示, 热容在 θ_r 温度附近有个极大值, 这和氢气热容 (见图 7.3) 没有极大值的情况明显不同[13].

进一步的考虑发现, 这里的计算适合异核双原子分子, 而氢气为同核双原子分子, 两个质子的核自旋可以是平行的, 称为正氢, 也可以是反平行的, 称为仲氢. 由于对称性的限制, 正氢转动能量中 l 的取值只能是奇数, 仲氢的只能是偶数, 而且达到平衡态时, 正氢占比为 3/4, 仲氢占比为 1/4. 加上这个考虑后, 可以求出相应的等容热容. 原则上这是理论上严格的等容热容, 但是求出的结果依然有极大值, 还是和实验不符合. 1927 年, 丹尼森 (Dennison) 给出了一种解释. 他认为氢气通常是在室温下制备的, 这个温度比转动特征温度 θ_r 高很多, 此时氢气是真正的平衡态, 每个分子可以占据正氢或者仲氢的状态. 但在测量转动热容时的温度是相对低温, 此时, 分子被冻结为正氢或仲氢的状态, 相当于正仲氢转换的自由度被冻结了. 这样实际测量的氢气热容是 3/4 正氢和 1/4 仲氢的混合气体的热容, 所以计算时应分别算出两个热容, 再按比例相加. 这样得到的结果不再出现极大值, 和实验很好地符合了.

从这个实验证伪检验的过程中, 可以清楚地看到人的认知是如何一步步突破边界, 不断探索得到更有效认知的.

9.5　振动自由度的热容

对于振动自由度, 振动能级结构由公式 (9.4) 描述, 则相应的振动自由度配分函数 Z_v 为

$$Z_v = \sum_k e^{-(k+1/2)\theta_v/T} = \frac{e^{-\frac{1}{2}\theta_v/T}}{1 - e^{-\theta_v/T}}.$$

这是一个等比数列求和, 可以有严格解, 所以振动自由度总能量为

$$U_v = \frac{1}{2}Nk_B\theta_v + Nk_B\theta_v \frac{1}{e^{\theta_v/T} - 1},$$

振动自由度的摩尔等容热容为

$$C_{Vv} = R\frac{(\theta_v/T)^2 e^{\theta_v/T}}{\left(e^{\theta_v/T} - 1\right)^2}. \tag{9.10}$$

为了对这个函数有所认识, 我们同样考虑高温 $T \gg \theta_v$ 和低温 $T \ll \theta_v$ 两种情况. 可以通过取极限得到, 摩尔等容热容高温时为 R, 和经典统计情况相同, 低温时为 0, 振动自由度冻结. 当然还需要在高低温之间的温度范围内和氢气的具体实验结果对比, 发现也是符合的.

　　然而这就能说明理论正确吗? 显然由于可证伪性, 只能说明理论暂时还没错, 实际上还需要通过各种条件下的应用加以验证.

　　例如应用到金刚石热容上, 爱因斯坦计算出的结果就是公式 (9.10) 的 3 倍, 和实验基本是符合的, 如图 7.4 所示. 然而德拜 (Debye) 指出, 在低温极限下, 爱因斯坦公式下降得太快, 与实验不符合. 为了解释实验, 德拜提出固体中有两类声子——纵向振动的声子和横向振动的声子, 这样就可以较好地理解实验了. 可以思考一下为什么有两类声子? 为什么结果会符合得更好?

思　考　题

1. 估算氢气分子平动、转动和振动特征温度, 并和氢气热容曲线比较.
2. 对于转动自由度, 数值计算正氢热容、仲氢热容、通常实验条件下的氢气热容, 以及充分达到平衡态下的氢气热容, 并和实验数据比较.

习　　题

1. 推导公式 (9.2). 提示: 利用三个量子数构成一个态空间, 每个量子态在空间中占据的体积为 1.

第十讲

费米-狄拉克分布与玻色-爱因斯坦分布

基于量子描述的麦克斯韦-玻尔兹曼分布看起来和实验符合得不错, 与经典的麦克斯韦-玻尔兹曼分布相比, 其实修正的只是微观分子的描述方式, 统计方式本身除了变成离散型随机变量统计外, 并没有太大的变化.

然而将这个理论应用到金属中的自由电子气和光子气时却出现了困难, 与实验的差距较大. 为了弥补这个差异, 需要对量子描述进一步修正, 即引入全同性原理, 以及费米子的泡利不相容原理.

这导致统计规律出现了明显的变化, 即对费米子有费米-狄拉克分布, 对玻色子有玻色-爱因斯坦分布. 而这种统计性质的变化, 让我们对物性也有了更深刻的认识.

10.1　金　属　热　容

按照杜隆-珀蒂定律, 金属的热容几乎都来自晶格振动的贡献. 如果考虑到金属中的电子可以自由移动, 这些电子构成了理想气体, 那么热容也应该有电子热运动的贡献, 即摩尔电子等容热容值应为 $3R/2$. 然而实验结果看起来几乎没有电子热运动的贡献, 这非常可疑, 哪里出问题了呢?

如果认为金属中的电子是自由的, 只是束缚在金属体内, 按照量子力学的描述, 电子处于一系列能量确定的量子态上, 此时相应的电子的动量也是确定的, 按照不确定关系

$$\Delta x \Delta p_x \geqslant \hbar/2,$$

电子的位置就是完全不确定的, 也就是描述电子的波函数在空间上是明显相互重叠的. 这种情况下, 对电子做标号进行分辨是不可能的, 此时交换两个电子, 系统的性质也不会发生变化, 也就是有交换对称性. 这是量子力学描述下的粒子全同性原理.

1925 年, 泡利为了解释惰性气体原子中的电子数为 2, 8, 18 等偶数的特性, 提出了泡利不相容原理, 即每个确定的量子态上占据的电子数不能超过 1. 对于原子最稳定的基态情况, 电子依次占据能量从低到高的量子态.

由于电子具有全同性, 以及占据量子态时的泡利不相容原理, 大量电子占据能级时形成的分布规律会受到影响, 不再是麦克斯韦 – 玻尔兹曼分布, 具体的分布形式需要重新推导.

找到了新的统计规律, 也许就能找到金属热容中为什么几乎没有电子热运动的贡献了.

10.2　费米 – 狄拉克分布

金属中的一个电子在量子力学描述下, 依然有一套能级结构 $\{\varepsilon_i\}$, 按能量大小将各个量子态排列, 能量同为 ε_i 的量子态数, 即简并度, 为 g_i.

假设金属中有 N 个电子, 且电子是自由的, 即构成理想气体. 电子在量子态上的占据形成分布 $\{a_i\}$, 能量为 ε_i 的粒子数为 a_i. 同样认为等概率假设和遍历假设是对的, 这样对应宏观分布 $\{a_i\}$ 的微观分布数为

$$W = \prod_i \frac{g_i!}{a_i!(g_i - a_i)!}.$$

注意这里已经考虑了电子的全同性和不相容原理.

考虑总能量 U 守恒, 总粒子数 N 守恒, 由于无法给出平均分布, 所以为了描述系统的统计性质, 我们依然用最概然分布来近似.

与得到麦克斯韦 – 玻尔兹曼分布的方法类似, 我们引入拉格朗日乘子 α, β, 用求条件极值法求出最概然分布, 即要求

$$\delta \left(\ln W - \alpha \sum_i a_i - \beta \sum_i a_i \varepsilon_i \right) = 0.$$

运用斯特林公式化简, 得到

$$a_i^* = \frac{g_i}{e^{\alpha + \beta \varepsilon_i} + 1}. \tag{10.1}$$

这就是费米 – 狄拉克分布 (常简称为费米分布) 公式. 同样需要用两个约束条件求出拉格朗日乘子, 这里不加证明地假定

$$\beta = \frac{1}{k_B T},$$

而 α 则可以通过粒子数守恒求出.

显然这个分布与麦克斯韦–玻尔兹曼分布不同, 但是哪里不同呢? 这个分布有什么样的性质呢? 这可以通过极端条件, 如温度趋于零的情况下的性质来理解.

为了方便考察费米–狄拉克分布的性质, 我们取 $g_i = 1$, 并将 α 写成如下形式:

$$\alpha = -\frac{\mu}{k_B T},$$

则在 $T \to 0$ 时, 有

$$a_i^* = \begin{cases} 1, & \varepsilon_i < \mu, \\ 0, & \varepsilon_i > \mu. \end{cases}$$

这里 μ 被称为费米能级, 显然能量低于费米能级的量子态上都占据有一个粒子, 其他量子态上的占据数则为零, 即为阶跃分布. 根据泡利不相容原理, 这显然是合理的.

另一个极限是温度趋于无穷, 显然此时 a_i^* 趋于一个常数, 即均匀分布.

如果温度稍高于 0 K, 我们则会发现, 只有在费米能级附近的分布会发生明显变化, 即有粒子从费米能级以下跳到费米能级以上, 而这样的粒子占总粒子数的比例是很少的.

这就能解释为什么室温下, 金属中自由电子对热容的贡献那么小了, 因为能参与热运动的电子数很少. 如果温度足够高, 金属还能维持为固体, 那么电子将对热容有贡献, 和麦克斯韦–玻尔兹曼分布计算的结果相同, 如图 10.1 所示.

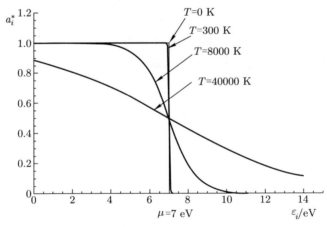

图 10.1　不同温度下的费米–狄拉克分布. 可以看到温度较低时参与热运动的电子数较少, 对热容贡献也较小

对于一般固体中的电子, 其行为也可以类比, 只是此时电子能够占据的能级有些聚集在一起, 几乎连续, 形成了能带, 多个能带就形成了能带结构. 两个能带之间

可能有相对较大的能隙, 也可能有相对较小的能隙, 如图 10.2 所示. 如果费米能级在两个能隙较大的能带之间, 则电子填满费米能级之下的能带, 此时要想改变电子的状态, 需要较大的能量将电子激发到费米能级之上的能带中, 这种类型的固体被称为绝缘体. 如果费米能级在能带之中, 尽管电子填充在费米能级之下, 但却能轻松地改变状态到费米能级之上, 行为像是自由的电子, 这类固体就是金属. 如果费米能级落在能隙不太大的两个能带之间, 这样在外加影响足够强的情况下 (如外加电压、光、热、声等), 就能改变电子的状态, 这就对应半导体了. 当然这里只是给出了一个简单的理解, 具体的描述可以在固体物理中继续学习.

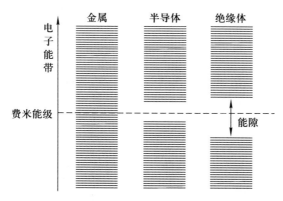

图 10.2　固体中电子的能带结构, 不同的填充情况决定了固体的电性质

　　费米 – 狄拉克分布实际上描述了一类粒子的统计性质, 即自旋为 $\hbar/2$ 奇数倍的粒子, 这类粒子称为费米子 (fermion). 由于中子的自旋是 $\hbar/2$, 所以对于中子星中的中子分布, 也可以套用这个分布进行估算, 当然实际上中子间有强相互作用, 这样直接用并不严格.

10.3　黑体辐射谱

　　黑体指的是对电磁波反射率为零的物体, 这种物体达到热平衡时辐射的电磁波称为黑体辐射, 也可以称为光子气.
　　一个人造的理想黑体是做一个封闭的盒子, 然后在外表面开一个小口, 则可以做到电磁波经小口入射时不反射, 通过测量从小口辐射出的电磁波就可以得到黑体辐射光谱了.
　　瑞利与金斯为了解释黑体辐射光谱, 将电磁波当成具有振动自由度的连续的波, 每个自由度的平均振动能量按能量均分定理计算, 从而得到了瑞利 – 金斯公式. 但是这个公式在短波段是发散的, 称为紫外灾难, 从而无法解释黑体辐射谱.

普朗克为了理解辐射谱, 假设电磁辐射的振动能量只能是 $h\nu$ 的整数倍, 并且不同能量的振动服从麦克斯韦–玻尔兹曼分布, 从而给出了著名的黑体辐射能谱公式, 即普朗克公式, 并且与实验符合得非常好.

这说明电磁波的性质并不是经典波的性质. 后来爱因斯坦根据普朗克的量子假说将电磁波模型化为光子, 完美地解释了光电效应, 并因此获得了诺贝尔物理学奖.

这就带来一个问题, 如果电磁波是光子, 那么黑体辐射就相当于是热平衡下光子构成的理想气体, 对于这样一个模型下的系统, 其统计规律如何呢?

如果直接套用麦克斯韦–玻尔兹曼分布, 可以得到能量在 $h\nu \to \mathrm{d}(h\nu)$ 区间内的光子数为

$$a_\nu = g_\nu \mathrm{e}^{-\alpha - \frac{h\nu}{k_\mathrm{B}T}}.$$

其与实验对应的就是光谱, 而实验光谱的准确公式是普朗克公式, 两者并不符合. 当然直接套用费米–狄拉克分布也不正确. 这意味着再一次来到了认知边界. 那么光子满足的统计规律是什么呢?

10.4　玻色–爱因斯坦分布

如何对光子构建自洽的理论, 从而得到统计规律呢? 1924 年, 玻色给出了一套自己的理论.

考虑光子具有全同性, 并且不受泡利不相容原理限制, 即可以有多个光子占据相同的量子态, 我们仍然认为等概率假设和遍历假设是正确的, 重新推导光子的最概然分布.

设光子能级 ε_i 的简并度为 g_i, 则对应宏观分布 $\{a_i\}$ 的微观分布数为

$$W = \prod_i \frac{(g_i + a_i - 1)!}{a_i!(g_i - 1)!}.$$

这里为了在 g_i 个态上放入 a_i 个粒子, 用到了插板法. 此时没有费米子泡利不相容原理的限制, 可以有多个光子处于相同的量子态. 考虑到 $a_i \gg 1$, $g_i \gg 1$, 上式可以写为

$$W = \prod_i \frac{(g_i + a_i)!}{a_i! g_i!}.$$

需要注意的是, 对于光子气来说, 由于光子可以被黑体吸收, 也可以从黑体里辐射出来, 所以光子数并不守恒.

尽管没有了粒子数守恒的约束, 但考虑到达到热平衡时, 仍然有总能量守恒的约束条件, 所以与求麦克斯韦–玻尔兹曼分布、费米–狄拉克分布类似, 我们需要引

入一个拉格朗日乘子 β. 求最概然分布, 得

$$a_i^* = \frac{g_i}{e^{\beta \varepsilon_i} - 1}.$$

这就是光子气的最概然分布, 拉格朗日乘子需要靠能量守恒条件确定. 这里不经证明地假定

$$\beta = \frac{1}{k_B T}.$$

对于黑体辐射, 只要给出对应的简并度, 就会发现该分布公式就是普朗克公式.

显然这个分布和麦克斯韦–玻尔兹曼分布、费米–狄拉克分布都不相同, 这意味着存在新的统计规律. 后来人们发现不仅光子这样, 自旋为 $\hbar$ 整数倍的粒子都与此类似, 在做统计时都遵守全同性原理, 但不受泡利不相容原理限制. 一般来讲, 这些粒子要服从粒子数守恒的约束, 这样重新推导一遍最概然分布就可以得到

$$a_i^* = \frac{g_i}{e^{\alpha + \beta \varepsilon_i} - 1}.$$

这就是一般的玻色–爱因斯坦分布 (常简称为玻色分布). 这里仍然假定

$$\beta = \frac{1}{k_B T},$$

而 α 靠粒子数守恒约束求出. 这类粒子称为玻色子 (boson).

玻色–爱因斯坦分布有什么性质呢? 我们依然可以取极限条件看看其特性, 例如温度趋于零时的行为. 为了便于分析, 我们取 $g_i = 1$, 并将 α 改写为

$$\alpha = \frac{-\mu}{k_B T},$$

这样玻色–爱因斯坦分布可以写为

$$a_i^* = \frac{1}{e^{\frac{\varepsilon_i - \mu}{k_B T}} - 1}.$$

由于粒子数不能为负值, 所以一定有 $\varepsilon_i \geqslant \mu$. 在温度趋于 0 K 时, $\varepsilon_i > \mu$ 的能级上, 粒子数趋于 0.

如果将高能级 ε_i 上的粒子数与最低能级 ε_0 上的粒子数比较, 则有

$$\frac{a_i^*}{a_0^*} = \frac{e^{\frac{\varepsilon_0 - \mu}{k_B T}} - 1}{e^{\frac{\varepsilon_i - \mu}{k_B T}} - 1} \to 0.$$

这说明温度趋于零时, 玻色子倾向于凝聚在最低能级对应的量子态上. 这被称为玻色–爱因斯坦凝聚, 如图 10.3 所示.

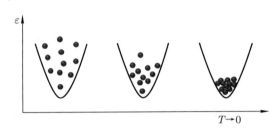

图 10.3　服从玻色–爱因斯坦分布的粒子在低温时倾向于聚居在最低的能量态上, 从而体现出整体的量子特性. 这被称为玻色–爱因斯坦凝聚

超导现象和超流现象都可以看成玻色–爱因斯坦凝聚的案例. 超导现象中的电子实际上是费米子, 为了能够凝聚, 需要先配对 (称为库珀 (Cooper) 对), 变成玻色子, 之后才能有凝聚现象.

10.5　非简并条件

与麦克斯韦–玻尔兹曼分布比较就可以发现, 如果满足条件

$$e^{\alpha} \gg 1,$$

则费米–狄拉克分布、玻色–爱因斯坦分布中的 e 指数部分有可能远大于 1, 这样就可以近似成麦克斯韦–玻尔兹曼分布. 这个条件被称为非简并条件. 如何理解非简并条件的物理意义呢? 我们可以通过不同角度来做个初步的了解.

由该条件可以得到

$$\frac{a_i^*}{g_i} \ll 1,$$

这说明平均到每个量子态上的粒子数远远小于 1, 这意味着量子态足够多, 粒子占据相同量子态的概率大大降低, 这样一来, 费米子和玻色子的区别, 即泡利不相容原理引起的差别就可以忽略了.

而 α 还可以用具体的物理量表示, 我们可以通过特例求出一个具体的表达式来看其物理意义. 以单原子分子理想气体为例, 可以求出其子系配分函数为

$$Z_{\mathrm{t}} = \left(\frac{2\pi m k_{\mathrm{B}} T}{h^2}\right)^{3/2} V,$$

参见公式 (9.8), 从而定出

$$e^{\alpha} = \frac{Z_{\mathrm{t}}}{N} = \frac{(2\pi m k_{\mathrm{B}} T)^{3/2}}{n h^3},$$

其中 n 为粒子数密度. 可以看到粒子质量越大, 温度越高, 数密度就越低, 越容易满足非简并条件.

如果考虑到粒子的波粒二象性, 可以定义粒子热运动时对应的典型德布罗意波长为

$$\lambda_T = \frac{h}{(2\pi m k_{\mathrm{B}} T)^{1/2}},$$

称为热波长. 而粒子平均间距 $\bar{\delta}$ 可以用粒子数密度表示为

$$\bar{\delta} = \left(\frac{1}{n}\right)^{1/3}.$$

这样非简并条件就变成了

$$\lambda_T \ll \bar{\delta}.$$

这是什么意思呢? 量子力学中波函数被解释为粒子在时空中的概率振幅, 其模的平方被理解为概率密度, 而德布罗意波长则是这种概率分布的空间特征长度, 或者可以理解为波包的宽度. 当这个波长远小于粒子平均间距时, 就意味着每个粒子都可以局限在一个热波长范围内, 和其他粒子空间上不重叠, 从而是可以独立分辨的, 或者说定域的. 而在得到费米子和玻色子的统计规律时, 应用了全同性原理, 也就是粒子不可分辨, 其实就是因为粒子的德布罗意波长大于粒子平均间距, 波函数有重叠, 导致了粒子是不可分辨的, 或者说非定域的.

这样就可以理解麦克斯韦 – 玻尔兹曼分布是适用于定域可分辨粒子系统的, 而费米 – 狄拉克分布、玻色 – 爱因斯坦分布是适用于非定域不可分辨粒子系统的. 之前我们得到经典统计理论时曾用到了一个经典极限条件

$$\Delta\varepsilon \ll k_{\mathrm{B}} T,$$

现在看起来还应该加上非简并条件, 两者一起构成了量子统计过渡到经典统计的极限条件.

思 考 题

1. 计算金属中电子的热容, 估算室温下的热容值.
2. 查阅资料, 说明费米、狄拉克、玻色、爱因斯坦、冯 · 诺依曼 (von Neumann) 对量子统计的贡献.

习　　题

1. 推导费米–狄拉克分布.
2. 推导玻色–爱因斯坦分布, 其中插板法可以查阅相关案例学习.

第十一讲

气体分子动理论

从微观角度看, 对于处于平衡态的气体, 其中的分子处于最概然分布状态, 这时只要关心其分布规律即可. 而对于非平衡态的系统又该怎么办呢? 这时分子还没有达到最概然分布, 需要从更基础的角度去研究其行为. 一方面, 分子不停地做无规则热运动, 不断扩散; 另一方面, 分子在扩散过程中不断发生碰撞. 这就需要对这两种现象进行研究, 建立量化描述, 并寻找相应的规律.

11.1 气体分子的扩散

一个典型的气体分子扩散现象是, 打开一瓶香水, 在远处的人过一会就能闻到. 如何解释这个现象呢? 从微观角度看, 这是由气体分子的运动导致的, 这种运动可以是热运动, 也可以是在外界作用下的运动, 总的效果可以导致宏观上可观测的扩散现象.

如何量化描述这种扩散运动呢? 这里先从微观角度描述, 以后再从宏观角度描述. 微观角度来说, 就是要描述清楚大量分子的运动. 对于单个分子, 直接借鉴力学即可, 对于大量的分子, 如果不关心具体每个分子的运动, 则可以用统计的方式来描述.

不同分子速度可能不一样, 我们采用概率描述, 设一个分子落在速度区间 $v \to v + \mathrm{d}v$ 内的概率是 $f(v)\mathrm{d}^3v$, 其中函数 f 是概率密度. 由于没有达到平衡态, 分子出现在不同位置的概率也可能不同, 所以还可以增加空间坐标作为概率描述的变量, 即一个分子位置落在 $r \to r + \mathrm{d}r$ 区间内, 同时速度落在 $v \to v + \mathrm{d}v$ 区间内的概率是 $f(r,v)\mathrm{d}^3r\mathrm{d}^3v$. 由于没有达到平衡态, 这个概率还可能随时间变化, 所以一个完整的概率密度应写为

$$f(t, r, v).$$

为了更直观地理解, 我们还可以等价地直接用粒子数描述. 设总粒子数是 N_0, 则时刻 t, 空间上位于 $r \to r + \mathrm{d}r$ 区间内, 同时速度落在 $v \to v + \mathrm{d}v$ 区间内的粒子数为

$$N_0 f(r, v)\mathrm{d}^3r\mathrm{d}^3v.$$

描述清楚大量分子的运动后, 其整体的性质往往就可以描述了, 例如分子数密度 $n(\boldsymbol{r},t)$ 就可以写为

$$n(\boldsymbol{r},t) = \int N_0 f(t,\boldsymbol{r},\boldsymbol{v}) \mathrm{d}^3 v,$$

粒子流密度 $\boldsymbol{j}(\boldsymbol{r},t)$, 即单位时间、单位面积上流过的粒子数就可以写为

$$\boldsymbol{j}(\boldsymbol{r},t) = \int \boldsymbol{v} N_0 f(t,\boldsymbol{r},\boldsymbol{v}) \mathrm{d}^3 v.$$

如果整个系统达到平衡态, 这里的概率密度 f 可以对应最概然分布.

为了对香水分子的扩散有初步的了解, 我们可以用平衡态的麦克斯韦速度分布律简单估算出, 一个典型香水分子运动的平均速率大约在 100 m/s 的量级. 但是实际情况下, 香水瓶放在空气中, 如果我们站在百米开外, 并不会 1 s 左右就闻到香水, 需要的时间相对长很多, 这是为什么呢? 实际上, 一个香水分子在空气中传播的过程中会和空气分子发生碰撞, 也可能和其他香水分子碰撞, 而碰撞后速度方向有一定随机性, 这样相当于走的是折线, 所以闻到香水的时间会变长, 类似图 11.1 所示.

图 11.1 计算机模拟的 1900 个粒子做二维热运动时其中两个粒子在一小段时间内的轨迹. 它们明显走的是弯折的路径

那对于这种情况下的气体分子扩散, 该怎么描述并建立认知呢? 如果只是平均地考虑碰撞效果的话, 可以借鉴布朗运动的描述. 实际上, 布朗粒子可以看作也在做热运动, 并且与悬浮液体分子处于热平衡. 观察一个布朗粒子的运动会发现, 粒子运动轨迹是无规则的连续折线, 而且随着时间增加, 粒子能达到的范围也在增加, 这和一个香水分子的扩散运动其实是一样的.

从统计的角度看, 这可以类比一个醉汉随机行走模型, 如图 11.2 所示. 考虑二维情况 (三维的情况完全类似), 设醉汉从原点出发, 步长为 1(实际分子走的步长不

可能都相等, 这里做了简化处理), 第 i 步在 x 方向投影为 x_i, 在 y 方向投影为 y_i, 则有

$$x_i^2 + y_i^2 = 1.$$

经过 M 步后, 醉汉离原点的距离 R 满足

$$R^2 = \left(\sum_{i=1}^{M} x_i\right)^2 + \left(\sum_{i=1}^{M} y_i\right)^2.$$

考虑很多个醉汉都走了 M 步, 对上式求平均, 则有

$$\overline{R^2} = \overline{\left(\sum_{i=1}^{M} x_i\right)^2} + \overline{\left(\sum_{i=1}^{M} y_i\right)^2}.$$

注意到不同醉汉的 x_i 是相互独立的, 且其平均值为零, 所以有

$$\overline{\left(\sum_{i=1}^{M} x_i\right)^2} = \sum_{i=1}^{M} \overline{x_i^2}.$$

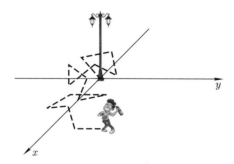

图 11.2 醉汉随机行走的图示, 灯柱作为出发点

对于 y 方向的平均也有类似结果, 所以有

$$\overline{R^2} = \sum_{i=1}^{M} \overline{x_i^2} + \sum_{i=1}^{M} \overline{y_i^2} = M.$$

注意总的步数 M 正比于行走时间 t, 所以有

$$\overline{R^2} \propto t.$$

将气体分子扩散与此类比, 我们可以写出扩散的公式

$$\overline{s^2} \propto t,$$

其中 s 为分子偏离初始位置的距离. 以上的结果与朗之万用动力学方程分析出的结果一致, 并被佩兰的实验观察所证实.

但是这里只是粗略地考虑了碰撞的影响, 实际上没有这么简单. 还有没有更准确的描述呢? 这需要对碰撞本身有更准确的描述.

11.2　气体分子间的碰撞

分子碰撞应该如何描述呢? 分子之间的碰撞可能是两体碰撞, 也可能是多体碰撞, 显然两体的情况比较简单, 所以我们先把两体问题描述清楚. 即使是两体问题, 也有一定复杂性, 因为分子间相互作用是复杂的. 为了能对问题有初步的理解, 我们采用刚球模型, 而两个刚球的碰撞可以用力学描述.

假设分子是刚球, 直径为 d, 质量为 m. 碰撞前分子 A 的速度为 v, 分子 B 的速度为 v_1, 碰撞后 A 的速度为 v', B 的速度为 v_1'. 这里限定刚球不发生转动. 若两球发生完全弹性碰撞, 则根据动量守恒、能量守恒, 我们可以列出 4 个方程, 但决定碰撞后的两个速度需要 6 个方程, 所以实际上需要额外指定两个条件. 这里选择碰撞的瞬间从 A 质心指向 B 质心方向的单位矢量 e 为已知, 这实际上是碰撞方向, 相互作用力的方向与碰撞方向在同一直线上, 或者说 A 和 B 的动量改变方向也与碰撞方向在同一直线上, 这样就有

$$v' - v = \lambda_1 e,$$
$$v_1' - v_1 = \lambda_2 e,$$

这相当于多了 2 个未知数, 但是多了 4 个方程, 所以可以最终确定碰撞后的分子 A 和分子 B 的速度为

$$v' = v + [(v_1 - v) \cdot e]e, \tag{11.1}$$
$$v_1' = v_1 - [(v_1 - v) \cdot e]e. \tag{11.2}$$

从这个结果还可以得到一些有趣的结论. 如将公式 (11.1) 和 (11.2) 相减再平方, 可得

$$(v_1' - v')^2 = (v_1 - v)^2.$$

这说明碰撞前后两球相对速度的大小保持不变. 如果将两式相减再点乘 e, 则还可以得到

$$(v_1' - v') \cdot e = -(v_1 - v) \cdot e.$$

这说明碰撞前后, 两球的相对速度在碰撞方向上的投影分量相反, 而垂直于碰撞方向的分量相同.

为了看得更清楚一点, 我们将碰撞前后的速度和相对速度在图 11.3 中标出, 可以明显看到碰撞前后相对速度的关系.

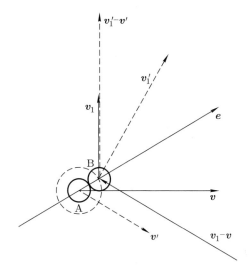

图 11.3 两个刚球碰撞前后的速度与相对速度

利用公式 (11.1) 和 (11.2), 还可以反解出以下结果:

$$\boldsymbol{v} = \boldsymbol{v}' + [(\boldsymbol{v}_1' - \boldsymbol{v}') \cdot (-\boldsymbol{e})](-\boldsymbol{e}), \tag{11.3}$$

$$\boldsymbol{v}_1 = \boldsymbol{v}_1' - [(\boldsymbol{v}_1' - \boldsymbol{v}') \cdot (-\boldsymbol{e})](-\boldsymbol{e}). \tag{11.4}$$

这个结果意味着什么呢? 这说明与正碰撞对应, 存在一个反碰撞, 碰前 A 的速度为 $\boldsymbol{v}'$, B 的速度为 $\boldsymbol{v}_1'$, 碰后 A 的速度为 $\boldsymbol{v}$, B 的速度为 $\boldsymbol{v}_1$, 碰撞方向为 $-\boldsymbol{e}$. 这个碰撞过程和图 11.3 中所示的碰撞有什么联系呢? 其实只要将两个球的位置换一下就是反碰撞的图像了, 也就是对应碰撞方向改变一个负号.

这里还可以考虑一个简单问题, 不考虑碰撞过程中动量、能量等的变化, 只考虑能否发生碰撞的描述. 如图 11.4 所示, 力学中可以用瞄准距离 b 来描述是否发生碰撞, 让分子 A 静止, 分子 B 以相对速度 $\boldsymbol{u}$ 运动, 则分子 A 质心到速度 $\boldsymbol{u}$ 方向的距离即为瞄准距离 b. 如果 $b < d$, 则 A 和 B 会发生碰撞, 否则不会发生碰撞. 或者换个角度描述, 在垂直于速度 $\boldsymbol{u}$ 的平面内, 以分子 A 的质心为原点, d 为半径画一个圆截面, 则分子 B 的质心只要落于这个圆截面上, 就会发生碰撞, 所以这个面被称为碰撞截面 σ, 面积为

$$\sigma = \pi d^2.$$

当然实际上分子不是刚球, 所以所谓分子直径 d 可以看成一个等效的参数, σ 也是等效碰撞截面. 如在温度较高时, 分子运动速度较快, 要能发生明显的碰撞现

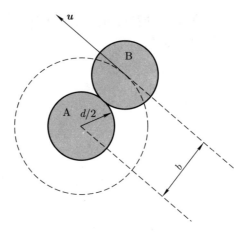

图 11.4　对两个刚球能否发生碰撞的描述需要用到瞄准距离、碰撞截面的概念

象, 则意味着分子要靠得足够近才可以, 也就是等效的碰撞截面较小. 反之, 温度较低时, 等效的碰撞截面较大.

只是描述清楚了两体碰撞还是不够的, 由于气体中存在大量分子, 一个分子在飞行过程中不断发生碰撞, 这就需要引入新的物理量来描述这种特征.

一个粒子发生一次碰撞后, 到下一次碰撞时, 自由飞行的距离称为自由程 λ, 其倒数为单位长度上的碰撞次数, 飞行速率为 v, 自由飞行的时间为 τ, 其倒数为单位时间内的碰撞次数, 即碰撞频率 Z. 由于每个粒子的这些物理量都不相同, 形成了分布, 所以可以用平均值来描述碰撞的特征, 如平均自由程 $\overline{\lambda}$、平均碰撞频率 $\overline{Z}$、平均速率 $\overline{v}$.

想象一下, 一个分子携带着垂直于运动方向的碰撞截面 σ 向前飞行, 则该截面扫过的体积内的分子都会与该分子碰撞, 这样就可以求出碰撞频率. 然而实际的情况肯定是复杂的, 为了有个初步的了解, 我们可以在极端简化的条件下做近似计算.

为了简化, 我们假设气体分子处于平衡态. 一个分子向前飞行时, 其他分子也是在运动的, 为了简单, 我们假设其他分子都不动, 该分子碰到一个分子后方向会发生偏折, 但依然假设其他分子都不动, 这样可以近似认为该分子是以相对速率 u 在运动, 如图 11.5 所示.

由于每个分子的具体碰撞过程可能不一样, 其实只能估算平均的情况. 平均碰撞频率为

$$\overline{Z} = \frac{n\overline{u}\Delta t\sigma}{\Delta t},$$

其中 n 为分子数密度. 利用麦克斯韦速度分布律可以求出平均相对速率和平均速率的关系为

$$\overline{u} = \sqrt{2}\overline{v}, \tag{11.5}$$

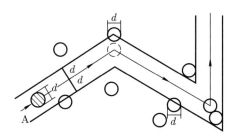

图 11.5 假定其他分子都不动, 分子 A 携带自己的碰撞截面以平均相对运动速率向前运动, 发生碰撞后改变方向, 继续以平均相对运动速率运动. 凡是落在碰撞截面扫过的体积内的分子都会与 A 发生碰撞

所以平均碰撞频率为

$$\overline{Z} = \sqrt{2}n\overline{v}\sigma.$$

由此可以得到分子的平均自由程为

$$\overline{\lambda} = \frac{1}{\sqrt{2}n\sigma}.$$

这样我们就能对碰撞的剧烈程度有个初步的描述和理解了.

这里顺便近似求一个概率问题. 每个分子的自由程 λ 都是不一样的, 这样就形成了关于自由程的分布, 即选择 λ 作为随机变量, 其取值范围为 $(0, \infty)$. 为了求出关于 λ 的分布, 假设自由程大于 λ 的粒子数为 $N(\lambda)$, 当这些粒子向前走过 $\mathrm{d}\lambda$ 距离时, 每个粒子平均发生 $\mathrm{d}\lambda/\overline{\lambda}$ 次碰撞, 共有 $N(\lambda)\mathrm{d}\lambda/\overline{\lambda}$ 个粒子发生了碰撞, 剩下的是自由程大于 $\lambda + \mathrm{d}\lambda$ 的粒子数 $N(\lambda + \mathrm{d}\lambda)$, 所以有

$$\mathrm{d}N(\lambda) = N(\lambda + \mathrm{d}\lambda) - N(\lambda) = -N(\lambda)\frac{\mathrm{d}\lambda}{\overline{\lambda}}.$$

解方程得

$$N(\lambda) = N(0)\mathrm{e}^{-\lambda/\overline{\lambda}}.$$

所以一个分子的自由程大于 λ 的概率为 $\mathrm{e}^{-\lambda/\overline{\lambda}}$, 而自由程大于 λ, 小于 $\lambda + \mathrm{d}\lambda$ 的概率为

$$\frac{1}{\overline{\lambda}}\mathrm{e}^{-\lambda/\overline{\lambda}}\mathrm{d}\lambda.$$

11.3 玻尔兹曼微分积分方程

了解了如何描述大量分子的运动和碰撞, 怎么描述同时有运动和碰撞的大量分子呢? 尤其对非平衡态情况. 玻尔兹曼采用的描述方法是, 依然用概率密度 $f(t, \boldsymbol{r}, \boldsymbol{v})$

描述, 只是要同时考虑分子运动和碰撞对概率密度的影响, 并由此建立了玻尔兹曼微分积分方程.

考虑空间上位于 $\boldsymbol{r}$ 附近 d^3r 体积内, 同时速度在 $\boldsymbol{v}$ 附近 d^3v 内的粒子, 其数目为

$$N_0 f(t, \boldsymbol{r}, \boldsymbol{v}) \mathrm{d}^3 r \mathrm{d}^3 v.$$

如果不考虑碰撞, 只考虑其运动 (包括在外力作用下的运动), 则在 $t \to t + \mathrm{d}t$ 时间间隔内, 这些粒子位移发生了变化 $\boldsymbol{r} \to \boldsymbol{r} + \mathrm{d}\boldsymbol{r}$, 而且位移变化满足

$$\frac{\mathrm{d}\boldsymbol{r}}{\mathrm{d}t} = \boldsymbol{v}.$$

这些粒子的速度也发生了变化, 而且速度变化满足

$$\frac{\mathrm{d}\boldsymbol{v}}{\mathrm{d}t} = \frac{\boldsymbol{F}}{m},$$

其中 m 为分子质量, $\boldsymbol{F}$ 为分子受到的外力. 对这些粒子的描述就变成了

$$N_0 f(t + \mathrm{d}t, \boldsymbol{r} + \mathrm{d}\boldsymbol{r}, \boldsymbol{v} + \mathrm{d}\boldsymbol{v}) \mathrm{d}^3 r \mathrm{d}^3 v.$$

但是分子的数目没有发生变化, 即

$$\mathrm{d}f = 0.$$

这样利用全微分的关系, 可以得到

$$\frac{\partial f}{\partial t} \mathrm{d}t + \frac{\partial f}{\partial \boldsymbol{r}} \cdot \mathrm{d}\boldsymbol{r} + \frac{\partial f}{\partial \boldsymbol{v}} \cdot \mathrm{d}\boldsymbol{v} = 0.$$

再利用偏微分的概念, 可以得到

$$\frac{\partial f}{\partial t} = -\frac{\partial f}{\partial \boldsymbol{r}} \cdot \frac{\mathrm{d}\boldsymbol{r}}{\mathrm{d}t} - \frac{\partial f}{\partial \boldsymbol{v}} \cdot \frac{\mathrm{d}\boldsymbol{v}}{\mathrm{d}t}.$$

这其实给出了由于分子运动导致的概率密度的变化, 称为漂移项, 记为

$$\left(\frac{\partial f}{\partial t} \right)_{\mathrm{d}}.$$

实际上分子间还会发生碰撞, 这也会影响概率密度, 所以还要计算碰撞项, 即

$$\left(\frac{\partial f}{\partial t} \right)_{\mathrm{c}}.$$

如何计算呢? 粒子只要发生了碰撞, 就可以认为速度不是 $\boldsymbol{v}$ 了, 所以就会有一部分粒子在 $\mathrm{d}t$ 时间内被碰出这个分布, 而同时会有其他粒子碰撞后速度变为 $\boldsymbol{v}$, 所以还会有一部分粒子在 $\mathrm{d}t$ 时间内被碰进这个分布, 只要分别算出两部分粒子数即可.

如何计算碰出粒子数呢? 我们挑出一个速度为 $\boldsymbol{v}$ 的分子 A, 先计算其在 $\mathrm{d}t$ 时间内和速度为 $\boldsymbol{v}_1$ 的分子 B 发生碰撞的概率. 仍然采用刚球模型, 分子直径为 d, 碰撞前瞬间位置如图 11.6 所示, $\boldsymbol{e}$ 为碰撞方向. 以 A 的质心作为原点, 以 $\boldsymbol{v}_1 - \boldsymbol{v}$ 的方向作为正方向, 确定 z 轴, 则碰撞方向 $\boldsymbol{e}$ 的球坐标方位角为 (θ, φ), 其中 θ 为碰撞方向与 z 轴的夹角. 以 A 的质心为球心, 以 d 为半径作一球面, 则能发生碰撞的分子质心都在该球面上. 现在需要计算的是, 有多少个 B 分子在 $\mathrm{d}t$ 时间内会撞击到该球面上? 这类似于求分子碰壁数, 只是这里的器壁是一个球面, 实际上是个半球面. 为此, 以 $\boldsymbol{e}$ 为对称轴, 以 A 的质心为原点, 张开一微元立体角

$$\mathrm{d}\Omega = \sin\theta\mathrm{d}\theta\mathrm{d}\varphi.$$

此立体角在以 A 质心为球心、d 为半径的碰撞球面上截出的面积元为

$$d^2\mathrm{d}\Omega.$$

B 分子在 $\mathrm{d}t$ 时间内相对 A 分子飞行的位移为 $(\boldsymbol{v}_1 - \boldsymbol{v})\mathrm{d}t$. 以面积元 $d^2\mathrm{d}\Omega$ 为底, 以 B 相对 A 飞行的位移为母线, 构成一段斜柱体, 则可以发现只有质心落在该柱体内的 B 分子才能撞击到对应面积元上, 算出其分子数为

$$N_0 f(t, \boldsymbol{r}, \boldsymbol{v}_1)\mathrm{d}^3 v_1 d^2\mathrm{d}\Omega |\boldsymbol{v}_1 - \boldsymbol{v}|\mathrm{d}t\cos(\pi - \theta).$$

这里已经假设斜柱体内概率密度几乎不变. 上式除以总粒子数 N_0 就是 A 分子发生碰撞被撞出 $\boldsymbol{v}$ 区间的概率, 而此概率乘以 A 分子的分子数就是被撞出的分子数, 即

$$N_0 f(t, \boldsymbol{r}, \boldsymbol{v})\mathrm{d}^3 r\mathrm{d}^3 v\mathrm{d}t f(t, \boldsymbol{r}, \boldsymbol{v}_1)|\boldsymbol{v}_1 - \boldsymbol{v}|\cos(\pi - \theta)d^2\mathrm{d}\Omega\mathrm{d}^3 v_1.$$

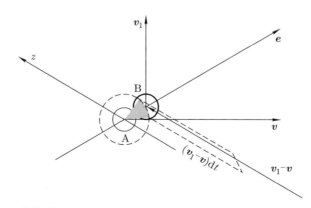

图 11.6 能与分子 A 在微元面积上发生碰撞的分子 B 被限定在斜柱体内

由于碰撞方向是任意选定的, 所以要对所有可能的方向积分, 注意 θ 取值范围为 $(\pi/2, \pi)$, φ 的取值范围为 $(0, 2\pi)$, 其他的取值不能发生碰撞. 由于 B 分子的速度也是各种可能都有的, 所以还要对 $\boldsymbol{v}_1$ 的取值积分. 这样总的被撞出的分子数即为

$$N_0 f(t, \boldsymbol{r}, \boldsymbol{v}) \mathrm{d}^3 r \mathrm{d}^3 v \mathrm{d}t \iint f(t, \boldsymbol{r}, \boldsymbol{v}_1)|\boldsymbol{v}_1 - \boldsymbol{v}| \cos(\pi - \theta) d^2 \mathrm{d}\Omega \mathrm{d}^3 v_1,$$

其中第一个积分是对立体角积分, 第二个积分是对速度积分.

还要求出碰撞后速度进入 $\boldsymbol{v}$ 附近区间的分子数. 怎么求呢? 还记得反碰撞吗? A 和 B 发生碰撞后, 速度变为 $\boldsymbol{v}'$ 和 $\boldsymbol{v}'_1$, 如果将 A 和 B 互换位置, 并且 A 和 B 的初始速度是 $\boldsymbol{v}'$ 和 $\boldsymbol{v}'_1$, 则碰撞之后 A 和 B 的速度即为 $\boldsymbol{v}$ 和 $\boldsymbol{v}_1$. 这样与碰出的情况类似, 可以求出被碰进的分子数为

$$N_0 f(t, \boldsymbol{r}, \boldsymbol{v}') \mathrm{d}^3 r \mathrm{d}^3 v' \mathrm{d}t f(t, \boldsymbol{r}, \boldsymbol{v}'_1)|\boldsymbol{v}'_1 - \boldsymbol{v}'| \cos(\pi - \theta') d^2 \mathrm{d}\Omega' \mathrm{d}^3 v'_1.$$

这里的立体角为

$$\mathrm{d}\Omega' = \sin \theta' \mathrm{d}\theta' \mathrm{d}\varphi'.$$

而 (θ', φ') 是以 $\boldsymbol{v}'_1 - \boldsymbol{v}'$ 的方向为 z' 轴正方向时, 碰撞方向 $-\boldsymbol{e}$ 的方位角, θ' 的取值范围依然是 $(\pi/2, \pi)$. 按照 A 和 B 碰撞的规律, 可以发现

$$\theta' = \theta, \quad \varphi' = \varphi.$$

而速度 $\boldsymbol{v}', \boldsymbol{v}'_1$ 与速度 $\boldsymbol{v}, \boldsymbol{v}_1$ 满足公式 (11.1) 和 (11.2), 并且碰撞前后相对速度的大小不变. 再利用雅可比行列式做变量替换, 有

$$\mathrm{d}^3 v' \mathrm{d}^3 v'_1 = \left| \frac{\partial(\boldsymbol{v}', \boldsymbol{v}'_1)}{\partial(\boldsymbol{v}, \boldsymbol{v}_1)} \right| \mathrm{d}^3 v \mathrm{d}^3 v_1. \tag{11.6}$$

这样可以将碰进的分子数写为

$$\mathrm{d}^3 r \mathrm{d}^3 v \mathrm{d}t N_0 f(t, \boldsymbol{r}, \boldsymbol{v}') f(t, \boldsymbol{r}, \boldsymbol{v}'_1)|\boldsymbol{v}_1 - \boldsymbol{v}| \cos(\pi - \theta) d^2 \mathrm{d}\Omega \mathrm{d}^3 v_1.$$

而总碰进的分子数同样要对立体角和速度 $\boldsymbol{v}_1$ 的可取值求积分, 即

$$N_0 \mathrm{d}^3 r \mathrm{d}^3 v \mathrm{d}t \iint f(t, \boldsymbol{r}, \boldsymbol{v}') f(t, \boldsymbol{r}, \boldsymbol{v}'_1)|\boldsymbol{v}_1 - \boldsymbol{v}| \cos(\pi - \theta) d^2 \mathrm{d}\Omega \mathrm{d}^3 v_1.$$

利用碰进和碰出的分子数之差就可以求出碰撞对概率密度的影响为

$$\left(\frac{\partial f}{\partial t} \right)_{\mathrm{c}} = \iint \{ f(t, \boldsymbol{r}, \boldsymbol{v}') f(t, \boldsymbol{r}, \boldsymbol{v}'_1) - f(t, \boldsymbol{r}, \boldsymbol{v}) f(t, \boldsymbol{r}, \boldsymbol{v}_1) \}$$
$$\times |\boldsymbol{v}_1 - \boldsymbol{v}| \cos(\pi - \theta) d^2 \mathrm{d}\Omega \mathrm{d}^3 v_1.$$

同时考虑了分子运动和碰撞之后, 概率密度的变化就可以写为

$$\frac{\partial f}{\partial t} = \left(\frac{\partial f}{\partial t}\right)_{\mathrm{d}} + \left(\frac{\partial f}{\partial t}\right)_{\mathrm{c}}.$$

代入具体的形式整理后, 就得到

$$\frac{\partial f}{\partial t} + \frac{\partial f}{\partial \boldsymbol{r}} \cdot \frac{\mathrm{d}\boldsymbol{r}}{\mathrm{d}t} + \frac{\partial f}{\partial \boldsymbol{v}} \cdot \frac{\mathrm{d}\boldsymbol{v}}{\mathrm{d}t}$$
$$= \iint \{f(t,\boldsymbol{r},\boldsymbol{v}')f(t,\boldsymbol{r},\boldsymbol{v}_1') - f(t,\boldsymbol{r},\boldsymbol{v})f(t,\boldsymbol{r},\boldsymbol{v}_1)\}|\boldsymbol{v}_1 - \boldsymbol{v}|\cos(\pi - \theta)d^2\mathrm{d}\Omega\mathrm{d}^3 v_1.$$

这就是著名的玻尔兹曼微分积分方程. 由此方程出发, 可以得到一系列重要结论.

11.4 细致平衡原理

玻尔兹曼方程是微分积分方程, 显然是很难求解的, 但是如果采取积极乐观主义的态度, 可以找一些特殊条件下的解, 总比什么都没有强.

如果方程右边相减的两项相等, 则方程显然会简单许多, 此时

$$f(t,\boldsymbol{r},\boldsymbol{v}')f(t,\boldsymbol{r},\boldsymbol{v}_1') = f(t,\boldsymbol{r},\boldsymbol{v})f(t,\boldsymbol{r},\boldsymbol{v}_1).$$

这意味着正碰撞与反碰撞相互平衡, 两者对概率密度的贡献相互抵消, 这被称为细致平衡条件. 如果要求系统达到平衡态, 概率密度不随时间和空间变化, 分子也不受外力, 则方程左边也为零.

这让我们自然地猜测细致平衡条件和系统达到平衡态之间可能有某种关联, 一个自然的假设是两者是等价的, 这被称为细致平衡原理. 在大部分情况下, 这个原理都是正确的, 但是它并不能被证明.

11.5 麦克斯韦速度分布律

利用细致平衡条件可以方便地猜出麦克斯韦速度分布律. 对该条件两边取对数, 就有

$$\ln f(t,\boldsymbol{r},\boldsymbol{v}') + \ln f(t,\boldsymbol{r},\boldsymbol{v}_1') = \ln f(t,\boldsymbol{r},\boldsymbol{v}) + \ln f(t,\boldsymbol{r},\boldsymbol{v}_1).$$

这看起来像是碰撞过程的守恒量方程, 而从力学规律已经知道, 守恒量可能是粒子数 (对应一个常数)、动量、能量, 这样就可以将概率密度写成这些守恒量的组合:

$$\ln f = \alpha_0 + \boldsymbol{\alpha} \cdot m\boldsymbol{v} + \alpha_4 \frac{1}{2}m\boldsymbol{v}^2,$$

其中 α_0, $\boldsymbol{\alpha} = (\alpha_1, \alpha_2, \alpha_3)$, α_4 是 5 个待定系数, m 是分子质量. 这里已经利用了细致平衡原理, 认为平衡态的概率密度不再随时间变化.

概率密度的公式可以改写为

$$f = c_0 \exp\left(-c_4 \frac{1}{2} m(\boldsymbol{v} - \boldsymbol{c})^2\right).$$

这里将待定系数转换成了 c_0, $\boldsymbol{c} = (c_1, c_2, c_3)$, c_4, 可以通过以下 5 个条件求出:

$$1 = \int f \mathrm{d}^3 v,$$

$$\boldsymbol{v}_0 = \int \boldsymbol{v} f \mathrm{d}^3 v,$$

$$\frac{3}{2} k_B T = \int \frac{1}{2} m(\boldsymbol{v} - \boldsymbol{v}_0)^2 \mathrm{d}^3 v,$$

其中第一个条件是归一化条件, 第二个条件是系统整体以速度 $\boldsymbol{v}_0$ 运动, 第三个条件是气体分子热运动的平均动能. 由此定出 5 个系数, 可以得到概率密度为

$$f = \left(\frac{m}{2\pi k_B T}\right)^{3/2} \exp\left(-\frac{1}{k_B T} \frac{1}{2} m(\boldsymbol{v} - \boldsymbol{v}_0)^2\right).$$

这就是麦克斯韦速度分布律.

实际上由细致平衡原理结合玻尔兹曼微分积分方程还可以推出玻尔兹曼密度分布, 特别是重力场和离心力场下的分布, 和用力学平衡条件导出的结果相同. 这里不再推导.

11.6　H 定 理

玻尔兹曼 1872 年引入了一个 H 函数, 其形式为

$$H \equiv \iint f(t, \boldsymbol{r}, \boldsymbol{v}) \ln f(t, \boldsymbol{r}, \boldsymbol{v}) \mathrm{d}^3 v \mathrm{d}^3 r.$$

利用玻尔兹曼微分积分方程可以求出 (详细推导参见文献 [14]),

$$\frac{\mathrm{d}H}{\mathrm{d}t} = -\frac{1}{4} \iiiint \{\ln[f(t,\boldsymbol{r},\boldsymbol{v}')f(t,\boldsymbol{r},\boldsymbol{v}_1')] - \ln[f(t,\boldsymbol{r},\boldsymbol{v})f(t,\boldsymbol{r},\boldsymbol{v}_1)]\}$$
$$\times \{f(t,\boldsymbol{r},\boldsymbol{v}')f(t,\boldsymbol{r},\boldsymbol{v}_1') - f(t,\boldsymbol{r},\boldsymbol{v})f(t,\boldsymbol{r},\boldsymbol{v}_1)\}$$
$$\times |\boldsymbol{v}_1 - \boldsymbol{v}| \cos(\pi - \theta) d^2 \mathrm{d}\Omega \mathrm{d}^3 v_1 \mathrm{d}^3 v \mathrm{d}^3 r.$$

利用不等式

$$(\ln x - \ln y)(x - y) \geqslant 0,$$

马上可以得到
$$\frac{\mathrm{d}H}{\mathrm{d}t} \leqslant 0.$$

这被称为 H 定理. 这意味着无论分子怎么运动和碰撞, 这个不等式始终成立. 联系热力学系统平衡态的性质, 马上可以发现, 没有达到平衡态的系统在向平衡态变化过程中, H 函数一直在减小, 直到平衡态时达到极小, 而极小时恰好对应细致平衡条件. 这也说明了细致平衡原理的合理性.

联想到微观玻尔兹曼熵的定义是对无序程度的描述, 达到平衡态时最混乱, 就很容易将 H 函数与系统的熵联系起来. 我们可以通过特例找到两者的关系为
$$S = -k_{\mathrm{B}}H + C,$$

其中 C 为常数. 如果忽略常数, 相当于给出了热力学系统熵的定义, 即
$$S \equiv -k_{\mathrm{B}} \iint f(t, \boldsymbol{r}, \boldsymbol{v}) \ln f(t, \boldsymbol{r}, \boldsymbol{v}) \mathrm{d}^3 v \mathrm{d}^3 r.$$

实际上这和玻尔兹曼熵的含义是一样的, 而且这和信息熵的常用形式类似.

为了描述非平衡态的熵, 还可以引入熵密度的概念, 即
$$s(t, \boldsymbol{r}) \equiv -k_{\mathrm{B}} \int f(t, \boldsymbol{r}, \boldsymbol{v}) \ln f(t, \boldsymbol{r}, \boldsymbol{v}) \mathrm{d}^3 v.$$

如果所考虑的局域的单位体积系统可看成孤立的, 还可以类比 H 定理的证明, 得到熵密度随时间的变化规律为
$$\frac{\partial s}{\partial t} \geqslant 0.$$

而在非孤立的情况下, 和粒子流密度概念类似, 还可以定义熵流密度, 即单位时间、单位面积上流过去的熵为
$$\boldsymbol{j}_s \equiv -k_{\mathrm{B}} \int \boldsymbol{v} f(t, \boldsymbol{r}, \boldsymbol{v}) \ln f(t, \boldsymbol{r}, \boldsymbol{v}) \mathrm{d}^3 v.$$

由于熵不守恒, 所以系统某区域内熵的变化应等于流入的熵加上该区域自己产生的熵. 为了描述熵产生, 可以定义熵产生率 γ, 即单位时间、单位体积内自发产生的熵, 并且满足
$$\iiint \frac{\partial s}{\partial t} \mathrm{d}^3 r = -\iint \boldsymbol{j}_s \cdot \mathrm{d}\boldsymbol{S} + \iiint \gamma \mathrm{d}^3 r,$$

或者利用积分的高斯公式化简为
$$\gamma = \frac{\partial s}{\partial t} + \nabla \cdot \boldsymbol{j}_s.$$

以上这些理解真的对吗? 需要注意的是以上只是通过力学的质点模型, 对非平衡态从微观角度描述, 并给出了玻尔兹曼微分积分方程, 但实际上如果仔细考虑, 还有很多问题. 例如碰撞时没有考虑转动、振动, 而且更严格的描述原子、分子的理论应该是量子力学, 所以这里的内容仅仅是给出了初步的理解.

思　考　题

1. 用二项分布推导一维随机行走时, 粒子位移平方平均值与时间的关系.
2. 推导三维两体刚球碰撞前后的速度关系, 即公式 (11.1), (11.2) 和 (11.3), (11.4).
3. 利用麦克斯韦速度分布律推导公式 (11.5).
4. 计算公式 (11.6).
5. 以抛多枚硬币的概率事件为例, 讨论 H 函数的意义. 注意: 需要在离散随机变量下类比定义 H 函数.

习　　题

1. 在气体放电管中, 电子与气体分子不断碰撞. 气体分子的有效直径为 d, 数密度为 n. 电子的有效直径可以近似为 0, 速率远远大于气体分子的平均速率. 求电子与气体分子碰撞的平均自由程.
2. 在阴极射线管中, 为了保证从阴极发射出来的电子有 90% 不与空气分子发生碰撞并且到达 20 cm 远处的阳极, 需要将射线管中空气分子的数密度降低到多少?

第十二讲

非平衡态的输运过程

从宏观角度看, 处于非平衡态的系统是很难研究的, 物理量的定义都非常困难, 所以只能挑选尽量简单的非平衡态进行研究.

什么样的非平衡态会简单一点呢? 采用还原论的思想, 如果能将非平衡态系统拆成一系列局域平衡的微元, 则系统有可能变得简单, 局域平衡态的物理量是可以定义的, 只要再找出相邻平衡态间的联系, 就可以建立整体的认知了.

而对于局域平衡假设成立的非平衡态系统, 马上可以发现, 物理量在系列局域平衡态上的分布是不均匀的, 即存在梯度, 而这种梯度又会导致相应物理量的流动, 这被称为输运过程. 这样就需要对其进行量化描述并寻找规律. 而这些宏观的规律, 原则上可以通过微观理论加以解释.

常见的输运过程有黏性现象、热传导、扩散、电流等, 而更为复杂的是, 这些现象有相互交叉的效应, 如泽贝克 (Seebeck) 效应、佩尔捷 (Peltier) 效应、汤姆孙效应、渗透压现象等. 对这些现象的研究形成了线性非平衡态理论.

至于更为复杂的非平衡态系统, 如人体等高度有序的系统, 也称为耗散结构, 则很难给出普适的热学理论了.

12.1   牛顿黏性定律

我们来考虑气体在圆柱形管道中传输的黏性现象. 由于气体是有黏性的, 所以靠近管道中心的气体流速较快, 靠近器壁的较慢, 到器壁处则为零. 如果流速不太快, 不是湍流, 而是层流, 则可以做局域平衡假设.

设管道是圆柱形对称的, 则距离中心 r 附近的一层圆柱面可以视为平衡态, 流动的速度为 $u(r)$, 即形成了速度分布, 如图 12.1 所示. 由于相邻两层速度不同, 有相对运动, 所以两者之间 $\mathrm{d}S$ 的面积上是有摩擦黏性力 f 的, 为了平衡摩擦力对流动的阻碍, 需要在管道两端加压强差.

一般情况下, 摩擦力是正比于接触面积 $\mathrm{d}S$ 的, 所以也可以通过定义单位面积

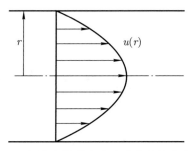

图 12.1　气体在管道中流动形成速度分布 $u(r)$

上的黏性力, 即黏性切应力来描述:

$$\tau = f/\mathrm{d}S.$$

在流速不太快的情况下, 黏性切应力可以看作正比于速度梯度的 (为什么? 可以从实验和数学两个角度去想):

$$\tau = -\eta \frac{\mathrm{d}u(r)}{\mathrm{d}r}.$$

这就是牛顿黏性定律, 其中 η 是黏性系数, 负号是因为速度梯度的方向与力的方向相反.

　　换个角度看. 根据牛顿第二定律, 黏性力 f 其实是相邻两层交换的动量 P 随时间 t 的改变, 即动量流:

$$f = \frac{\mathrm{d}P}{\mathrm{d}t}.$$

而黏性切应力则是单位时间、单位面积上传递的动量, 即动量流密度:

$$\tau = \frac{\mathrm{d}P}{\mathrm{d}S\mathrm{d}t}.$$

因此牛顿黏性定律说明动量流密度正比于速度梯度, 而同样从牛顿第二定律的角度看, 这里的速度梯度像是一种"梯度力", 是动量流动的动力学原因.

　　微观上怎么看黏性现象及黏性定律呢? 微观上看, 局域平衡的层处于热平衡状态, 然而其中的分子在做无规则热运动, 到处扩散, 所以有些分子会扩散到相邻层中. 而一旦扩散进去, 由于分子携带的 $u(r)$ 和相邻层中的分子不同, 这样必然会通过碰撞将携带的动量传递给相邻层中的分子, 所以从微观上看, 黏性现象就是动量输运过程.

　　有了这个微观图像, 就可以建立微观上的数学描述. 如图 12.2 所示, 考虑界面 r 处 A, B 两层气体, 我们来看小于 r 处的 A 层对大于 r 处的 B 层的摩擦力作用. 由于微观上黏性体现为动量的输运, 所以实际上就是考虑 ΔS 面积上, Δt 时间内

流入 B 层的动量 ΔP. 简单考虑可得, 流入的动量为

$$\Delta P = \frac{1}{6} n\bar{v} \Delta S \Delta t m u(r),$$

其中 n 为分子数密度, $\bar{v}$ 为 A 层中分子的平均速率, m 为分子质量, $mu(r)$ 为每个分子携带的宏观运动的动量, 其实是分子动量的平均值.

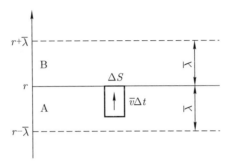

图 12.2 微观上来看, 黏性实际上是由微观热运动带来的动量输运

这里做了一个简单假设, 即分子都以平均速率 $\bar{v}$ 飞行, 并且认为前后左右上下六个方向上是对称的, 这样沿某个方向的粒子流密度就为

$$\frac{1}{6} n\bar{v}.$$

然而 B 层中的分子也会流出, 损失动量, 所以实际上要算的是净流入 B 层的动量:

$$\Delta P = \frac{1}{6} n\bar{v} \Delta S \Delta t m u(r)|_{\mathrm{A}} - \frac{1}{6} n\bar{v} \Delta S \Delta t m u(r)|_{\mathrm{B}}.$$

问题在于 A 和 B 处的 r 值为多少? 由于分子至少要发生一次碰撞才能传递动量, 所以 A 处可以取为 $r+\bar{\lambda}$, B 处可以取为 $r-\bar{\lambda}$, 其中 $\bar{\lambda}$ 是平均自由程. 因此从微观看, 黏性切应力, 也就是动量流密度为

$$\tau = -\frac{1}{3} n\bar{v}\bar{\lambda} m \frac{\mathrm{d}u(r)}{\mathrm{d}r}.$$

这里假设数密度 n、热运动的平均速率 $\bar{v}$、平均自由程 $\bar{\lambda}$ 都是均匀的, 不随 r 变化. 与牛顿黏性定律比较, 就可以给出黏性系数的微观解释:

$$\eta = \frac{1}{3} m n \bar{v} \bar{\lambda}.$$

这样黏性现象就同时有了微观和宏观的解释. 然而这种理解正确吗? 这是需要实验来检验的.

考虑到平均速率、平均自由程分别为

$$\overline{v} = \sqrt{\frac{8k_\mathrm{B}T}{\pi m}}, \quad \overline{\lambda} = \frac{1}{\sqrt{2}n\sigma},$$

其中 σ 是有效碰撞截面, 这样微观上的黏性系数可以写为

$$\eta = \frac{1}{3\sigma}\sqrt{\frac{4mk_\mathrm{B}T}{\pi}} \propto \sqrt{T}.$$

这说明固定温度下, 气体的黏性系数和压强, 或者说数密度无关. 这个结果看上去有点反直觉, 因为直觉上数密度越大黏性越大. 然而令人惊讶的是, 麦克斯韦和迈耶 (Mayer) 的实验在 0.01 到 1 个标准大气压的范围内都证实了这个结果是正确的. 麦克斯韦在 1859 年写信给斯托克斯 (Stokes) 评论说: "稀薄气体和稠密气体中的摩擦应是一样大, 这无疑是很出乎意料的. 原因是稀薄气体中的平均自由程较大, 因而摩擦作用也可以扩展到较大距离."

显然一个推论正确并不能证明理论的正确. 坏消息是, 实验上测得

$$\eta \propto T^{0.7},$$

而不是理论中的 0.5 次方. 这说明理论考虑中还有要修改的地方, 例如有效碰撞截面应该是和温度有关的, 之前并没有考虑.

12.2　傅里叶热传导定律

将气体装在长圆柱形容器中, 两端维持温度差, 如果温差不大, 没有引起对流, 则同样可以做局域平衡假设.

沿长圆柱轴线建立 z 轴, 则温度沿 z 轴形成分布 $T(z)$, 也即存在温度梯度 $\mathrm{d}T(z)/\mathrm{d}z$. 由于相邻局域平衡态温度不同, 所以会在两者之间的界面处引起热流, $\mathrm{d}S$ 面积上的热流定义为

$$\Phi = \mathrm{d}Q/\mathrm{d}t.$$

而单位时间、单位面积上流过的热量就是热流密度:

$$\phi = (\mathrm{d}Q/\mathrm{d}t)/\mathrm{d}S.$$

如果温度梯度足够小, 则有关系

$$\phi = -\kappa\frac{\mathrm{d}T(z)}{\mathrm{d}z},$$

其中 κ 为导热系数. 这个公式被称为傅里叶热传导定律.

而从微观角度考虑同样的问题, 则变成了在 z 两侧 A 段和 B 段处的分子相互扩散, 同时通过碰撞将自己携带的能量

$$\bar{\varepsilon} = c_V T$$

传递给另一侧的分子, 如图 12.3 所示.

这样从 A 净流入 B 的热流密度就变成了

$$\phi = -\frac{1}{3} n \bar{v} c_V \bar{\lambda} \frac{\mathrm{d}T}{\mathrm{d}z},$$

其中 c_V 是单个分子的热容, 这里显然假设除了温度 T 随 z 变化以外, 其他物理量都近似不变. 与傅里叶热传导定律对比, 就能得到导热系数的微观解释:

$$\kappa = \frac{1}{3} n \bar{v} c_V \bar{\lambda}.$$

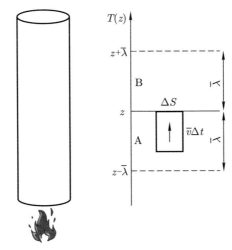

图 12.3　由于存在温差, 在气体中会形成温度分布, 并伴有热量流动

这个理解对不对呢? 同样需要实验的检验. 挑一个极端的情况试试. 我们让密度极端稀薄, 就是考虑接近真空的情况, 此时平均自由程就是容器的限度 L, 导热系数为

$$\kappa = \frac{1}{3} \frac{p}{k_{\mathrm{B}} T} \sqrt{\frac{8 k_{\mathrm{B}} T}{\pi m}} c_V L \propto p T^{-0.5}.$$

这说明在固定温度下, 压强越小, 则导热越差、绝热越好, 而这正是杜瓦瓶真空层保温的原理. 当然不要对定量的结果抱有太高的期望.

12.3　菲克扩散定律

如果长圆柱形容器中的气体存在密度的不均匀, 并且相邻区域密度差异较小, 则可以做局域平衡假设来考虑扩散问题 (这里假设没有重力场等外场的影响, 只考虑纯扩散).

与前面的讨论类似, 我们可以沿轴线建立 z 轴, 给出密度分布 $n(z)$ 描述, 即存在密度梯度 $dn(z)/dz$, 则由于相邻局域平衡态的密度差异, 会导致粒子质量的流动, dS 面积上的质量流为

$$J_M = dM/dt.$$

单位时间、单位面积上流过的质量就是质量流密度

$$j_M = (dM/dt)/dS.$$

如果数密度梯度足够小, 则有

$$j_M = -D\frac{d\rho(z)}{dz},$$

其中 $\rho = mn(z)$ 为质量密度, D 为扩散系数. 这个公式被称为菲克扩散定律.

同样从微观考虑, 如图 12.4 所示, 在 z 两侧 A 段和 B 段处的分子相互扩散, 从 A 到 B 净流入的质量流密度就变成了

$$j_M = -\frac{1}{3}m\overline{v}\overline{\lambda}\frac{dn(z)}{dz} = -\frac{1}{3}\overline{v}\overline{\lambda}\frac{d\rho(z)}{dz}.$$

这里假设平均速率 $\overline{v}$、平均自由程 $\overline{\lambda}$ 是均匀的, 只有数密度 $n(z)$ 有梯度.

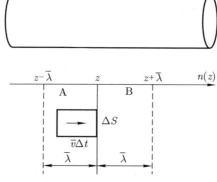

图 12.4　密度差异会形成粒子数分布, 同时会伴有质量流动

这个理解是不是对的呢? 同样需要实验检验. 这里用另一种检验方式, 将黏性系数、导热系数、扩散系数组合一下, 会发现

$$\frac{\kappa}{c_V \eta} = 1, \quad \frac{D\rho}{\eta} = 1.$$

然而实验测得

$$\frac{\kappa}{c_V \eta} = 1.3 \sim 2.5, \quad \frac{D\rho}{\eta} = 1.3 \sim 1.5.$$

可见, 理论和实验还是有一定差距的, 但量级上是差不多的, 对于定性理解输运过程的行为还是很有帮助的.

12.4　昂萨格倒易关系

注意到上述输运现象的规律其实都有类似的线性关系, 特别是考虑到梯度的定义, 可以将牛顿黏性定律写为

$$\boldsymbol{\tau} = -\eta \nabla u(x, y, z).$$

这里做了简化, 只考虑宏观运动速度方向单一的情况. 傅里叶热传导定律可以写为

$$\boldsymbol{\phi} = -\kappa \nabla T(x, y, z).$$

菲克扩散定律可以写为

$$\boldsymbol{j}_M = -D \nabla \rho(x, y, z),$$

或者换成粒子流密度形式

$$\boldsymbol{j}_n = -D_n \nabla n(x, y, z),$$

其中 $n(x, y, z)$ 为粒子数密度分布. 如果考虑到带电粒子的热运动, 其实还有类似的欧姆 (Ohm) 定律

$$\boldsymbol{j} = -\sigma \nabla \varphi(x, y, z),$$

其中 $\boldsymbol{j}$ 是电流密度, σ 是电导率, $\varphi(x, y, z)$ 是电势梯度. 与牛顿第二定律类比: 这里的梯度都提供了类似力的作用, 称为热力学力. 热力学力推动了对应物理量的流动, 称为热力学流, 而且它们之间都是线性关系. 当然应该能理解, 这是在梯度不大的情况下才成立的. 从物理角度理解, 就是偏离平衡态不太远, 称为线性非平衡态. 从数学角度理解, 这类似泰勒 (Taylor) 展开, 取了一阶线性近似.

然而现实远没有这么简单. 从微观角度理解, 这些输运现象都是微观粒子热运动和碰撞相互作用的结果. 可以想象, 粒子运动时携带的不仅有质量, 还可能同时

有动量、能量、电荷等, 这样一来就会出现交叉效应. 例如粒子数密度不均匀引起质量流动的同时, 还可能引起电荷流动、热量流动, 反之亦然. 实验上看到的泽贝克效应、佩尔捷效应、汤姆孙效应, 正是这种交叉效应的体现.

如果将各种热力学流统一记为 $\boldsymbol{J} = (J_1, J_2, \cdots, J_n)$, 对应的热力学力记为 $\boldsymbol{X} = (X_1, X_2, \cdots, X_n)$, 则以上的各种效应对应的经验规律可以普遍地表示为

$$J_k = \sum_{l=1}^{n} L_{kl} X_l.$$

系数 L_{kl} 构成一个矩阵, 其对角元对应的就是没有交叉效应时的输运过程, 而非对角元则反映了交叉效应.

一个有趣的结果是, 如果适当选取热力学流和力的形式, 使其满足卡西米尔 (Casimir) 条件[15]

$$\gamma = \sum_{k=1}^{n} J_k X_k,$$

那么可以有昂萨格倒易关系

$$L_{kl} = L_{lk},$$

其中 γ 为熵产生率, 即单位时间、单位体积内自发产生的熵. 这是线性非平衡态的一个重要规律, 昂萨格本人因此获得了 1968 年的诺贝尔化学奖. 从宏观来说, 可以认为这是一个实验规律, 从微观来说, 这是微观运动时间反演不变性在宏观输运现象中的表现[14], 而更直接地则可以从玻尔兹曼微分积分方程出发推导得到[16].

还可以证明, 在线性非平衡态过程中, 非平衡定态 (恒定外界条件下, 不随时间变化的态, 或者称为定常输运过程) 的熵产生率极小, 并且对小扰动是稳定的, 这被称为最小熵产生原理.

12.5　耗　散　结　构

对于非线性的非平衡态, 情况则复杂得多.

将硅油倒入玻璃培养皿中, 放在电加热台上, 慢慢升高电加热台温度, 开始时硅油均匀分布, 没有宏观流动, 但当其上下表面温差足够大时, 硅油中突然出现了规则的六边形对流图案, 如图 12.5 所示. 这个现象最早由贝纳尔 (Bénard) 在 1900 年观察到, 所以被称为贝纳尔对流.

显然温差不大时, 可以用非平衡态的线性规律来描述其中的热传导现象, 但温差足够大时, 已经不再是线性非平衡态了, 而是远离平衡态的情况, 因为出现了空间上的有序结构.

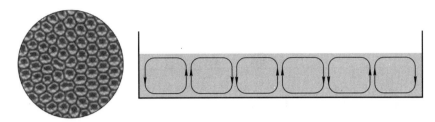

图 12.5 培养皿中硅油上下表面温差足够大时, 会形成六边形对流图案

这样的现象和生命的起源有一定类似之处. 生命体是高度有序的结构, 而构成生命体的则是大量的原子、分子. 正常情况下, 大量原子、分子倾向于达到平衡态, 而实际情况是, 也有可能变成高度有序的生命体.

类似的出现空间不均匀性结构的现象还有图灵 (Turing) 预言的, 在化学反应 – 扩散系统中出现的静态图灵斑图现象. 1991 年, 欧阳颀和合作者首次观测到了这种静态斑图[17].

另一类好玩的实验是化学振荡反应, 如 BZ 反应 (Belousov-Zhabotinsky Reaction) 或 BR 振荡反应 (Briggs-Rausher Oscillating Reaction). 例如, 在 25°C 左右, 将溴酸钾 ($KBrO_3$)、丙二酸 ($CH_2(COOH)_2$) 和硫酸铈 ($Ce(SO_4)_2$) 组成的混合物溶解于硫酸中, 加以搅拌, 则可以观察到溶液的颜色随着时间在两种颜色之间振荡, 并且可以持续很长时间. 这种现象是时间上的有序现象, 同样是在非线性非平衡态的系统中出现的.

实际上, 这种时空的有序结构也可以同时出现, 即化学反应中出现的化学靶图、化学螺旋波, 黏菌在琼脂培养基表面上生长时也可能出现类似的整体时空有序现象.

对这些现象能建立什么样的认知呢? 实际上到现在为止它们都没有系统化的热力学统一理论来解释, 只有各自的动力学过程分析. 但普利高津还是尽量整理出了这些现象的共同特点. 他首先将这些系统概括为耗散结构, 其实验规律总结如下:

(1) 耗散结构发生在开放系统中, 需要靠外界不断供应能量或物质才能维持.

(2) 耗散结构只有在远离平衡态的情况下才会产生.

(3) 耗散结构产生于时空对称性自发破缺. 其产生前是时空均匀状态, 对称性更高, 产生后时空有序, 对称性降低.

(4) 耗散结构是稳定的, 不会被小扰动破坏.

普利高津因为对耗散结构、复杂系统和不可逆性的研究而获得了 1977 年的诺贝尔化学奖.

人显然也是耗散结构, 请对照上述规律, 看看自己是不是符合这些特征.

这样就有了部分关于非平衡态的简单理解, 实际上是从非平衡态中挑选了简单的线性非平衡态、耗散结构给出了一些初步的理解. 但这不是全部非平衡态, 还可以从不同角度挑选相对简单的非平衡态研究, 例如如何将碳变为金刚石.

思 考 题

1. 黏性系数、导热系数、扩散系数、电导率一定是常数吗? 可能和哪些因素有关?
2. 设计一个测量流体黏性系数的实验.
3. 估算在冬季环境下, 自己的学生宿舍为了维持恒定舒适温度, 需要的供热功率是多少, 暖气片的温度应该维持在多少度. 如果房间温度较低, 如何利用现有条件提高房间温度?
4. 在冬季的学生宿舍, 如果将一碗水放在暖气片上, 试估算房间的湿度.

习 题

1. 两个长圆筒共轴套在一起, 两筒的长度均为 L, 内筒和外筒的半径分别为 R_1 和 R_2, 内筒和外筒温度保持为 T_1 和 T_2, 且 $T_1 > T_2$. 已知两筒之间空气的导热系数为 κ, 求每秒由内筒通过空气传到外筒的热量.
2. 一长为 2 m、截面积为 10^{-4} m^2 的管子里存有标况下的 CO_2 气体, 一半 CO_2 分子中的 C 原子是放射性同位素 ^{14}C. 在 $t = 0$ 时, 放射性分子密集在管子的左端, 其分子数密度沿着管子均匀地减少, 到右端为零. 求经过多长时间放射性分子在管中达到均匀分布.

第十三讲

热力学第一定律

对于热学研究对象来说, 最简单的是平衡态, 但实际热力学系统通常会受到外界影响, 此时平衡态就会发生变化. 热学里把系统从一个平衡态变成另外一个平衡态经历的过程称为热力学过程.

一般的热力学过程显然是复杂的, 所以只能尽力挑选简单的研究. 为了能有效利用已知的平衡态认知, 可以研究准静态热力学过程. 但这还不是最简单的, 因为准静态过程可能有摩擦耗散过程, 最简单的是可逆过程. 事实上, 宏观热力学的理论基本上都是建立在对可逆过程的理解上的.

对热力学过程首先要做的就是实验观察、量化描述、找实验规律, 这样最直接的结果就是导致热力学第一定律的发现.

13.1　准静态过程与可逆过程

为了对热力学过程有直观的认识, 我们考虑一个简单特例: 用活塞将一定量气体封闭在气缸里, 开始时活塞上方有一重物, 气体达到平衡态后, 突然将重物取走, 然后气体再达到平衡态. 显然初、末态是两个不同的状态, 系统中间经历了系列变化, 如图 13.1 所示. 这种变化是在外界影响下发生的, 系统内部无规则热运动状态可能变化, 所以这是热学的研究对象. 我们把这种过程称为热力学过程.

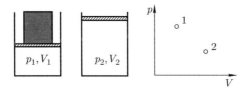

图 13.1　气缸中封闭的气体初、末态不同, 经历了一个热力学过程. 初、末态是平衡态, 可以确定描述, 中间经历了什么一般不容易描述

对热力学过程这个研究对象如何进行研究呢? 显然, 系统的状态发生了变化, 物理性质也随之改变, 这时需要做的, 是量化描述热力学过程, 特别是变化过程中

的物理性质变化. 然而上述例子中, 除了初、末态是平衡态, 可以清楚描述外, 中间
过程中系统未必是平衡态, 显然描述起来就困难了.

这时应该怎么办呢? 一个有启发性的做法, 是将重物分成 n 份, 逐个拿走, 每
拿走一个, 等系统达到平衡态后, 再取走下一个, 这样系统就经历了一系列的平衡
态, 如图 13.2 所示.

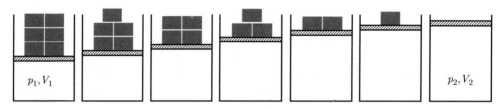

p_1, V_1 　　　　　　　　　　　　　　　　　　　　　　　 p_2, V_2

图 13.2　将气缸中气体的压强缓慢改变, 这样每个态都可以近似成平衡态, 从而变得可以描述

由于封闭气体的独立状态参量只有两个, 例如 p, V, 所以可以用 p-V 图中的一
个点来对应相应的平衡态. 这样我们就可以在 p-V 图上用一系列的点来标记出相
应的热力学过程. 如果 $n \to \infty$, 这些点足够连续, 就可以连成一条线, 即热力学过
程可以用 p-V 图上的一条线来描述, 如图 13.3 所示. 这实际上要求热力学过程中,
系统的每一个状态都是平衡态, 当然系统的物理性质也都可以描述了. 我们把这种
过程称为准静态过程.

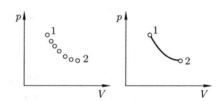

图 13.3　如果外界条件改变得足够缓慢, 热力学过程中的每个态都是平衡态, 则可以用 p-V 图
上的一条连续曲线来描述热力学过程. 这样的过程称为准静态过程

显然不是所有的热力学过程都是准静态过程, 然而物理的积极乐观精神告诉我
们, 能对准静态过程给出研究, 总比什么都没有强.

准静态过程是不是最简单的呢? 还不是. 如果上述例子中, 活塞和气缸没有摩
擦, 则可以将整个过程逆向进行, 即将分成小份的重物逐个加回去, 逆向重复之前
的过程, 并且可以消除之前对外界做的功和吸收的热量, 即消除对外界影响, 同时
恢复到原态. 这种过程被称为可逆过程.

在热学中, 可逆过程有着特殊的意义. 可逆过程中, 外界对系统的影响都可以
用系统的状态参量来描述, 这样有利于建立系统化的公理化体系.

与可逆过程相对的是不可逆过程. 显然, 有摩擦的准静态过程是不可逆过程.

另一个典型的不可逆过程是理想气体的绝热自由膨胀, 即将绝热容器用隔板分成两部分, 一部分真空, 一部分充满理想气体, 之后抽去隔板, 理想气体向真空绝热自由膨胀. 显然这种过程对外界没有影响, 而为了将末态恢复到初态, 不可能不对外界产生影响.

准静态过程和可逆过程将是我们的主要研究对象.

13.2 做功与热传递

热力学过程中, 外界对系统的影响方式有多种, 如加热、压缩、磁化、极化等. 这里局限于讨论封闭纯物质系统, 即一般的 pVT 系统, 更简单地, 可以选气体作为特例. 这样外界的影响主要有做功和热传递两种. 显然, 首先要量化描述这两种影响. 这里先量化描述做功, 再量化描述热传递.

对气体做功的量化, 可以借鉴力学的定义. 举一个特例, 如图 13.4 所示, 设一个带有无质量活塞的气缸中充满气体, 压强为 p, 体积为 V, 活塞面积为 S, 假设气体膨胀, 活塞向外移动 $\mathrm{d}x$ 距离, 气体体积增加 $\mathrm{d}V = S\mathrm{d}x$, 则气体对外做功为

$$\mathrm{d}W = pS\mathrm{d}x = p\mathrm{d}V.$$

这个形式可以推广到一般情况, 即气体体积增加 $\mathrm{d}V$ 时, 对外所做体积功就是 $p\mathrm{d}V$.

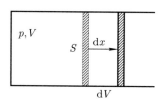

图 13.4 气缸中气体的对外做功可以很容易地根据力学做功的定义求出

为了说明这一点, 我们想象一个球形体积的气体, 向外膨胀 $\mathrm{d}V$ 时, 可以假设球形表面的每个局部都有一个小活塞, 直接套用气缸的做功公式, 就能得到球形气体膨胀做功的形式同样为 $p\mathrm{d}V$. 如此可类推到任意形状的气体体积功. 实际上, 纯物质系统体积膨胀时的体积功都可以同样表达.

其他形式的做功, 如极化功、磁化功等, 原则上都可以由相应的学科知识给出, 这些功的形式尽管多种多样, 但其单位都是焦耳 (J).

如图 13.5 所示, 热力学过程可以在 p-V 图上用一条线来表示, 显然体积功就是这条线下的面积. 同时也马上可以看出, 若从同样的初态出发, 经过不同的曲线到达同样的末态, 则不同曲线下的面积不同, 即做功不同. 这说明做功是依赖于过程的, 不只是依赖于初、末态, 所以做功被称为过程量.

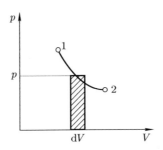

图 13.5　在 p-V 图上, 气体对外做功就是过程曲线下方的面积

对气体热传递的量化独立形成了一套量热学, 热传递量的多少称为热量 Q. 量热学里, 在特定温度下, 规定 1 g 水温度升高 1°C 吸热 1 cal (卡路里, 简称卡) 的热量, 然后其他的热量都可以与此类比, 即看同样的热量可以让多少克的水温度升高 1°C, 对应的热量就是多少卡.

对于封闭系统来说, 通常吸收热量多少与温度变化有关系, 所以可以定义热容为

$$C = \frac{\mathrm{d}Q}{\mathrm{d}T}.$$

对于特定物质的特定热力学过程, 如果测定了热容, 则只要根据温度变化就能算出吸、放热量. 例如, 等容过程中对应有等容热容 C_V, 等压过程中有等压热容 C_p, 两者比值 $\gamma = C_p/C_V$ 也称为绝热指数或泊松 (Poisson) 比, 在绝热过程中会用到. 热容的大小还依赖于物质的多少, 单位质量的热容称为比热容, 记为 c, 1 mol 物质的热容称为摩尔热容, 记为 C_m.

但是对于相变这样的过程, 温度可能保持不变, 此时热量的变化就不能用热容计算了, 可以将同等热量转换为其他温度变化的过程来测量.

需要注意的是, 热量是依赖于过程的, 热力学过程初、末态相同的情况下, 先等容再等压, 和先等压再等容, 吸收的热量是不同的, 即热量同样是过程量.

做功和热量是分别定义和测量的, 原本是两个物理量, 但焦耳的热功当量实验表明, 将水从一个温度改变到另一个温度, 既可以用传热的方式, 也可以用各种做功, 而且数量上只差一个常系数, 即 1 cal ≈ 4.19 J. 这意味着什么呢? 如果两个物理量始终只差一个常系数, 那它们很可能是同一个物理量.

实际上, 正是基于迈耶对生物能的研究, 以及焦耳对热功当量的研究, 亥姆霍兹才提出能量有各种形式, 可以相互转换, 并保持总量守恒. 这样我们就知道, 在热力学过程中, 做功和热传递实际上都是在改变系统的能量.

13.3　内能与热力学第一定律

外界对系统传递了能量, 系统的能量状态就会发生变化. 为了描述系统能量状态, 人们定义了内能 U 这个量.

微观上, 内能定义为微观分子的动能和势能之和, 而宏观角度给出确切的定义并不容易. 焦耳的绝热功实验是富有启发性的. 绝热过程中, 只要系统的初、末状态一定, 则外界对系统所做功的大小是相同的, 不论做什么形式的功, 怎么做功. 这暗示可能存在一个只依赖于状态的描述能量的物理量 —— 内能 U. 取定一个参考态后, 设其内能为 U_0, 与之通过绝热过程相连的任意平衡态, 设其内能为 U, 则两者有确定的内能差

$$\Delta U = U - U_0 = -W,$$

其中 W 为绝热过程系统对外做的功, 加上负号表示外界对系统做的功.

然而要给出普适的定义, 只对绝热过程相连的态成立是不够的, 原则上对任意态都要定义. 这里仍然假设参考态的内能为 U_0, 将任意状态与参考态用任意一个热力学过程相连, Q, W 为过程中系统的吸热与对外做功, 则任意状态的宏观内能 U 定义为

$$\Delta U = U - U_0 = Q - W.$$

这个定义的核心问题是内能是不是只依赖于状态. 从宏观角度看, 这需要实验来确定, 即对初、末态固定的任意热力学过程测量吸热和做功, 验证吸热减去对外做功的数值是否都相同. 焦耳的大量实验证实了这一点, 这样我们就能相对可靠地假设可以这样定义内能, 并且内能是只依赖于状态的. 这个公理假设被称为热力学第一定律.

如果我们承认能量守恒是公理, 那么从微观角度理解这个定义是容易的, 即外界输入的净能量等于内部分子能量的增加. 现在通常认为热力学第一定律是能量守恒定律在热力学过程中的体现, 但需要注意的是, 热力学第一定律实际上比能量守恒定律提出得更早, 而且正是热力学第一定律的提出促进了能量守恒定律的发现.

13.4　内能的计算

内能的定义确定后, 原则上就可以计算内能了. 从热力学第一定律中可以看出, 实际上只能计算内能差.

选定参考态后, 为了计算某个状态的内能, 需要选定一个方便计算的热力学过程, 将该态与参考态相连, 再计算出吸热和做功, 就可以算出内能了. 我们先看特殊过程中内能的变化, 再看一般过程中内能的变化.

选定参考态 p_0, V_0, T_0, 内能为 U_0, 设系统经历一个等容过程到达末态 p, V, T, 内能为 U, 实验测量其等容热容为 C_V, 显然做功为 0, 则内能的增加即为等容过程中的吸热:

$$\Delta U = Q = \int_{T_0}^{T} C_V \mathrm{d}T.$$

对于微元等容过程, 则可以写为

$$\mathrm{d}U = C_V \mathrm{d}T.$$

这样等容热容就可以用只和状态有关的物理量来表示:

$$C_V = \left(\frac{\partial U}{\partial T}\right)_V.$$

若系统从参考态经历一个等压过程到达末态 p, V, T, 内能为 U, 此时同时有吸热和做功, 需要分别计算. 假设实验测量其等压热容为 C_p, 则等压过程中的吸热为

$$Q = \int_{T_0}^{T} C_p \mathrm{d}T.$$

由于是等压过程, 其做功就为

$$W = \int_{V_0}^{V} p\mathrm{d}V = p(V - V_0).$$

因此内能变化为

$$\Delta U = Q - W = \int_{T_0}^{T} C_p \mathrm{d}T - p(V - V_0).$$

对于微元等压过程, 则可以写为

$$\mathrm{d}U = C_p \mathrm{d}T - p\mathrm{d}V = C_p \mathrm{d}T - \mathrm{d}(pV).$$

将全微分合并, 则有

$$\mathrm{d}(U + pV) = C_p \mathrm{d}T.$$

人们将 $U + pV$ 定义为焓 H. 显然这是个态函数, 等压过程中其增加量就等于吸收的热量. 这样等压热容也可以用只和状态有关的物理量来表示了:

$$C_p = \left(\frac{\partial H}{\partial T}\right)_p.$$

如图 13.6 所示, 从 $p\text{-}V$ 图上可以看出, 对于任意一个态, 总可以用先等压后等容的过程, 或者先等容再等压的过程, 将其与参考态相连, 这样就总可以计算出任意过程的内能变化了. 下面计算任意微元过程中的内能变化.

设系统经历任意一个微元过程, 从态 (p, V, T) 变为态 $(p + \mathrm{d}p, V + \mathrm{d}V, T + \mathrm{d}T)$. 为了计算其内能, 设初态先经历一个等压过程变为 $(p, V + \mathrm{d}V, T')$, 再经历一个等容过程到达末态, 则内能变化为

$$\mathrm{d}U = C_p(T' - T) - p\mathrm{d}V + C_V(T + \mathrm{d}T - T').$$

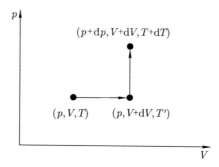

图 13.6 根据热力学第一定律, 任意一个微元过程中的内能变化可以等效成一个等压加一个等容过程中的内能变化

注意到 $T' - T$ 是等压过程中的温度变化, 所以有

$$T' - T = \left(\frac{\partial T}{\partial V}\right)_p \mathrm{d}V.$$

$T + \mathrm{d}T - T'$ 是等容过程中温度的变化, 所以有

$$T + \mathrm{d}T - T' = \left(\frac{\partial T}{\partial p}\right)_V \mathrm{d}p.$$

代入内能差的计算公式, 可得

$$\mathrm{d}U = C_p \left(\frac{\partial T}{\partial V}\right)_p \mathrm{d}V - p\mathrm{d}V + C_V \left(\frac{\partial T}{\partial p}\right)_V \mathrm{d}p.$$

由于系统只有两个独立状态参量, 选取温度 T 和体积 V 作为独立变量, 将压强 p 视为态函数, 则有

$$\mathrm{d}p = \left(\frac{\partial p}{\partial T}\right)_V \mathrm{d}T + \left(\frac{\partial p}{\partial V}\right)_T \mathrm{d}V. \tag{13.1}$$

所以内能差为

$$dU = C_p \left(\frac{\partial T}{\partial V} \right)_p dV - p\,dV + C_V\,dT + C_V \left(\frac{\partial T}{\partial p} \right)_V \left(\frac{\partial p}{\partial V} \right)_T dV.$$

将体积 V 视为压强 p 和温度 T 的函数, 则有

$$dV = \left(\frac{\partial V}{\partial T} \right)_p dT + \left(\frac{\partial V}{\partial p} \right)_T dp.$$

代入公式 (13.1), 可得

$$dp = \left[\left(\frac{\partial p}{\partial T} \right)_V + \left(\frac{\partial p}{\partial V} \right)_T \left(\frac{\partial V}{\partial T} \right)_p \right] dT + dp.$$

为了保证上式始终成立, dT 的系数必然始终为零, 所以有

$$\left(\frac{\partial p}{\partial V} \right)_T \left(\frac{\partial T}{\partial p} \right)_V \left(\frac{\partial V}{\partial T} \right)_p = -1.$$

代入内能差公式并化简, 可得

$$dU = C_V\,dT + \left[(C_p - C_V) \left(\frac{\partial T}{\partial V} \right)_p - p \right] dV.$$

可见, 只要实验测出等压热容、等容热容、状态方程, 内能就可以计算出来了.

13.5　理想气体的内能

对于物质的量为 ν 的理想气体, 例如氢气, 常温下, 可以测量其摩尔等容热容 C_{Vm}. 实验显示, 在室温温度范围内 C_{Vm} 为常数 $5R/2$, 摩尔等压热容 C_{pm} 可以测出为 $7R/2$, 即两热容之差为 R. 代入内能的计算公式可以得到

$$dU = C_V\,dT + \left[\nu R \left(\frac{\partial T}{\partial V} \right)_p - p \right] dV.$$

再利用理想气体状态方程, 有

$$\left(\frac{\partial T}{\partial V} \right)_p = \frac{p}{\nu R}.$$

代入内能公式, 可得

$$dU = C_V\,dT,$$

即内能只和温度有关.

对理想气体而言, 这是普适的结论吗? 注意到若始终有函数关系

$$C_p = C_V + \nu R,$$

则一定有

$$\mathrm{d}U = C_V \mathrm{d}T.$$

即使 C_V 不是常数, 等式也成立. 由于等式右侧要能写成左侧全微分的形式, 这就要求 C_V 只能是温度的函数, 即理想气体的内能只和温度有关. 这样为了检验某理想气体内能是否只和温度有关, 只要检验其 $C_p = C_V + \nu R$ 是否成立即可. 反之, 如果能确定理想气体的内能只和温度有关, 则两热容的关系也就确定了.

为了从宏观角度验证理想气体内能是否只和温度有关, 1845 年, 焦耳做了绝热自由膨胀实验 (1807 年盖吕萨克做过类似实验): 如图 13.7 所示, 将绝热容器用隔板对半分开, 一半充满气体, 一半为真空, 然后将隔板打开, 让气体向真空绝热自由膨胀, 测量膨胀前后气体的温度变化, 以判定内能是否和体积无关.

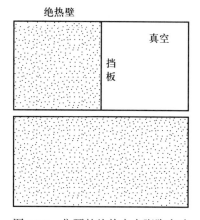

图 13.7　焦耳的绝热自由膨胀实验

这个实验的逻辑是这样的: 如果内能是温度和体积的函数, 则其变化应为

$$\Delta U = \left(\frac{\partial U}{\partial T} \right)_V \Delta T + \left(\frac{\partial U}{\partial V} \right)_T \Delta V.$$

由于是绝热自由膨胀, 既不吸热又不做功, 所以

$$\Delta U = 0.$$

根据等容热容与内能的关系, 有

$$C_V = \left(\frac{\partial U}{\partial T} \right)_V \neq 0.$$

若实验测得

$$\Delta T = 0,$$

则马上可以得出内能与体积无关的结论:

$$\left(\frac{\partial U}{\partial V}\right)_T = 0.$$

若实验测得

$$\Delta T \neq 0,$$

则马上可以得出内能必与体积有关:

$$\left(\frac{\partial U}{\partial V}\right)_T \neq 0. \tag{13.2}$$

焦耳测量的结果表明温度不变, 这样就得出理想气体的内能只和温度有关.

然而这个实验遭人质疑的一点是, 为了方便测量温度变化, 焦耳将整个装置放在了水中. 尽管膨胀过程是绝热的, 但膨胀后, 如果温度有变化, 原则上会影响水温, 通过测量水温变化就能反映气体温度变化. 但是由于水的热容较大, 气体即使有温度变化, 也很难使得水的温度发生明显变化, 即焦耳实验测量的精度不够.

1932 年, 罗西尼 (Rossini) 和弗兰德森 (Frandsen) 做了等温膨胀实验[18]. 从这个实验同样可以考察气体内能对体积的依赖关系: 如图 13.8 所示, 先将气体压缩到一个容器中, 再将容器中的气体通过一个细长管道等温对外膨胀, 整个装置放在水中, 通过电热丝加热保持恒温, 管道开口处是大气, 压强是 1 个标准大气压.

由于是等温膨胀过程, 所以

$$\Delta T = 0,$$

而

$$\Delta V \neq 0,$$

这样就有

$$\Delta U = \left(\frac{\partial U}{\partial V}\right)_T \Delta V.$$

因此只要测量前后内能是否变化, 就可以检验内能是否依赖于体积, 而内能变化的多少可以通过计算做功和吸热来决定.

实验测量的结果表明, 容器中气体的初始压强越小, 内能变化越趋向于零, 这意味着对于理想气体来说, 内能只和温度有关.

其实在 1852 年, 焦耳和汤姆孙 (就是开尔文勋爵) 还设计了绝热节流过程来探索气体内能与温度的关系. 一个等效的实验装置如图 13.9 所示. 在一个两端开口的绝热气缸中间放入一个多孔塞, 将气缸分成两部分, 多孔塞左边用绝热活塞封入

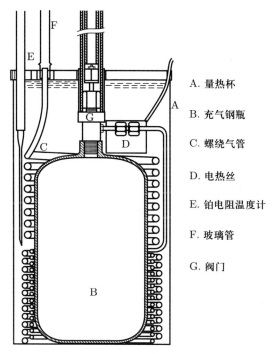

图 13.8 等温膨胀实验. 引自文献 [18]

压强为 p_1, 体积为 V_1, 温度为 T_1 的气体, 右边紧靠多孔塞有一绝热活塞, 即右边无气体. 维持左边活塞压强为 p_1, 右边活塞压强为 p_2, 并且 $p_1 > p_2$, 这样左边气体会通过多孔塞压入右边, 直到左边没有气体, 右边气体压强为 p_2, 体积为 V_2, 温度为 T_2, 整个过程绝热.

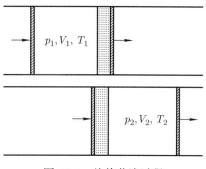

图 13.9 绝热节流过程

先看一下气体系统与外界的能量交换情况. 显然吸热为零, 系统总的对外做功

为

$$W = p_2 V_2 - p_1 V_1.$$

按照热力学第一定律, 初、末态内能变化为

$$\Delta U = U_2 - U_1 = -W = -p_2 V_2 + p_1 V_1.$$

将上式改写为

$$U_2 + p_2 V_2 = U_1 + p_1 V_1.$$

按照焓的定义, 可以明显看出初、末态的焓相等, 绝热节流过程是一个等焓过程.

对于物质的量为 ν 的理想气体, 按照定义, 其焓为

$$H = U + pV = U + \nu R T.$$

若焓只和温度有关, 显然内能也只和温度有关, 所以检查焓的性质也可以了解内能的性质. 在绝热节流过程中, 压强会变化, 所以我们将焓看作压强和温度的函数, 则有

$$\Delta H = \left(\frac{\partial H}{\partial T}\right)_p \Delta T + \left(\frac{\partial H}{\partial p}\right)_T \Delta p$$
$$= C_p \Delta T + \left(\frac{\partial H}{\partial p}\right)_T \Delta p.$$

这里假设等焓过程变化不大. 由于

$$C_p \neq 0, \qquad \Delta p \neq 0,$$

所以若

$$\Delta T = 0,$$

则有

$$\left(\frac{\partial H}{\partial p}\right)_T = 0,$$

即焓只和温度有关, 若

$$\Delta T \neq 0,$$

则有

$$\left(\frac{\partial H}{\partial p}\right)_T \neq 0,$$

即焓不只是温度的函数, 还和压强有关.

而实验的结果是, 实际气体的温度变化依赖于气体的压强和温度在哪个区间, 可以为零, 可以不为零, 既可以降低, 也可以升高, 这就使得问题复杂化了. 这是由气体分子间的相互作用引起的, 具体的讨论可以用范氏气体作为模型, 这里暂不涉及. 也就是说, 实际气体的焓和内能其实都不只是温度的函数.

由于温度可以降低, 所以绝热节流过程可以用来制冷, 冰箱的制冷过程就用到了这个规律.

为了验证理想气体的性质, 其实可以将气体尽量变得稀薄, 来做同样的绝热节流过程. 这时温度变化是趋于零的, 也就是焓和内能都可以看作只是温度的函数.

通过以上实验归纳可得, 理想气体内能只和温度有关, 焓也只和温度有关, 这样等容热容只能是常数或者只是温度的函数, 等压热容和等容热容满足关系

$$C_p = C_V + \nu R.$$

从微观角度看气体的内能则比较容易理解. 微观上, 内能是所有分子的动能和势能之和, 通常动能和系统的温度相关, 而势能和分子之间的距离相关, 所以内能应该是依赖温度和体积的. 对于理想气体来说, 分子之间没有相互作用, 只有无规则热运动的动能, 所以内能只和温度有关就是很自然的了. 实际上, 理想气体的统计理论也表明, 其内能只是温度的函数. 但对于范氏气体这种有分子间相互作用的气体, 显然内能将和体积有关.

思　考　题

1. 学习热学的思考过程是可逆过程吗?
2. 过程量与态函数有什么不同?
3. 热力学第一定律与能量守恒定律是什么关系?
4. 如何得到范氏气体的内能? 范氏气体的摩尔等压热容与摩尔等容热容之差是 R 吗?

习　题

1. 理想气体的绝热指数 γ 为常数. 某一过程中, 理想气体的热容保持为常数 C, 推导该过程的过程方程, 用 p, V 表示.
2. 如果 1 mol 固体的状态方程可写作

$$V_m = V_{m0} + aT + bp,$$

内能可表示为

$$U_m = cT - apT,$$

其中 a, b, c, V_{m0} 都是常数, 试求摩尔焓、摩尔等压热容 C_{pm}、摩尔等容热容 C_{Vm}.

第十四讲

热力学第一定律的应用

热力学第一定律确立之后, 对各种热力学过程有什么应用呢? 最直接的应用就是计算过程中涉及的能量问题. 这里研究几个特殊过程, 如等温过程、绝热过程、循环过程等. 由于理想气体的性质最简单, 所以这里只以理想气体的热力学过程为案例.

14.1 多 方 过 程

我们考虑物质的量为 ν 的理想气体, 从状态 (p_1, V_1, T_1) 经过一个热力学过程变为状态 (p_2, V_2, T_2), 过程中任一状态设为 (p, V, T), 计算这个过程中各种能量的变化.

若是等容过程, 有 $V = V_1 = V_2$, 气体对外做功为零. 假设过程中等容热容 C_V 保持不变, 则吸热为

$$Q = C_V(T_2 - T_1) = C_V \Delta T.$$

按照热力学第一定律, 内能变化为

$$\Delta U = Q = C_V \Delta T.$$

按照焓的定义 $H = U + pV$, 可以得到焓的变化为

$$\Delta H = \Delta U + \Delta(pV) = C_V \Delta T + \nu R \Delta T = C_p \Delta T,$$

其中用到了理想气体两热容之间的关系.

若气体经历的是等压过程, 有 $p = p_1 = p_2$, 气体对外做功为

$$W = \int_{V_1}^{V_2} p dV = p_1(V_2 - V_1) = p_2 V_2 - p_1 V_1 = \nu R \Delta T.$$

假设过程中等压热容 C_p 保持不变, 则吸热为

$$Q = C_p(T_2 - T_1) = C_p \Delta T.$$

按照热力学第一定律, 内能变化为

$$\Delta U = Q - W = (C_p - \nu R)\Delta T = C_V \Delta T.$$

按照焓的定义, 可以得到焓的变化为

$$\Delta H = \Delta U + \Delta(pV) = C_p \Delta T.$$

若气体经历的是等温过程, 有 $T = T_1 = T_2$, 或者写为 $pV = p_1 V_1 = P_2 V_2$. 由于内能只和温度有关, 则内能不变, 而做功为

$$W = \int_{V_1}^{V_2} p\mathrm{d}V = \int_{V_1}^{V_2} \frac{\nu RT}{V}\mathrm{d}V = \nu RT(\ln V_2 - \ln V_1).$$

由于温度不变, 不能用热容来计算吸热, 只能按照热力学第一定律求吸热, 即

$$Q = W.$$

按照焓的定义, 其变化为零.

若气体经历的是绝热过程, 则吸热 $Q = 0$, 而内能变化只和温度有关, 所以

$$\Delta U = C_V \Delta T.$$

按照热力学第一定律, 做功为

$$W = -C_V \Delta T.$$

按照焓的定义, 可以求出其变化只和温度有关, 为

$$\Delta H = C_p \Delta T.$$

对于做功, 原本可以按照体积功定义求出, 但由于不知道绝热过程方程, 即绝热过程中 p 和 V 的函数关系, 所以无法求解. 能不能给出绝热过程方程呢? 这里已知的条件是理想气体状态方程, 还有绝热条件. 直接求过程方程不方便, 所以考虑微元绝热过程, 这样, 绝热条件就写为

$$\mathrm{d}Q = 0.$$

但这个条件和状态参量不直接相关, 我们可以利用热力学第一定律将其改写为

$$\mathrm{d}U + \mathrm{d}W = 0.$$

利用理想气体内能只和温度有关及做功定义, 可得

$$C_V \mathrm{d}T + p\mathrm{d}V = 0.$$

这里有三个变量, 无法求解, 所以需要再利用理想气体状态方程给出

$$\nu R \mathrm{d}T = p\mathrm{d}V + V\mathrm{d}p.$$

联立两个方程, 可得

$$C_V(p\mathrm{d}V + V\mathrm{d}p) + \nu R p\mathrm{d}V = 0.$$

利用等压热容和等容热容之间的关系, 可得

$$C_p p\mathrm{d}V + C_V V\mathrm{d}p = 0.$$

两边同除以 pV, 并利用绝热指数 γ 的定义, 可得

$$\gamma\frac{\mathrm{d}V}{V} + \frac{\mathrm{d}p}{p} = 0.$$

由此可以解出绝热过程方程

$$pV^\gamma = p_1 V_1^\gamma = p_2 V_2^\gamma.$$

这样就得到了绝热过程方程, 当然也可以换成其他参量来表示:

$$p^{1-\gamma}T^\gamma = p_1^{1-\gamma}T_1^\gamma,$$
$$TV^{\gamma-1} = T_1 V_1^{\gamma-1}.$$

有了过程方程就可以直接计算气体对外做功了, 与按照热力学第一定律求出的结果应该相同.

注意到以上各种热力学过程的过程方程为

$$V = V_1,$$
$$p = p_1,$$
$$pV = p_1 V_1,$$
$$pV^\gamma = p_1 V_1^\gamma,$$

其中等容和等压过程可以改写为

$$pV^\infty = p_1 V_1^\infty,$$
$$pV^0 = p_1 V_1^0,$$

则可知这些方程有统一的形式

$$pV^k = p_1 V_1^k.$$

后来把服从这种方程形式的过程称为多方过程, k 为多方过程的指数, 如图 14.1 所示, 对应的做功、内能变化、吸热、焓的变化都可以一一求出, 还可以求出多方过程的热容.

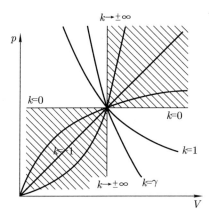

图 14.1　理想气体的多方过程. $k = 1$ 时为等温过程, $k = \gamma$ 时为绝热过程, 绝热过程曲线比等温过程曲线更陡峭

14.2　绝热大气模型

大气在地球重力作用下, 密度按高度形成一定分布, 对应温度、压强都和高度有关, 实际的函数关系较为复杂, 但在地表附近, 定性的经验是高度越高, 温度越低、密度越小、压强越小. 有没有办法对这样一种分布给出模型描述和解释呢? 我们可以利用热力学绝热过程来构建模型.

我们以地面作为高度的零点, 竖直向上的方向为高度正方向, 高度记为 z, 目标是得到温度 T、压强 p 等物理量随高度的分布函数 $T(z)$, $p(z)$. 这里用微元法, 取 $z \to z + \mathrm{d}z$ 处, 高度为 $\mathrm{d}z$、底面积为 ΔS 的一段大气, 其对应的分子数密度为 $n(z)$, 温度为 $T(z)$, 压强为 $p(z)$, 大气分子的平均质量记为 m. 设重力加速度为常数 g, 按照理想气体状态方程, 这三个量满足关系

$$p(z) = n(z)k_{\mathrm{B}}T(z).$$

假设大气分布稳定, 则这一小段大气应满足力学平衡条件, 即重力应与浮力相等:

$$mgn(z)\Delta S\mathrm{d}z = -\Delta S\mathrm{d}p(z).$$

这里有三个未知量, 显然还需要一个条件才能求解, 如何得到这个条件呢? 对于这一段大气来讲, 微观上分子在做无规则热运动, 为了维持宏观上的稳定平衡, 在界面处进出的分子数应达到平衡. 考虑 $z - \mathrm{d}z \to z$ 的气体和 $z \to z + \mathrm{d}z$ 的气体, 两者的分界面为 z 处的 ΔS, 显然从下到上的气体分子数和从上到下的气体分子数应该一样多, 即相邻两层有气体交换.

由于大气的导热性能较差, 常温下气体分子运动速度又比较快, 所以可以假设气体从下运动到上时经历了绝热过程, 相应的物理量发生了变化, 但应遵循绝热过程方程. 此时用压强和温度表示的过程方程

$$p(z)^{1-\gamma}T(z)^\gamma = p(0)^{1-\gamma}T(0)^\gamma$$

更为方便, 其中 γ 为大气的绝热指数. 联立三个方程, 消去 $n(z)$, $p(z)$, 我们得到 $T(z)$ 的微分方程为

$$\frac{mg\mathrm{d}z}{k_\mathrm{B}T(z)} = -\frac{\gamma}{\gamma-1}\frac{\mathrm{d}T(z)}{T(z)}.$$

由此可以解得温度随高度的函数关系为

$$T(z) = T(0) - \frac{\gamma-1}{\gamma}mgz/k_\mathrm{B},$$

压强随高度的函数关系为

$$p(z) = p(0)\left(1 - \frac{\gamma-1}{\gamma}\frac{mgz}{k_\mathrm{B}T(0)}\right)^{\frac{\gamma}{\gamma-1}},$$

密度随高度的函数关系为

$$n(z) = n(0)\left(1 - \frac{\gamma-1}{\gamma}\frac{mgz}{k_\mathrm{B}T(0)}\right)^{\frac{1}{\gamma-1}}.$$

这样求出的结果对不对呢? 一方面可以直接和实测的大气温度分布比较, 如前面的图 7.2 所示. 另一方面可以计算一下温度的递减率, 并和实验值比较.

通过估算, 可以计算出高度每升高 1000 m, 温度降低 9.7 K. 实际大气的温度降低在 6 ~ 7 K 之间, 可以看出这个简单的模型有一定偏差, 但至少量级上是差不多的. 严格的分析需要考虑其他因素的影响, 如热辐射、对流、水蒸气冷凝等.

由于上述考虑中利用了绝热过程, 并且只考虑了空气, 没有考虑水蒸气, 所以这个模型也被称为干绝热大气模型.

一个有趣的结果是, 如果令绝热指数 $\gamma = 1$, 则将回到等温大气模型, 压强随高度的函数关系就变成了指数关系, 密度分布也变成了玻尔兹曼分布.

14.3　空气中的声速

空气中的声速涉及气体的压缩与膨胀过程, 所以为了计算空气中的声速, 可以设计一个与声速关联的热力学过程.

如图 14.2 所示, 在一个横截面积为 S 的无限长管道内放置一无质量活塞, 活塞右侧是压强为 p、温度为 T、分子数密度为 n、平均分子质量为 m 的空气, 设声速是 v_{s}. 现使活塞突然有向右速度 v_0, 并向前运动一足够短时间 Δt, 则活塞右侧体积为 $V = Sv_{\mathrm{s}}\Delta t$ 的气体会被带动起来, 速度变为 v_0. 在此时间内, 活塞向前运动距离 $v_0\Delta t$, 受影响的气体同时被压缩了,

$$\Delta V = -Sv_0\Delta t,$$

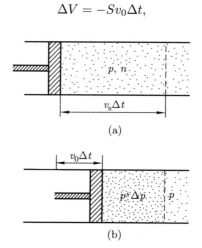

图 14.2　声音传播过程涉及空气的压缩过程

其压强变为 $p + \Delta p$. 将受影响的这段气体作为研究对象, 其显然经历了一个热力学压缩过程, 而整体上, 这段气体两侧压差产生的力使得气体动量发生了变化, 所以有

$$\Delta p S\Delta t = mnSv_{\mathrm{s}}\Delta t v_0.$$

两边同乘以声速 v_{s}, 则有

$$\Delta p V = v_{\mathrm{s}}^2 mn\Delta V.$$

由此可以解出声速为

$$v_{\mathrm{s}}^2 = \frac{1}{mn}\frac{1}{-\dfrac{1}{V}\dfrac{\Delta V}{\Delta p}}.$$

这里体积变化与压强变化的关系依赖于具体过程. 牛顿假设这是等温压缩过程, 将空气视为理想气体, 则有

$$-\frac{1}{V}\frac{\Delta V}{\Delta p} = \frac{1}{p},$$

得到声速为

$$v_{\mathrm{s}} = \sqrt{\frac{p}{mn}} = \sqrt{\frac{k_{\mathrm{B}}T}{m}} = \sqrt{\frac{RT}{M}},$$

其中 M 为空气的平均摩尔质量. 取室温约为 290 K, 可以算出声速约 288 m/s, 显然和实际的约 340 m/s 符合得不好.

牛顿找了各种理由来解释, 甚至说空气中有水蒸气不参与传声, 但拉普拉斯 (Laplace) 认为牛顿计算偏离实测值的原因在于气体的压缩过程不是等温过程, 而是绝热过程. 应用一下绝热过程方程, 可得

$$-\frac{1}{V}\frac{\Delta V}{\Delta p} = \frac{1}{\gamma p},$$

这样声速就变为

$$v_{\mathrm{s}} = \sqrt{\frac{\gamma RT}{M}}.$$

将空气看作双原子分子, 取其绝热指数为 $\gamma = 1.4$, 可以算出声速约 341 m/s, 显然与实际值符合得更好了.

14.4　循　环　过　程

热力学过程中有一类特殊的过程是循环过程, 在 p-V 图上是一个闭合回路, 顺时针和逆时针的循环过程通常对应热机和制冷机的工作循环. 热机是将吸收热量的一部分转换为对外做功的机器, 如蒸汽机、汽油机、柴油机等, 关心的是吸收的热量中有多少转换成了有效对外做功, 即效率问题. 制冷机则是在外界做功下, 将热量从低温物体吸出的机器, 如电冰箱、空调等, 关心的是输入的功能将多少热量从低温处移走, 即制冷系数问题. 两类机器中的工作物质都要经历热力学循环过程, 效率和制冷系数都可以应用热力学第一定律算出.

四冲程汽油机中的工作物质是空气和汽油的混合物, 其工作循环可以等效为奥托 (Otto) 循环, 或称定体加热循环, 在 p-V 图上顺时针经历一个循环. 如图 14.3 所示, 工作物质从状态 $A(V_1, T_A)$ 经历绝热过程压缩到状态 $B(V_2, T_B)$, 再经历等容过程, 吸热 Q_1, 到达状态 $C(V_2, T_C)$, 再经历绝热膨胀过程到达状态 $D(V_1, T_D)$, 再经历等容过程, 放热 Q_2, 到达初态 $A(V_1, T_A)$, 从而完成一个循环. 显然内能变化为零, 对外做功 W 为循环过程围绕的面积, 吸热 Q_1 为汽油燃烧释放的热量, 放热 Q_2 为汽油机向大气中排放废气带走的热量. 由热力学第一定律, 得

$$W = Q_1 - Q_2,$$

则效率可以定义为做功与燃烧汽油释放的热量之比:

$$\eta = \frac{W}{Q_1} = 1 - \frac{Q_2}{Q_1}.$$

将混合燃料近似为理想气体, 可以算出汽油机的效率为

$$\eta = 1 - \frac{Q_2}{Q_1} = 1 - \frac{1}{r^{\gamma-1}}, \tag{14.1}$$

其中 $r = V_1/V_2$ 称为压缩比, γ 为燃料的绝热指数.

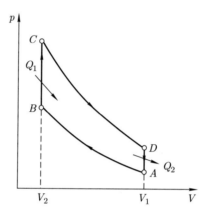

图 14.3　四冲程汽油机的工作循环等效为奥托循环, 由两个等容和两个绝热过程构成

    显然, 压缩比越高, 汽油机的效率越高, 然而压缩比不能无限提高, 过高会导致汽油提前燃烧, 产生爆震. 通常的压缩比在 10 左右, 也有达到 15 的报道. 取双原子分子理想气体近似, 汽油机效率可达 60% 以上, 但实际效率没有这么高, 还有各种其他因素需要仔细考虑.

    四冲程柴油机的工作物质是空气和柴油的混合物, 其经历的工作循环可近似为狄塞尔 (Diesel) 循环, 或称定压加热循环, 在 p-V 图上顺时针经历一个循环. 如图 14.4 所示, 工作物质从状态 $A(V_1, T_A)$ 经历绝热过程压缩到状态 $B(V_2, T_B)$, 再经历

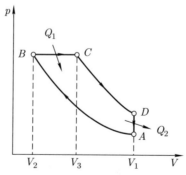

图 14.4　四冲程柴油机的工作循环等效为狄塞尔循环, 由一个等压、一个等容, 以及两个绝热过程构成

等压过程, 吸热 Q_1, 到达状态 $C(V_3, T_C)$, 再经历绝热膨胀过程到达状态 $D(V_1, T_D)$, 再经历等容过程, 放热 Q_2, 到达初态 $A(V_1, T_A)$, 从而完成一个循环. 显然, 内能变化为零, 效率定义为做功与燃烧汽油释放的热量之比:

$$\eta = \frac{W}{Q_1} = 1 - \frac{Q_2}{Q_1}. \tag{14.2}$$

定义压缩比 r 为

$$r = \frac{V_1}{V_2},$$

定义等压膨胀比 ρ 为

$$\rho = \frac{V_3}{V_2},$$

可以得到柴油机的效率为

$$\eta = 1 - \frac{1}{\gamma} \frac{1}{r^{\gamma-1}} \frac{\rho^\gamma - 1}{\rho - 1}.$$

显然提高压缩比更有利于提高柴油机的效率, 这里关键点依然是尽量压缩使得 V_2 变小. 对于柴油来说, 有利的一点是可以压缩得更厉害, 压缩比一般在 20 左右, 这样相应的效率会比汽油机还要高. 当然具体到实际情况时, 效率会下降, 但柴油机确实比汽油机效率高.

回热式制冷机中, 工作物质的循环可近似为逆向斯特林循环. 这种制冷机的工作物质是封闭的, 其热量交换方式为外热式, 工作循环在 p-V 图上是逆时针方向进行的. 如图 14.5 所示, 工作物质从状态 $A(V_1, T_1)$ 经历等温压缩过程, 放热 Q_1, 到达状态 $B(V_2, T_1)$, 再经历等容过程, 降温到状态 $C(V_2, T_2)$, 再经历等温膨胀过程, 吸热 Q_2, 到达状态 $D(V_1, T_2)$, 再经历等容过程升温到初态 $A(V_1, T_1)$, 从而完成一个

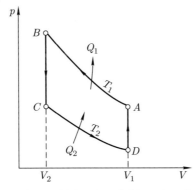

图 14.5 逆向斯特林循环对应的是制冷机的工作循环, 由两个等容和两个等温过程组成

循环. 显然内能变化为零. 由于两个等容过程中温度变化相同, 所以吸放热正好抵消, 这样外界对制冷机做的功恰好为

$$W = Q_1 - Q_2.$$

制冷机的目的是用尽量少的功 W, 从低温物体处吸收尽量多的热 Q_2, 这样可以定义制冷系数为

$$\varepsilon = \frac{Q_2}{W} = \frac{Q_2}{Q_1 - Q_2}.$$

将工作物质选为物质的量为 ν 的理想气体, 可以算出制冷系数为

$$\varepsilon = \frac{T_2}{T_1 - T_2}.$$

显然制冷系数取决于两个温度, 特别是温差越小, 系数越大, 而且可以大于 1. 如果冬天采用制冷机将室外的热量搬运到室内, 此时消耗做功 W, 获得的热量是 Q_1, 则显然比电加热更有效率.

如果工作物质经历的是顺时针方向的斯特林循环, 则可以作为热机使用, 此时从外部热源吸收的热量为 Q_1, 这样其效率就为

$$\eta = 1 - \frac{T_2}{T_1}.$$

外热式热机的好处是对燃料无限制, 从垃圾焚烧的热量, 到核电站释放的热量都可以用来发电, 而为了提高效率, 只要尽量提高温差就可以了.

思 考 题

1. 按照绝热过程方程推导体积功公式.
2. 对多方过程求出其做功、内能、吸热, 以及热容公式.
3. 计算绝热大气模型下, 温度的绝热递减率, 即高度升高 1 km, 温度下降多少.
4. 当绝热大气模型中绝热指数为 1 时, 推导压强与密度随高度的分布函数.
5. 拉普拉斯认为声音传播过程中对空气的压缩与膨胀是绝热过程, 请分析为什么? 可以量化描述吗?
6. 计算汽油机的效率, 并分析可能有哪些限制汽油机效率的因素. 如何提高效率?
7. 计算柴油机的效率.
8. 计算斯特林热机的效率.
9. 计算斯特林制冷机的制冷系数. 一般空调冬天取暖时真的是将室外的热量搬运到室内吗? 为什么会有电辅热?
10. 内燃机和外热式热机相比有哪些优缺点? 为什么现在还有各种热机? 这些热机都在哪些情况下使用?

习　　题

1. 用一质量为 m 的小球将一段气体封闭在竖直且开口向上的细长试管中, 试管横截面积为 S, 气体长度为 L, 平衡时外界大气压强为 p_0. 将小球下压一点距离后松开, 则小球开始振荡, 周期为 T. 求该气体的绝热指数 γ.

2. 燃气涡轮机内工作物质假设为理想气体, 绝热指数为 γ, 工作循环如图 14.6 所示.

   (1) 求出其效率, 用温度 T_1, T_2, T_3, T_4 表示;

   (2) 用升压比 $\varepsilon_p = p_2/p_1$ 和绝热指数来表示效率;

   (3) 说明如何提高该涡轮机的效率.

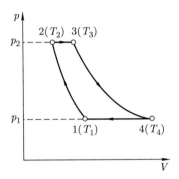

图 14.6　燃气涡轮机的工作循环由两个等压和两个绝热过程构成

第十五讲

卡诺定理与热力学第二定律

热力学过程中除了热力学第一定律以外还有别的定律吗? 这是需要探索的. 有趣的是, 对热机效率的研究导致了热力学第二定律的发现.

卡诺 (Carnot) 在这个发现中的贡献很有趣. 他首先提出了最简单的热机, 即卡诺热机, 其次给出了关于最高效率的卡诺定理. 而热力学第二定律的发现就是围绕着卡诺定理的证明展开的.

15.1 卡 诺 热 机

卡诺是法国工程师. 他看到英国蒸汽机的进步, 就梦想着自己做出更好的. 而他的方法却很奇特, 不是直接从技术角度改进, 由于他的数学功底很好, 他想到的是先从理论上找到热机的最高效率.

实际上当时热机有很多种, 典型的如外热式的蒸汽机, 而内燃机当时也在测试实验之中了. 从研究的角度来说, 这些热机被归为一类当然是有共同特征的. 除了都是把热量转换为功, 它们还有哪些共同特征呢? 一个显然的特征是这些热机都必须是循环过程, 否则就不能连续对外做功了, 而对循环过程的量化描述已经非常清楚了. 另一个不太明显的特征是, 热机至少是工作在两个热源之间的. 近似来看, 蒸汽机至少有燃烧煤产生的高温热源, 和环境大气形成的低温热源. 内燃机也有内部汽油燃烧的高温热源, 以及环境大气对应的低温热源. 实际上仔细分析, 这两种热机都不止两个热源, 但是共同特征是不能少于两个热源. 卡诺显然准确地把握了这两点, 因为他提出了一种极端简化的热机: 只工作在一个高温热源 T_1 和一个低温热源 T_2 之间的热机, 现在称为卡诺热机, 如图 15.1 所示.

卡诺热机极为重要. 一方面, 卡诺热机非常简单, 这样就有可能研究清楚其规律, 进而类比到所有热机. 另一方面, 所有的热力学循环过程都可以拆开成卡诺循环的叠加, 即卡诺循环可以视为 "元循环", 就像电流元、质点等理想模型一样, 这使得我们可以采取还原论的思想, 简化对热机的理解.

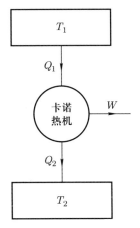

图 15.1　卡诺热机示意图

15.2　卡 诺 定 理

卡诺仔细研究了卡诺热机之后, 于 1824 年提出了卡诺定理: 所有只工作于两个热源之间的热机中, 可逆卡诺热机的效率是最高的; 所有只工作于两个热源之间的可逆卡诺热机的效率是相等的, 并且这个效率与热机的工作物质无关, 或者说只和两个热源的温度有关.

什么是可逆卡诺热机? 假设一个卡诺热机从高温热源 T_1 吸热 Q_1, 向低温热源 T_2 放热 Q_2, 同时对外做功 W, 如果这个热机是可逆的, 那么就可以对该热机做功 W, 使其从低温热源 T_2 吸热 Q_2, 向高温热源 T_1 放热 Q_1, 从而成为一个制冷机. 注意可逆卡诺热机做一个正向热机循环, 接着做一个逆向制冷循环, 可以对外界没有任何影响, 而不可逆的卡诺热机则无法完全消除对外界的影响.

卡诺是怎么得到这个定理的呢? 他用了类比法. 卡诺注意到水从高处流到低处, 会有潜在的能量释放出来对外做功, 类比到卡诺热机里, 他认为热质可以从高温热源流到低温热源, 热质蕴含的潜在能量释放出来推动热机对外做功. 按照这种思想, 他用反证法给出了卡诺定理. 如图 15.2 所示, 设不可逆热机 B 的效率 η_B 大于可逆卡诺热机 A 的效率 η_A, 则可以由热机 B 从高温热源 T_1 吸热质 Q, 向低温热源 T_2 放热质 Q, 输出功 W_B, 由于已经假设了效率满足

$$\eta_B = \frac{W_B}{Q} > \eta_A = \frac{W_A}{Q},$$

所以可以将功 W_B 的一部分用来推动热机 A 做制冷循环, 从低温热源 T_2 吸热质 Q, 向高温热源 T_1 放热质 Q. 考察总的效果会发现, 该循环对两个热源是没有影响

的, 热机 A 和 B 也分别回到原来状态, 所以也没有影响, 唯一的效果是凭空产生了额外的对外做功

$$W_B - W_A > 0.$$

卡诺认为这种无中生有的"好事"不太可能发生, 所以自然得到结论

$$\eta_A \geqslant \eta_B.$$

如果 B 也是可逆卡诺热机, 同样可以得到结论

$$\eta_B \geqslant \eta_A.$$

这样就可以发现可逆卡诺热机的效率都是一样的. 显然证明过程中并不涉及热机的具体工作物质和过程, 这样唯一能影响效率的就只有两个热源的温度了. 这就是卡诺定理的证明过程.

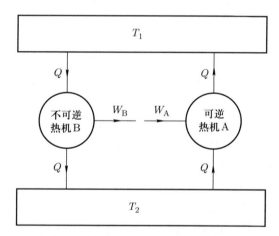

图 15.2　为了证明卡诺定理, 可以用反证法, 假设不可逆热机 B 效率比可逆热机 A 的高, 并用 B 热机推动 A 做制冷循环, 然后看总的效果. 卡诺承认热质说, 认为热量从高温热源流到低温热源就像水从高处流到低处, 潜在的势能释放出来对外做功

　　然而卡诺的证明可信吗? 卡诺用了热质说, 而热质说已经被摩擦生热的实验证伪了, 实际上热质说只在热量传递过程中成立, 而焦耳的实验已经证明了热量是能量的一种形式, 可以转换成做功, 并且遵守能量守恒定律. 在上述的推导中, 热机从高温热源 T_1 吸收的热量 Q 并不会全部流入低温热源 T_2, 而是有一部分转换成了对外做功. 这样逻辑上来说, 卡诺的证明是不可靠的. 然而有趣的是, 证明的结论, 即卡诺定理却是正确的.

15.3 卡 诺 循 环

卡诺的一生很坎坷. 他在 1832 年相继得了猩红热、脑炎、霍乱, 不幸英年早逝, 当时只有 36 岁. 由于得了霍乱, 他的很多物品都被销毁, 幸好关于热机效率的研究在 1824 年的时候已经出版成书, 其英文译本见文献 [19]. 而巧合的是, 克拉珀龙看到了这本书, 并于 1836 年发表文章转述了卡诺的工作, 文章中还给出了卡诺热机的具体工作循环过程.

卡诺热机分别和两个热源接触的过程显然是等温过程, 而除此之外, 没有其他热交换过程, 所以其他过程只能是绝热过程. 以理想气体为例, 在 p-V 图上看来, 两个等温过程是两条独立的双曲线, 为了能够连成循环过程, 就需要两条绝热线连接两条等温线. 所以一个卡诺循环就是两个等温过程加两个绝热过程构成的热力学循环.

如图 15.3 所示, 以 1 mol 理想气体作为可逆卡诺热机的工作物质, 使其与高温热源 T_1 接触经历等温膨胀过程 $1 \rightarrow 2$, 体积从 V_1 变为 V_2, 经绝热膨胀过程 $2 \rightarrow 3$, 降温到 T_2, 体积变为 V_3, 再与低温热源 T_2 接触经历等温压缩过程 $3 \rightarrow 4$, 体积变为 V_4, 最后经历绝热压缩过程, 温度升为 T_1, 体积变为 V_1, 则可以计算出该可逆卡诺热机的效率.

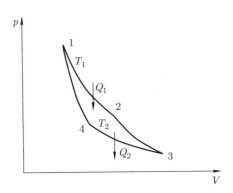

图 15.3 卡诺热机的循环过程只能由两个等温和两个绝热过程构成

由于热机只在高温热源 T_1 处吸热 Q_1, 在低温热源 T_2 处放热 Q_2, 而理想气体经历循环过程回到原来状态时内能不变, 所以总的对外做功为

$$W = Q_1 - Q_2,$$

该热机的效率为

$$\eta = \frac{W}{Q_1} = 1 - \frac{Q_2}{Q_1}.$$

由于等温过程中, 理想气体的内能不变, 吸放热量大小就等于做功大小, 所以有

$$Q_1 = \int_{V_1}^{V_2} p\mathrm{d}V = RT_1 \ln \frac{V_2}{V_1},$$

$$Q_2 = RT_2 \ln \frac{V_3}{V_4}.$$

再由绝热过程方程得

$$T_1 V_1^{\gamma-1} = T_2 V_4^{\gamma-1},$$

$$T_1 V_2^{\gamma-1} = T_2 V_3^{\gamma-1},$$

所以热机效率为

$$\eta = 1 - \frac{RT_2 \ln \dfrac{V_3}{V_4}}{RT_1 \ln \dfrac{V_2}{V_1}} = 1 - \frac{T_2}{T_1}.$$

如果卡诺定理是对的, 则我们马上可以发现所有可逆卡诺热机的效率都与理想气体的情况相同, 都只和高低温热源的温度有关. 这对热机效率的认知是非常重要的, 我们马上就可以看出提高热机效率的方式是增加温差, 这也是内燃机的效率要明显高于老式外热式蒸汽机的原因.

甚至如果把地球作为一个热机, 吸收太阳的辐射, 同时向太空辐射热量, 并把部分热量转换为水能、风能等可再生能源, 则其效率同样可以由卡诺定理来估算.

15.4　热力学第二定律的克劳修斯表述

更加幸运的是, 克拉珀龙转载的文章被克劳修斯看到了, 而克劳修斯是知道能量守恒的, 他能看到卡诺证明过程中的明显错误. 然而卡诺定理的结论又是非常有吸引力的, 考虑了热力学第一定律, 卡诺定理还对吗? 克劳修斯正是沿着这个思路发现了热力学第二定律的克劳修斯表述: 热量不会自发地从低温物体转移到高温物体而不产生其他影响.

克劳修斯是怎么发现这个定律的呢? 他仍然沿用卡诺的反证法思路, 如图 15.4 所示, 假设不可逆热机 B 的效率比可逆卡诺热机 A 大, 则使热机 B 从高温热源 T_1 吸热 Q_{1B}, 向低温热源 T_2 放热 Q_{2B}, 其产生的功 W 全部用来推动 A 做制冷循环, 使其从低温热源 T_2 吸热 Q_{2A}, 向高温热源 T_1 放热 Q_{1A}. 整个过程完成后, 来看总的效果: 热机 B 和 A 完成循环, 回到初始状态, 不发生变化, 对外界没有做功, 只对两个热源有吸放热的影响. 对于热源 T_1, 净流入的热量为 $Q_{1A} - Q_{1B}$, 由于假设 B

的效率比 A 的效率高, 即

$$\eta_B = \frac{W}{Q_{1B}} > \eta_A = \frac{W}{Q_{1A}},$$

所以净流入热源 T_1 的热量大于零. 由于满足热力学第一定律, 所以此时有

$$W = Q_{1B} - Q_{2B} = Q_{1A} - Q_{2A},$$

也就是

$$Q_{1A} - Q_{1B} = Q_{2A} - Q_{2B} > 0,$$

即流入高温热源 T_1 的热量与从低温热源 T_2 中流出的热量相同, 所以总的效果是热量自发地从低温物体转移到高温物体而不产生其他影响.

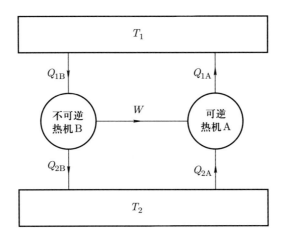

图 15.4　克劳修斯承认热力学第一定律, 认为从高温热源流出的热量一部分转化为对外做功, 其余的流入低温热源. 克劳修斯将热机 B 的功全部用来推动可逆热机 A 进行制冷循环, 然后看总的效果

　　这时克劳修斯面临一个选择, 如果选择相信这个结果不可能, 那么卡诺定理就是正确的, 否则卡诺定理就是错误的. 克劳修斯选择相信热量不能自发地从低温物体转移到高温物体而不产生其他影响, 然而这个结论不能由其他定律导出, 只能认为是实验观察归纳的结果, 这就意味着要将此结论作为一个单独的定律.

　　实际上克劳修斯表述更严格的说法是, 不能造出无需做功就可以源源不断地把热量从低温热源搬运到高温热源的制冷机. 显然, 克劳修斯表述的热力学第二定律是否正确要看实验中是否发现反例, 如果有则错误, 如果没有就暂时正确.

15.5　热力学第二定律的开尔文表述

有趣的是, 后来成为开尔文勋爵的汤姆孙也看到了克拉珀龙转述的文章, 他立刻想到可以据此定义新的普适温标. 在 1848 年发表的文章里[20], 他提出了著名的开尔文温标 (参见 2.4 节). 然而卡诺定理给他的启示还不仅于此, 开尔文同样知道能量守恒, 对卡诺定理的重新证明引导他发现了热力学第二定律的开尔文表述[21]: 从单一热源吸取热量并完全转换为对外做功的机器是做不出来的, 即不能造出第二类永动机.

开尔文是如何得到这个表述的呢? 与卡诺类似, 开尔文也采用反证法. 如图 15.5 所示, 假设不可逆热机 B 的效率比可逆卡诺热机 A 大, 则使热机 B 从高温热源 T_1 吸热 Q_1, 向低温热源 T_2 放热 Q_{2B}, 其产生的功 W_B 的一部分 W_A 用来推动 A 做制冷循环, 使其从低温热源 T_2 吸热 Q_{2A}, 向高温热源 T_1 放热 Q_1. 整个过程完成后, 热机 B 和 A 完成循环, 回到初始状态, 不发生变化, 对高温热源 T_1 也没有影响. 由于假设 B 比 A 的效率高, 即

$$\eta_B = \frac{W_B}{Q_1} > \eta_A = \frac{W_A}{Q_1},$$

所以总的对外做功为

$$W_B - W_A > 0.$$

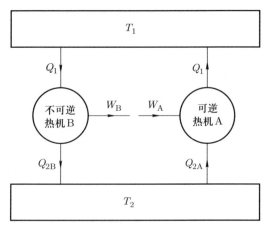

图 15.5　开尔文同样承认热力学第一定律, 认为从高温热源流出的热量一部分转化为对外做功, 其余的流入低温热源. 开尔文将热机 B 的功部分用来推动可逆热机 A 进行制冷循环, 消除对高温热源的影响, 然后看总的效果

而根据热力学第一定律, 这部分功一定是从低温热源 T_2 吸收来的:

$$W_B - W_A = Q_1 - Q_{2B} - (Q_1 - Q_{2A}) = Q_{2A} - Q_{2B} > 0,$$

即总的效果是从单一热源吸收热量完全转换为对外做功. 这被定义为第二类永动机, 而到目前为止, 都没有这样的热机被发明出来.

　　显然开尔文选择相信第二类永动机做不出来, 但是同样这不是由其他定律推导出来的, 需要承认其独立定律的地位. 这样如果承认开尔文表述, 同样可以证明卡诺定理.

思　考　题

1. 如果将地球作为卡诺热机, 试计算地球的最大功率. 地球的功主要体现为什么形式? 是可再生能源吗? 够人类使用吗?
2. 在泻流实验中, 容器中是温度均匀的平衡态理想气体, 可以算出泻流后的分子平均动能要大于容器中分子的平均动能, 从而出现了温差. 这违反克劳修斯表述吗? 为什么?
3. 热量能完全转换为功吗?
4. 证明克劳修斯表述与开尔文表述的等价性.
5. 证明绝热线与等温线不能相交于两点.
6. 证明两绝热线不能相交.

习　题

1. 试着将任意热力学循环过程拆成一系列微小卡诺循环的叠加, 并试着证明任意循环过程的效率不可能大于工作于它所经历的最高热源温度与最低热源温度之间的可逆卡诺循环的效率.
2. 若可逆卡诺热机的工作物质是某种气体, 其状态方程为 $p(V_m - b) = RT$, 并且内能只和温度有关, 求该种卡诺热机的效率.

热力学第二定律的数学表述

卡诺定理、克劳修斯表述、开尔文表述都可以看作热力学第二定律的表述, 但随之而来的问题是, 这些表述和通常物理定律的表述相比都太不一样. 一方面, 实际上这三个表述都是针对热机这个特殊研究对象的, 如果一个定律只是适用于热机, 那显然只是局域规律, 不应该作为整个热力学的定律. 另一方面, 克劳修斯表述与开尔文表述都不是量化的, 这在物理定律中也极为少见, 而卡诺定理也只能针对卡诺热机有量化表述, 并且是不等式.

如何给出一个普适并且量化的热力学第二定律表述呢? 这就是克劳修斯在 1854 年到 1865 年间努力探索的问题. 幸运的是, 他找到了热力学第二定律的熵表述形式.

16.1　克劳修斯不等式

怎样才能找到热力学第二定律的数学表述形式呢? 凭空找到显然不太可能, 最好有点提示. 已有的各种表述中只有卡诺定理有量化的可能. 如果卡诺热机从高温热源 T_1 吸热 Q_1, 向低温热源 T_2 放热 Q_2, 对外做功 W, 则按照卡诺定理可以推导出

$$\eta = \frac{W}{Q_1} = 1 - \frac{Q_2}{Q_1} \leqslant 1 - \frac{T_2}{T_1}.$$

显然这个关系只是针对卡诺热机这个特殊研究对象的, 如果存在更普适的量化关系, 那么将其应用到卡诺热机上就应该能得到上式. 或者反过来想, 也许能将卡诺定理写成一个可推广的一般形式.

当然, 实际上这种探索是 “不择手段” 的, 各种可能都要去尝试一下. 我们将卡诺定理改写为以下形式:

$$\frac{Q_1}{T_1} + \frac{-Q_2}{T_2} \leqslant 0.$$

结合卡诺循环, 由于绝热过程中吸热为零, 这个表达式可以看作针对卡诺热机中的工作物质的, 即对工作物质在整个卡诺循环中的热温比求和. 我们将其写成更普适

的样子:

$$\oint \frac{\mathrm{d}Q}{T} \leqslant 0,$$

注意其中等号针对可逆卡诺热机. 这个表达式对卡诺循环显然是成立的. 一个自然的想法是, 能不能推广到任意的热力学循环呢? 这里卡诺热机再次展示出其特殊的物理重要性. 卡诺热机是最简单的热机, 原则上任意复杂的热机都可以拆开成简单热机的叠加. 从热力学循环的角度看, 就是可以将 p-V 图上的循环曲线用等温线和绝热线切割成一系列的卡诺热机来等效, 如图 16.1 所示. 写出数学表述就是

$$\oint \frac{\mathrm{d}Q}{T} = \sum_i \oint_i \frac{\mathrm{d}Q_i}{T_i} \leqslant 0,$$

其中带下标 i 的积分就是针对卡诺循环的积分. 这样看来, 不等式针对任意热力学循环都是正确的, 这就是克劳修斯不等式, 显然在可逆循环过程中取等号.

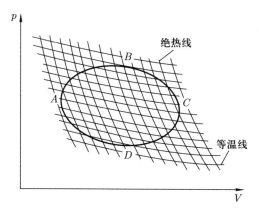

图 16.1　任意热力学循环都可以拆开成一系列微小卡诺循环的叠加. 从图中可以看出, 只要等温线和绝热线的网格足够细致, 就能将任意循环的热温比积分等效为微小卡诺循环的热温比积分 (注意相邻网格公共边上的积分刚好相消)

16.2　克劳修斯不等式的证明

关于克劳修斯不等式的一个形式表述上相对严谨的证明如下[22].

设一个热力学系统经历任意一个热力学循环过程, 可以是热机工作过程, 也可以是制冷机工作过程, 我们将过程中的吸放热统一描述为吸热, 吸负热就是放热. 如图 16.2 所示, 将热力学循环拆开成 N 个微元过程, 第 i 个微元过程的吸热看作从热源 T_i 吸热 Q_i, 完成循环后内能不变, 所有吸热之和就是对外做功 W. 再找 N 个可逆卡诺热机, 使其工作于 N 个热源 $\{T_i\}$ 与一个温度为 T_0 的热源之间, 即第

i 个卡诺热机工作于热源 T_i 与热源 T_0 之间, 从热源 T_0 吸热 Q_{0i}, 向热源 T_i 放热 Q_i, 对外做功 W_{0i}, 由于是可逆卡诺热机, 所以吸放热和做功可以取负值. 这样完成整个循环后, 热力学系统和可逆卡诺热机都回到原来状态, N 个热源吸放热平衡, 也没有变化, 总的效果是从单一热源 T_0 吸热完全转换为对外做功, 即

$$\sum_{i=1}^{N} Q_{0i} = W + \sum_{i=1}^{N} W_{0i}.$$

但是如果承认开尔文表述的热力学第二定律, 那么这里的总做功就不可能大于零, 否则就意味着真的存在第二类永动机, 所以有

$$\sum_{i=1}^{N} Q_{0i} \leqslant 0.$$

而对于每个可逆卡诺热机, 根据卡诺定理有

$$1 - \frac{Q_i}{Q_{0i}} = 1 - \frac{T_i}{T_0}.$$

注意吸放热取负值时, 上式也同样成立, 这样容易推导得到

$$Q_{0i} = T_0 \frac{Q_i}{T_i},$$

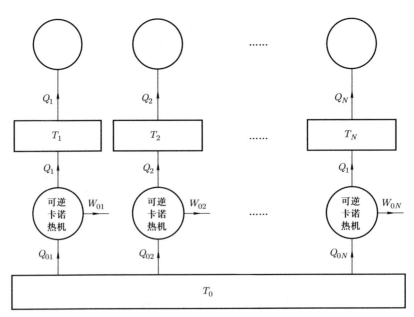

图 16.2 可以用一系列可逆卡诺热机将任意热力学循环对外界热源的影响统一为对单一热源的影响, 再利用开尔文表述来证明克劳修斯不等式

所以有

$$\sum_{i=1}^{N} Q_{0i} = T_0 \sum_{i=1}^{N} \frac{Q_i}{T_i} \leqslant 0.$$

由于 $T_0 > 0$, 所以有

$$\sum_{i=1}^{N} \frac{Q_i}{T_i} = \oint \frac{\mathrm{d}Q}{T} \leqslant 0,$$

而这正是热力学系统任意循环过程中要遵守的规律 —— 克劳修斯不等式. 显然这个规律要普适多了, 但是还是针对特殊的研究对象, 即循环过程.

如果热力学系统经历的是可逆循环过程, 则逆向完成循环后, 克劳修斯不等式同样成立, 而正向和逆向循环的热温比积分只差一个负号, 所以对可逆过程, 克劳修斯不等式只能取等号, 即成为克劳修斯等式.

16.3 克劳修斯熵

克劳修斯等式看起来很特殊, 因为是等号, 而且是循环积分, 这意味着什么呢? 类比引力做功循环积分为零, 从而可以引入引力势能的概念, 类比静电力做功循环积分为零, 从而可以引入静电势能的概念, 克劳修斯等式意味着可以引入只依赖于状态的物理量 —— 熵, 记为 S. 从数学角度看, 就是存在一个全微分, 即

$$\oint \frac{\mathrm{d}Q}{T} = \oint \mathrm{d}S = 0,$$

其中熵的定义为

$$\mathrm{d}S = \frac{\mathrm{d}Q}{T}.$$

实际上, 1923 年胡刚复先生提出 "熵" 的中文翻译, 就是考虑到其定义形式是热温比.

能不能将引入熵的方式解释得更直观一点呢? 可以换个方式看看. 假设热力学系统从状态 1 经过两个不同的可逆过程 C_1, C_2 变到状态 2, 则过程 C_1, $-C_2$ 构成一个可逆循环过程, 按照克劳修斯等式有

$$\int_{C_1} \frac{\mathrm{d}Q}{T} + \int_{-C_2} \frac{\mathrm{d}Q}{T} = 0.$$

考虑到沿着 C_2, $-C_2$ 的积分相差一个负号, 所以有

$$\int_{C_1} \frac{\mathrm{d}Q}{T} = \int_{C_2} \frac{\mathrm{d}Q}{T}.$$

这意味着, 沿任意可逆过程从状态 1 到状态 2, 上式积分结果都一样, 即积分结果只依赖于初、末态, 从数学角度看就是存在一个全微分, 满足

$$\int \mathrm{d}S = \int_1^2 \frac{\mathrm{d}Q}{T} = S_2 - S_1.$$

注意这里积分是沿着任意可逆过程. 这样从宏观角度引入的熵就是克劳修斯熵.

　　熵有什么物理意义呢? 从克劳修斯熵的定义来看, 它是通过数学的抽象引入的物理量, 直观上是看不出什么物理意义的, 只能通过一些特例, 找到熵和其他物理量的联系来看其物理意义. 另一方面, 微观上引入的玻尔兹曼熵的物理意义是非常清楚的, 就是微观上的混乱程度. 在热力学与统计物理学里可以证明, 宏观和微观定义的熵本质是相同的, 适当选取系数, 量化上也可以一样. 对于熵的理解, 读者可以在运用中不断加深.

16.4　热力学第二定律的熵表述

　　熵的引入有什么意义呢? 最重要的就是给出了热力学第二定律的熵表述. 如图 16.3 所示, 让热力学系统经历一个任意过程 C_1 从状态 1 到状态 2, 再设计一个可逆过程 C_2 连接状态 1 和状态 2, 这样过程 C_1 和过程 $-C_2$ 就连接成一个热力学循环, 根据克劳修斯不等式就有

$$\int_{C_1} \frac{\mathrm{d}Q}{T} + \int_{-C_2} \frac{\mathrm{d}Q}{T} \leqslant 0.$$

考虑到过程 C_2 可逆以及熵的定义, 则有

$$\int_{C_1} \frac{\mathrm{d}Q}{T} \leqslant \int_{C_2} \frac{\mathrm{d}Q}{T} = \int_1^2 \mathrm{d}S.$$

这样我们就得到了热力学第二定律的熵表述

$$S_2 - S_1 = \int_1^2 \mathrm{d}S \geqslant \int_{C_1} \frac{\mathrm{d}Q}{T},$$

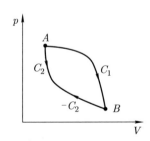

图 16.3　沿着不同热力学过程 C_1, C_2 进行热温比积分, 其中过程 C_2 为可逆过程

或者微元过程的表达式

$$dS \geqslant \frac{dQ}{T},$$

等号适用于可逆过程, 注意其中的 dQ 是指热力学系统的吸热.

　　显然熵表述符合一个物理定律应有的样子. 首先这是对任意热力学过程都成立的, 定律具有普适性. 其次该定律是量化的, 方便建立公理化体系. 熵表述好到什么程度呢? 由于它是普适的, 所以应该能推出所有其他表述.

　　例如卡诺热机中的工作物质经历了卡诺循环, 从高温热源 T_1 吸热 Q_1, 向低温热源 T_2 放热 Q_2, 最后回到原来状态, 显然熵变为 0. 而过程中的热温比积分也可以方便地算出:

$$0 \geqslant \frac{Q_1}{T_1} + \frac{-Q_2}{T_2}.$$

这其实就是卡诺定理.

　　同样第二类永动机如果真的存在, 其工作物质经历循环, 从单一热源 T 吸热 Q, 完全转换为对外做功, 则按照熵表述应有

$$0 \geqslant \frac{Q}{T}.$$

显然这是不正确的, 所以第二类永动机做不出来, 即开尔文表述是正确的.

　　克劳修斯表述实际上说的是不需要消耗功的制冷机做不出来. 如果它能做出来, 其工作物质经历一个制冷循环, 从低温热源 T_2 吸热 Q, 然后全部放入高温热源 T_1, 则按照熵表述, 应有

$$0 \geqslant \frac{Q}{T_2} + \frac{-Q}{T_1}.$$

显然这是不可能的, 所以这种制冷机也是无法做出来的, 也就是克劳修斯表述是正确的.

16.5　熵的计算与热力学第三定律

　　熵无疑是非常重要的, 但如何计算呢? 显然我们应该按照定义计算. 从定义来看, 计算任意两个态之间的熵需要构造一个可逆过程, 这有点麻烦. 换个角度看, 熵只是态函数, 那么状态一定, 就可以定出熵的大小, 也就是说应该存在熵关于状态参量的函数. 这里先不给出一般的推导过程, 只是考察特例, 以帮助读者对熵有个初步的了解. 而另一方面, 熵还有微观定义, 即玻尔兹曼熵, 可以用统计方法来计算. 同样, 这里也暂不给出一般计算过程 (热力学与统计物理课程中会详细讲述), 只是考察特例.

对于理想气体来说, 情况可能是最简单的, 所以我们要尝试一下. 对于可逆过程, 按照熵的定义, 应有

$$dS = \frac{dQ}{T}.$$

考虑到热力学第一定律, 应有

$$dS = \frac{dU + pdV}{T}.$$

对于理想气体来说, 其内能只依赖于温度, 即

$$dU = C_V dT,$$

所以有

$$dS = \frac{C_V dT + pdV}{T} = C_V d\ln T + \nu R d\ln V.$$

因此理想气体从状态 1 变为状态 2 的熵差为

$$S_2 - S_1 = C_V \ln \frac{T_2}{T_1} + \nu R \ln \frac{V_2}{V_1}.$$

显然, 只要选定固定状态 1 作为参考态, 其他任意态的熵就都可以确定了.

这里有个问题, 该选什么态作为参考态? 原则上随便取. 然而 1906 年, 能斯特 (Nernst) 从实验中归纳出热力学第三定律, 即在温度趋于绝对零度时, 等温过程的熵变趋于零, 写成数学形式就是

$$\lim_{T \to 0} (\Delta S)_T = 0.$$

这里的改变可能是状态参量的改变, 也可以是相变、化学反应等改变. 这就意味着, 在温度趋于零时, 物质的熵可能都趋于同一个常数. 普朗克将这个常数取为零, 并将热力学第三定律表述为: 物质的熵随温度趋于 0 而趋于 0, 写成数学形式就是

$$\lim_{T \to 0} S = 0.$$

这样, 由热力学第三定律就可以选择绝对温度为零时物质的熵作为绝对参考点, 这样定义出的熵就是普朗克绝对熵, 在化学反应中有重要的应用.

有趣的是, 能斯特还进一步将热力学第三定律表述为: 不能通过有限的步骤使物体的温度达到绝对零度, 并可以由此推导出上述两种表述.

另一方面, 理想气体的微观熵, 即玻尔兹曼熵, 也有可能简单地通过统计理论得到. 实际上, 按照玻尔兹曼熵的定义, 只要用最概然分布时各能级上的粒子数计算出微观状态数, 即可求出玻尔兹曼熵.

这里举一个特例 —— 绝热自由膨胀. 如图 16.4 所示, 设体积为 $2V$ 的封闭绝热气缸被隔板均分成左右两部分, 初始时将物质的量为 ν 的理想气体封闭在左侧, 右侧为真空, 之后将隔板取走, 气体自由膨胀至整个气缸. 由于是绝热自由膨胀, 所以吸热和做功都为零, 因此理想气体内能不变, 因而温度不变, 体积变为原来的两倍, 按照刚得到的熵差公式, 可以得到初、末态熵差为

$$\Delta S = \nu R \ln 2.$$

而从微观角度看, 分子的速度分布在初末态是相同的, 因而微观状态数不变, 但空间位置分布发生了变化. 对每个粒子来说, 初态时只能分布在左侧, 末态时可以有左侧和右侧两种情况. 对于 νN_A 个粒子来说, 末态微观状态数是初态微观状态数的 $2^{\nu N_A}$ 倍, 所以按照玻尔兹曼熵的定义, 得到熵差为

$$\Delta S = k_B \ln \frac{W_2}{W_1} = \nu N_A k_B \ln 2,$$

显然与宏观熵的结果相同. 当然这只是特例, 并没有给出一般的证明, 在热力学与统计物理课程中将会给出更一般的证明.

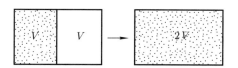

图 16.4 绝热自由膨胀过程

从微观的角度来看, 热力学第三定律其实是很容易理解的. 在温度趋于零时, 热运动的随机性趋于消失, 系统的微观状态趋于只有一个, 例如温度趋于零时, 地球大气不是弥漫在地球表面形成大气层, 而是都堆积在地面上不动, 所以此时对应的熵自然趋于零.

思 考 题

1. 熵的概念是如何引入的? 总结一下物理认知上, 各种物理量是如何引入的.
2. 计算相变时的熵变化. 从中能看出熵的直观含义吗?
3. 计算 1 mol 相同温度和压强的氢气和氧气混合后的熵变化, 混合气体温度和压强与混合前的相同. 从中能看出熵的直观意义吗?
4. 人的生命过程违反热力学第二定律吗?
5. 学习热力学第二定律的过程违反热力学第二定律吗? 学习量子统计的过程呢? 熵变大了还是变小了?

习　题

1. 用系列微小可逆卡诺循环代替任意可逆循环的有效性. 如图 16.5 所示, 设在一微小卡诺循环的 APB 段, 系统吸收热量 Q', 而在任意循环的相应段 MPN, 系统吸收热量 Q. 证明 $Q' - Q$ 等于 MAP 的面积减去 PNB 的面积.

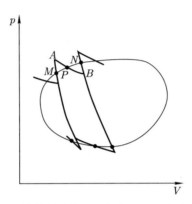

图 16.5　卡诺循环代替任意热力学循环的有效性证明

2. 两个相同的物体初始温度分别为 T_1 和 T_2, 接触且平衡后温度为 T_0, 假设该物体的等压热容 C_p 为常数, 设计可逆过程, 计算总的熵变. 从中能看出熵的直观意义吗?

第十七讲

热力学第二定律的应用与讨论

热力学第一定律的物理意义明确, 但热力学第二定律看起来有点奇怪, 尤其是宏观熵的定义, 几乎可以看成只是个数学定义. 这样就带来一些问题, 到底如何理解热力学第二定律? 热力学第二定律会对热学的认知带来哪些深刻影响? 这就需要在各种特例中应用熵的概念和热力学第二定律, 来逐渐理解其含义.

17.1 温 熵 图

卡诺热机是热力学第二定律认知的起点, 我们至少要先在卡诺热机上试试. 显然应用熵表述的热力学第二定律, 可以直接导出卡诺定理. 另外, 之前是用 p-V 图来描述卡诺循环, 现在有了熵的概念, 而封闭的纯物质系统又只有两个独立状态参量, 所以可以选取温熵图 (T-S 图) 来描述卡诺循环.

为什么用温熵图呢? 卡诺循环是两个等温加两个绝热过程, 其中绝热过程如果可逆的话, 其热温比积分就是熵的改变, 显然, 绝热可逆过程就是等熵过程. 这样可逆卡诺循环在温熵图上就特别简单, 两条等温线和两条等熵线就构成了可逆卡诺循环.

具体一点, 如图 17.1 所示, 可以使得工作物质从状态 $1(T_1, S_1)$ 经过等温过程到达状态 $2(T_1, S_2)$, 之后经过等熵过程到达状态 $3(T_2, S_2)$, 再经过等温过程到达状态 $4(T_2, S_1)$, 最后经过等熵过程到达状态 $1(T_1, S_1)$.

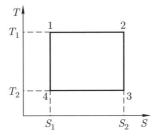

图 17.1 用温熵图表示的卡诺循环

由熵的定义

$$dS = dQ/T$$

可以容易地看出, 在 $T\text{-}S$ 图上, 一段过程曲线与 S 轴所夹面积就是吸热:

$$Q = \int T dS.$$

这样一来, 卡诺循环过程中从高温热源 T_1 的吸热 Q_1 就很容易计算得到:

$$Q_1 = T_1(S_2 - S_1).$$

而向低温热源 T_2 的放热 Q_2 也可以容易地得到:

$$Q_2 = T_2(S_2 - S_1).$$

这样计算可逆卡诺热机的效率就变得非常简单:

$$\eta = \frac{W}{Q_1} = 1 - \frac{Q_2}{Q_1} = 1 - \frac{T_2}{T_1}.$$

显然, 熵的概念增加了描述热力学系统状态的新参量, 在吸放热等描述上会更直观方便.

17.2   利用卡诺循环推导内能的全微分

热力学第二定律实际上在热力学第一定律之外又提供了一个关于热力学过程的公式. 这个额外的公式会对认知热力学过程带来什么影响呢? 我们同样用卡诺循环的特例来尝试.

实际上卡诺定理就是热力学第二定律在卡诺循环中应用的具体体现, 我们在一个微元过程中看看这个公式有什么启发. 如图 17.2 所示, 设计一个微元可逆卡诺循环从状态 $1(p, V, T)$ 出发, 经历等温过程膨胀到状态 $2(p - (\Delta p)_T, V + (\Delta V)_T, T)$, 这里的下标 T 表示等温过程, 接着经历绝热过程达到状态 $3(p_3, V_3, T - \Delta T)$, 再经历等温过程到达状态 $4(p_4, V_4, T - \Delta T)$, 最后经历绝热过程到达状态 $1(p, V, T)$. 这里主要关注的是 $1 \to 2$ 的等温过程, 可以看看等温过程中的内能变化 $(\Delta U)_T$. 原则上这只要应用一下热力学第一定律即可:

$$(\Delta U)_T = Q_1 - W'. \tag{17.1}$$

这里的 Q_1 是热机从高温热源 T 吸取的热量, W' 是在等温过程中的对外做功. 由于整体是卡诺循环, 所以我们可以应用一下卡诺定理, 来看看有没有新的启发. 按

照卡诺定理, 整个卡诺循环对外做功 W 与吸热 Q_1 满足最高效率:

$$\frac{W}{Q_1} = 1 - \frac{T - \Delta T}{T} = \frac{\Delta T}{T}.$$

如果已知对外做功 W, 由上式可以得到 Q_1. 而在 p-V 图上来看, 做功就是过程曲线与 V 轴所夹面积, W 实际上就是卡诺循环的面积, W' 就是等温过程 $1 \to 2$ 对应的面积. 微元可逆卡诺过程取得足够小, 可以使得过程曲线都是直线段, 整个卡诺循环近似为平行四边形. 这样 W' 实际上对应的是梯形的面积,

$$W' = \frac{1}{2}(p + p - (\Delta p)_T)(\Delta V)_T.$$

对于卡诺循环做的功, 可以过状态 2 作等容过程线与 $3 \to 4$ 的等温过程线交于状态 $5(p_5, V + (\Delta V)_T, T - \Delta T)$, 并将 $3 \to 4$ 的等温过程延长, 与过状态 1 的等容过程线交于状态 $6(p - (\Delta p)_V, V, T - \Delta T)$. 这样可逆卡诺循环 $1 \to 2 \to 3 \to 4 \to 1$ 的面积就变成了循环 $1 \to 2 \to 5 \to 6 \to 1$ 的面积, 而这个面积可以方便地求出:

$$W = (\Delta p)_V (\Delta V)_T.$$

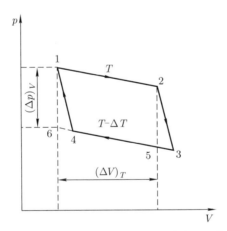

图 17.2　可以通过一个微小的卡诺循环得到内能的一般微分表达式

将以上结果代入公式 (17.1), 可得

$$(\Delta U)_T = \frac{T}{\Delta T}(\Delta p)_V(\Delta V)_T - \frac{1}{2}(p + p - (\Delta p)_T)(\Delta V)_T.$$

化简一下可得

$$\frac{(\Delta U)_T}{(\Delta V)_T} = T\frac{(\Delta p)_V}{\Delta T} - p + \frac{1}{2}(\Delta p)_T.$$

上式右边第三项和其他项相比是无穷小量, 可以忽略, 同时注意到 $1 \to 6$ 过程是等容过程, 其温度变化为 ΔT, 所以可以写为 $(\Delta T)_V$, 这样按照偏微分的定义, 就可以得到

$$\left(\frac{\partial U}{\partial V}\right)_T = T\left(\frac{\partial p}{\partial T}\right)_V - p.$$

这个式子是令人惊奇的, 因为内能对体积的响应无法直接测量, 而上式将其转换成了可以直接测量的量, 实际上只要代入状态方程即可. 如果再考虑到等容热容的定义

$$C_V = \left(\frac{\mathrm{d}Q}{\mathrm{d}T}\right)_V = \left(\frac{\partial U}{\partial T}\right)_V,$$

马上可以得到内能的全微分表达式

$$\mathrm{d}U = C_V\mathrm{d}T + \left(T\left(\frac{\partial p}{\partial T}\right)_V - p\right)\mathrm{d}V.$$

显然等式右边的量都可以实验测量, 这样就可以直接算出内能作为状态参量的函数. 需要注意的是, 卡诺热机里的工作物质可以是任何物质, 也就是说上述内能公式是普适的. 这是热力学第二定律给我们带来的惊喜!

由于已知焓的定义为 $H = U + pV$, 所以考虑到等压热容的定义, 再加上直接通过数学的偏微分关系推导, 就可以得到

$$\mathrm{d}H = C_p\mathrm{d}T + \left(-T\left(\frac{\partial V}{\partial T}\right)_p + V\right)\mathrm{d}p.$$

同样, 等式右边的量都可以直接测量, 从而通过状态方程和热容就可以直接求出焓作为状态参量的函数.

17.3　不同条件下的应用

当然热力学第二定律是普适的, 不限于只应用在卡诺热机的卡诺循环上, 那还有哪些应用呢? 原则上任意热力学系统的任意过程都可以使用. 这里我们看几个有趣的特例.

一个简单的特例是孤立系统. 按照热力学第二定律的熵表述, 有

$$\mathrm{d}S \geqslant \frac{\mathrm{d}Q}{T}.$$

孤立系统是没有热交换的, 这样对孤立系统这个特例来说, 任意真实发生的过程都必须满足

$$\mathrm{d}S \geqslant 0,$$

即熵不会减少. 这被称作熵增加原理. 实际上, 只要是绝热过程, 上式即成立.

熵增加原理的一个推论是, 如果一个孤立系统不断演化, 那么熵就不断增加或者不变, 当这个系统不再变化的时候, 熵就达到了极大值, 实际上这时系统恰好处于平衡态. 马上就可以发现, 熵达到极大是系统处于平衡态的一个判据, 写成数学表达式就是

$$\delta S = 0, \qquad \delta^2 S < 0.$$

这里的 δ 是变分符号, 其中第一个等式条件被称为平衡条件, 第二个不等式条件被称为稳定性条件. 这就是孤立系统是否达到平衡态的熵判据.

这里需要注意的是, 熵是态函数, 所以通常情况下, 熵增加原理适用的是准静态过程. 但由于熵的微观定义对于非平衡态也适用, 所以自然会将熵增加原理推广到非平衡态过程. 但这种推广是否正确, 原则上应从微观统计角度予以证明.

热力学在化学反应过程中有许多应用, 而有些化学反应是在大气环境下的密闭容器中进行的, 即可以认为是等温等容过程. 对于这种过程, 应用热力学第二定律会有什么新发现呢?

等温等容写成数学条件就是

$$dT = 0, \qquad dV = 0.$$

但热力学第二定律的熵表述中并没有办法直接应用这个条件, 所以我们需要用热力学第一定律改写一下熵表述:

$$dS \geqslant \frac{dQ}{T} = \frac{dU + pdV}{T},$$

或者

$$dU \leqslant TdS - pdV.$$

为了能够利用

$$dT = 0,$$

可以做一个勒让德 (Legendre) 变换, 或者利用全微分的关系式

$$d(TS) = TdS + SdT.$$

这样热力学第二定律就可以变换为

$$dF = d(U - TS) \leqslant -SdT - pdV.$$

这里定义了自由能

$$F = U - TS,$$

或称为亥姆霍兹自由能. 它显然是个态函数, 物理意义并不明确, 只是数学引进, 之后我们可以在应用中理解其意义. 有了自由能定义之后, 其实上式相当于给出了热力学第二定律的又一数学表述, 即自由能表述. 显然对于等温等容系统, 这是非常好用的形式, 我们马上就可以看出真实可发生的过程一定要满足

$$dF \leqslant 0,$$

即自由能不增加. 同样, 如果过程不断进行下去, 最后达到平衡, 等温等容系统的自由能应该极小, 其数学表达式就是

$$\delta F = 0, \qquad \delta^2 F > 0,$$

其中第一个条件是平衡条件, 第二个条件是稳定性条件. 这就是等温等容系统是否达到平衡的自由能判据.

其实自由能表达的热力学第二定律对等温系统也可以直接应用. 显然, 等温的情况下有

$$pdV \leqslant -dF,$$

即等温系统对外做的最大功为自由能的减少. 实际上热力学第一定律中的对外做功当然不限于体积功, 所以上式中的做功可以包含等温系统对外做的任何功, 因此它也被称为最大功原理. 通过这个应用, 我们可以发现对等温系统来说, 自由能相当于内部潜在的势能, 或者简单地说是能量状态的描述.

有时化学反应也在大气环境下不封闭地进行, 即发生的是等温等压过程, 这种情况下如何应用热力学第二定律呢?

等温等压的数学形式是

$$dT = 0, \qquad dp = 0,$$

所以与自由能的情况类似, 我们也要利用热力学第一定律改造热力学第二定律, 当然也需要用勒让德变换, 这样就得到

$$dG = d(U - TS + pV) \leqslant -SdT + vdp.$$

这里定义了自由焓

$$G = U - TS + pV,$$

也称为吉布斯函数, 或者吉布斯自由能. 它显然也是态函数, 需要在应用中理解其物理意义. 实际上这个表达式就是热力学第二定律的自由焓表述. 显然这一表述非常适合应用到等温等压系统上, 因为对于真实能发生的过程一定有

$$dG \leqslant 0,$$

即自由焓不能增加. 同样, 如果过程不断进行下去, 最后达到平衡, 等温等压系统的自由焓应该极小, 其数学表达式就是

$$\delta G = 0, \qquad \delta^2 G > 0,$$

其中第一个条件是平衡条件, 第二个条件是稳定性条件. 这就是等温等压系统是否达到平衡的自由焓判据.

考虑到热力学第一定律中系统对外做功除了体积功, 还可能有非体积功 $\sum_i \mathrm{d}W_i$, 所以对于等温等压系统还可以得到

$$\sum_i \mathrm{d}W_i \leqslant -\mathrm{d}G,$$

即最大非体积功为自由焓的减少. 这也是最大功原理. 从中可以看出, 自由焓 (吉布斯函数) 是系统潜在的势能, 也可以看作等温等压系统能量状态的描述.

17.4 对热力学第二定律的各种质疑

热力学第二定律带来的认知突破是显然的, 然而热力学第二定律真的正确吗? 刚开始发现热力学第二定律的时候是存在很多质疑的, 其中比较著名的有热寂说、洛施密特 (Loschmidt) 诘难、策梅洛 (Zermelo) 诘难、吉布斯佯谬、麦克斯韦妖.

热寂说是开尔文最早提出来的, 当时是从克劳修斯表述出发来讨论的: 如果现在的宇宙处于非平衡态中, 由于热量不会自发地从低温物体传到高温物体, 所以最终的结果是宇宙间的万物都达到热平衡, 此时不可能再有热量能转换为功, 否则违反开尔文表述, 因而宇宙进入热寂状态. 从熵的角度看, 此时熵最大, 并且是极大, 一般情况下, 熵越大, 对应的结构越混乱. 然而现在的宇宙看起来似乎是更有序的, 特别是还出现了地球上的高度有序的生态系统. 这样理论和实验不就矛盾了吗?

这涉及真实的宇宙是如何演化的. 现代宇宙学是以大爆炸作为宇宙演化的起点的, 演化的末态有两种可能, 一种是不断膨胀下去, 另一种是膨胀到一定程度再收缩, 实际是哪一种取决于宇宙的密度.

如果宇宙不断膨胀下去, 而且整个宇宙是均匀物质系统, 并且内部有充分的相互作用, 那么是有可能达到热寂状态的. 但实验观察到的宇宙物质分布并不绝对均匀, 不仅有各向异性, 还有局部的密度涨落, 甚至还有像宇宙微波背景辐射这样不再和其他物质发生相互作用的组分. 另一方面, 宇宙是引力系统, 物质的聚集会导致温度的升高, 并且向外辐射热量, 也就是具有负热容, 实际上并不是稳定系统, 所以宇宙的演化并不必然会趋向于表面上的更混乱. 有趣的是, 较为认真的计算表

明[23], 这种看起来趋向有序的演化过程, 却有可能真的是熵增加的过程, 但是未必会达到熵极大的状态.

如果宇宙真的会收缩, 则情况有可能变得更加复杂, 也许宇宙会反复振荡, 这时熵也会反复循环, 也许就真的违反熵增加原理了. 现在的宇宙物质密度观测结果表明, 宇宙更可能是在加速膨胀, 至少暂时还没有出现违反熵增加原理的情况.

当然有序耗散结构的出现, 是因为这些系统并不是平衡态, 而是在外界影响下远远偏离了平衡态. 一旦失去外界能量、物质等的支持, 这些有序结构就会趋向平衡态, 也就是熵极大的状态.

洛施密特诘难是说当孤立系统自发地从一个熵较小的状态演化到熵极大的平衡态时, 突然将所有粒子的速度反向, 根据微观粒子物理规律的时间反演不变性, 也就是微观演化的可逆性, 系统会自发地回到原来的状态. 这样岂不是违反了熵增加原理? 这个诘难本质上是微观可逆性与宏观不可逆性的矛盾.

如果真的做分子动力学模拟, 让单个分子遵守牛顿质点的规律, 则速度都反向之后, 确实会出现熵减小的过程, 但是过一段时间后, 熵又开始不断增大, 最后趋于极大. 如果计算时, 分子坐标和动量的存储精度提高, 则熵减小的过程会更明显. 甚至推到极端情况, 如果精度足够高, 真的可能会出现回到原来状态的情况. 从计算模拟可以推测, 实际上分子演化中的随机因素会导致熵增加. 事实上, 熵增加原理正是无规则热运动的规律, 无规则热运动中的随机因素来源可能有多种, 环境的涨落影响、不确定关系的约束等.

策梅洛诘难依据的是庞加莱的初态复现原理, 即孤立的有限保守动力学系统可在有限时间内恢复到任意接近初始组态的组态. 依此原理, 孤立热力学系统如果从熵较小的状态到了熵极大的平衡态, 那么也应该会在有限时间内回到熵较小的状态.

可以举个极端简化的特例来看这个问题, 一个容器左右平分, 将一个粒子初始时放在左边, 以一定速度随机运动, 显然粒子可以遍历左右两边, 并且概率相同. 这时会发现, 粒子有限时间内是很容易回到左边的状态的, 也就是遵守初态复现原理. 如果初始时放两个粒子在左边, 同样有限时间内可以观察到初态复现, 但是显然出现这种初态的概率变小了, 这个有限时间也变长了. 如果分子数多到 1 mol 的量级, 可想而知, 原则上也可以初态复现, 但是出现的概率小到可以忽略, 而要想观察到这个小概率事件需要的时间就更加漫长了.

吉布斯佯谬是指, 将温度和压强相同的两种不同理想气体用隔板分隔在容器左右两边, 抽开隔板混合后总的熵会增加, 有混合熵, 但如果将相同气体放在左右两边, 混合后还有混合熵吗?

这个佯谬促进了关于粒子全同性的思考. 实际上在量子统计中, 考虑了粒子全同性后, 就明确了相同气体混合没有熵增加, 不同气体混合就有熵增加. 当然考虑到抽开隔板的过程可能对应的是个测量过程, 所以也许事实没有那么简单.

麦克斯韦妖对应的是一个理想实验. 如图 17.3 所示, 将容器中处于平衡态的理想气体用隔板分开成两部分, 隔板上开一个小门, 让一只小妖守住门. 这个小妖被称为麦克斯韦妖. 当从左边跑过来的分子速率超过整体的平均速率时, 就把门打开, 让分子跑到右边, 当分子速率小于平均速率时就关上门, 把粒子挡回去. 当从右边跑过来的分子速率小于整体的平均速率时, 就把门打开, 让分子跑到左边, 当分子速率大于平均速率时就把门关上, 把粒子挡回去. 这样过一段时间, 左边分子的平均速率就会小于右边的平均速率, 对应的气体温度会低于右边气体温度, 这样就违反了热力学第二定律的克劳修斯表述, 或者说熵变小了.

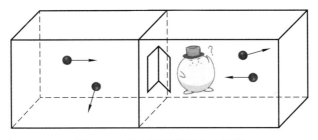

图 17.3　麦克斯韦妖守在小门旁

小妖真的能够打破热力学第二定律吗? 问题出在小妖怎么知道分子速率的大小. 这需要测量获取信息, 而信息的输入则相当于负熵的输入. 信息熵的概念正是受此启发发展起来的, 信息的输入相当于消除无知和不确定性. 这样, 我们就能理解作为人为什么要保持开放状态, 不断学习, 至少信息的输入有可能降低认知的混乱, 使得认知更加有序.

思 考 题

1. 设计卡诺循环过程直接推导焓关于压强的偏微分公式.
2. 根据内能的全微分推导焓的全微分表达式.
3. 计算理想气体和范氏气体的内能.
4. 解释巴西坚果效应. 坚果有大有小, 采摘的时候混乱放入车厢, 运输过程中不断颠簸, 到达目的地后, 大的坚果在上面, 小的坚果在下面, 变得更加有序了, 这违反熵增加原理吗?
5. 你认同信息熵是负熵吗? 学热学会让你变得更有序, 或者更聪明吗? 为什么?

习 题

1. 一个制冷机工作于两个温度分别为 $T_1 = 400$ K, $T_2 = 200$ K 的热源之间. 设工作物质在每一个循环中, 从低温热源吸收热量 200 J, 向高温热源放热 600 J.

   (1) 在每一循环中, 外界对制冷机做了多少功?

   (2) 经过一个循环后, 热源和工作物质的总熵变 ΔS 是多少?

   (3) 如果这个制冷机为可逆的, 则经过一个循环后, 热源和工作物质的总熵变应该是多少?

   (4) 如果这个可逆制冷机一个循环后, 从低温热源吸取热量仍为 200 J, 则工作物质向高温热源放出的热量以及外界对它做的功是多少?

   (5) 试由数值计算说明, 实际制冷机比可逆制冷机额外需要的外界功恰好等于 $T_1 \Delta S$.

   (6) 实际制冷机额外多需的外界功最后转化为高温热源的内能. 设想利用在同样的两个热源之间工作的一个可逆热机, 把这些内能中的一部分再变为有用的功, 能产生多少有用的功?

   (7) 通过这个计算, 你对熵有什么新的理解吗?

第十八讲

热力学基本微分方程

对一个热力学系统的以实验认知为主的探索式研究中, 可以发现许多规律, 例如状态方程、热容、热力学第一定律、热力学第二定律、热力学第三定律、热力学第零定律等. 这些规律对于认知来说已经很了不起了, 因为它们可以帮助我们更好地与热力学系统打交道, 例如设计更好的热机、利用好能源等. 然而物理学家不会满足于这些经验认知, 而会去思考背后的因果逻辑, 特别是希望建立一套简化的完备自洽的理论. 这套理论当然是仿照数学的公理化体系建立起来的.

18.1 实验认知的积累

对热力学系统性质进行开放式探索以后, 我们得到了什么呢? 这里暂时不讨论微观的研究, 只看宏观. 从宏观角度看, 一方面是系统的平衡态性质, 即热状态, 用温度 T 描述, 力学状态, 用压强 p 描述, 几何状态, 用体积 V 描述, 能量状态, 用内能 U 描述, 等温情况下的能量状态, 用自由能 F 表示, 等温等压情况下的能量状态, 用吉布斯函数 G 描述, 系统的内部混乱状态, 用熵 S 描述, 电极化状态, 用电偶极矩 P 表示, 磁极化状态, 用磁矩 M 表示等等. 对可观测的态性质用控制变量法进行研究, 可以得到如等温压缩系数、等体压强系数、等压体膨胀系数等响应函数, 从而得到状态方程, 如气体的状态方程、顺磁介质的状态方程、电介质的状态方程等. 需要注意的是为了定义温度, 需要引入热力学第零定律.

另一方面是系统与外界相互作用的性质, 对外做功用 W 描述, 吸热用 Q 描述. 对过程性质的研究, 可以得到等压热容 C_p、等容热容 C_V、特殊过程中的响应函数、过程方程、卡诺定理, 以及热力学第一定律、第二定律、第三定律等.

对于非平衡态, 如果可以做局域平衡假设, 则局域平衡态的性质可以套用已知的经验规律, 局域平衡态之间由于存在梯度力, 则会存在热力学流, 从而可以总结出类似牛顿黏性定律、傅里叶热传导定律、菲克扩散定律等规律. 对于更复杂的非平衡态, 则很难做出系统的规律总结.

这是目前通过探索得到的各种性质, 接下来我们想做什么呢? 我们想建立一套公理化体系来系统梳理对热力学系统的认知, 特别是因果逻辑关系. 如果能尽量简化就太好了, 至少意味着我们可以用尽量少的公理推导出尽可能完备的性质描述.

18.2　热力学模型

借鉴以前的认知过程, 特别是力学的认知过程, 我们知道建立公理化体系首先要将研究对象抽象化为一个模型. 热学的研究对象其实是大量微观粒子的无规则热运动, 然而在不同热力学系统中, 热性质影响的性质可能不同. 如 pVT 系统中热性质会影响力学性质, 而热磁系统中, 热性质会影响磁性质, 热电系统中, 热性质会影响电性质. 实际上, 热性质可以同时影响以上的性质. 很多情况下, 我们是为了简化认知, 只研究主要的性质. 这就带来一个问题, 热力学的模型如何建立?

其实从已有的探索中我们已经发现, 热力学的模型要针对具体的热力学系统来建立. 例如对极端稀薄条件下的气体, 可以建立理想气体模型. 为了简单考虑有分子间相互作用的气体, 可以用范德瓦耳斯气体模型. 为了了解顺磁介质的热性质, 可以忽略一些细节, 直接构建一个满足居里定律的磁介质模型, 如图 18.1 所示. 这与力学中用一个质点模型来构建整个力学系统显然是不同的, 这是因为力学用的是还原论的思想, 而宏观热力学则不得不面对这个对象的整体性质.

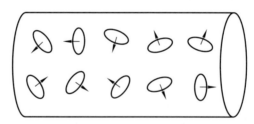

图 18.1　顺磁介质的简化模型, 热运动体现为这些小电流圈取向的随机变动

但在统计物理里, 模型的构建倒是可以和力学类似, 将大量有相互作用的基本粒子作为模型来系统构建热力学系统, 因为同样采用了还原论的思想. 当然实际操作时, 由于系统的复杂性, 又会产生各种简化的模型.

18.3　公理的选择

有了热力学的模型, 接下来要做的事情是选择完备的公理, 这该如何操作呢? 其实就是要做各种尝试, 有时甚至是遍历各种可能性. 当然公理的选择也有一些经验和逻辑要求, 例如普适性要好、公理本身尽量简洁、公理相互间要独立、最好有明确的物理意义、由此建立的公理化体系要尽量简单等等.

在已有的对热力学系统的认知中, 显然有不少是依赖于具体系统性质的, 例如理想气体状态方程就不能用到液体或固体上, 傅里叶热传导定律只适合线性热输运过程, 所以这一类规律只适合用在具体系统的公理化体系中. 而另一类认知则明显普适性较好, 如热力学第一定律、第二定律都是适用于任意系统、任意热力学过程的, 这一类规律显然是有可能成为热力学理论的普遍公理的. 实际上, 热力学理论的基础正是热力学第一定律、第二定律. 当然热力学第零定律也很重要, 因为它定义了温度, 尽管除此之外就用得很少. 而热力学第三定律主要是温度趋于零时的特殊条件下的规律, 普适性较差, 然而完备的理论体系必须要覆盖极端条件下的规律, 所以热力学第三定律也很重要. 这些定律都是独立的, 不能由其他定律导出, 所以对于完备的公理化体系来说, 都是不可忽略的.

注意这里说的定律其实是数学上的公理, 物理的语言没有数学表述那么严谨, 需要自己有个系统的理解, 否则用数学概念理解容易迷惑.

18.4 热力学基本微分方程

我们先选择热力学第一定律和第二定律作为公理试试看能推导出什么. 这里先以 pVT 纯物质系统为例, 热力学第一定律的数学表达式为

$$dU = dQ - pdV,$$

而热力学第二定律为

$$dS \geqslant \frac{dQ}{T}.$$

这里为了得到定量的关系, 只考虑可逆情况, 将两式消去过程量, 只剩下状态量之间的关系式

$$dU = TdS - pdV. \tag{18.1}$$

这就是热力学中的基本微分方程. 当然如果引入焓

$$H = U + pV,$$

则可以得到

$$dH = TdS + Vdp. \tag{18.2}$$

同样, 引入自由能

$$F = U - TS,$$

则可以得到

$$\mathrm{d}F = -S\mathrm{d}T - p\mathrm{d}V. \tag{18.3}$$

引入吉布斯函数

$$G = U - TS + pV,$$

则可以得到

$$\mathrm{d}G = -S\mathrm{d}T + V\mathrm{d}p. \tag{18.4}$$

其实以上几个全微分式都可以看作热力学基本微分方程. 问题是由这些微分方程能得到什么呢?

18.5　特　性　函　数

以方程 (18.1) 为例. 这个方程描述的是物理关系, 另一方面, 如果按照数学表达, 将内能 U 作为熵 S 和体积 V 的函数, 则应写为

$$\mathrm{d}U = \left(\frac{\partial U}{\partial S}\right)_V \mathrm{d}S + \left(\frac{\partial U}{\partial V}\right)_S \mathrm{d}V.$$

如果能够求出函数

$$U = U(S, V),$$

则结合物理关系和数学关系后, 我们马上可以发现

$$T = \left(\frac{\partial U}{\partial S}\right)_V = T(S, V), \tag{18.5}$$

$$p = -\left(\frac{\partial U}{\partial V}\right)_S = p(S, V). \tag{18.6}$$

将两式联立, 消去熵 S, 则可以得到状态方程

$$f(p, V, T) = 0.$$

利用公式 (18.5) 可反解出熵

$$S = S(T, V). \tag{18.7}$$

将公式 (18.5) 代入内能的表达式, 可以得到

$$U = U(T, V).$$

这样整个系统的性质都可以推导出来了. 例如, 等容热容为

$$C_V = \left(\frac{\partial U}{\partial T}\right)_V.$$

绝热可逆过程方程可以通过令公式 (18.7) 中的熵等于常数得到.

显然函数 $U = U(S, V)$ 是非常特殊的, 被称为特性函数, 当然要和基本微分方程 (18.1) 结合使用. 类似地, $H(S, p)$, $F(T, V)$, $G(T, p)$ 都是特性函数.

然而可惜的是, 从实验角度不方便直接得到这些函数关系, 但在统计理论中, 可以从微观模型出发系统地计算出这些特性函数, 这样就可以方便地导出所有宏观热力学性质了.

18.6 麦克斯韦关系

热力学基本微分方程还能导出什么结论呢? 有一类重要的结果是麦克斯韦关系.

从基本微分方程 (18.1) 出发, 如果将内能 U 看作熵 S、体积 V 的函数, 从数学角度出发, 写出其全微分为

$$dU = \left(\frac{\partial U}{\partial S}\right)_V dS + \left(\frac{\partial U}{\partial V}\right)_S dV.$$

而公式 (18.1) 给出的是物理规律, 对比这两个式子就可以得到

$$T = \left(\frac{\partial U}{\partial S}\right)_V, \qquad -p = \left(\frac{\partial U}{\partial V}\right)_S,$$

即温度和压强都是内能的一阶偏导. 如果再求一次偏导, 则有

$$\left(\frac{\partial T}{\partial V}\right)_S = \left(\frac{\partial \left(\frac{\partial U}{\partial S}\right)_V}{\partial V}\right)_S,$$

$$-\left(\frac{\partial p}{\partial S}\right)_V = \left(\frac{\partial \left(\frac{\partial U}{\partial V}\right)_S}{\partial S}\right)_V.$$

注意等式的右边都是内能的二阶偏导, 只是求导次序不同.

从数学角度说, 只要函数 $U(S, V)$ 及其各阶导数是连续的, 二阶偏导的结果就和次序无关. 这样, 马上就可以得到

$$-\left(\frac{\partial p}{\partial S}\right)_V = \left(\frac{\partial T}{\partial V}\right)_S. \tag{18.8}$$

这就是麦克斯韦关系, 注意其特点是将不能直接测量的关系转换成了可以实验直接测量的关系, 其中的等熵过程其实就是绝热可逆过程. 我们马上可以想到, 利用公式 (18.2), (18.3), (18.4) 同样可以导出类似的其他麦克斯韦关系:

$$\left(\frac{\partial V}{\partial S}\right)_p = \left(\frac{\partial T}{\partial p}\right)_S, \tag{18.9}$$

$$\left(\frac{\partial S}{\partial V}\right)_T = \left(\frac{\partial p}{\partial T}\right)_V, \tag{18.10}$$

$$-\left(\frac{\partial S}{\partial p}\right)_T = \left(\frac{\partial V}{\partial T}\right)_p. \tag{18.11}$$

麦克斯韦关系在热力学理论中有很多应用, 其中一个重要的应用是求出态函数.

18.7　态　函　数

对于热力学系统来讲, 只有部分状态参量是可以直接测量的, 例如 pVT 系统中的压强 p、体积 V、温度 T, 而其他状态参量, 如内能 U、熵 S, 是不能直接测量的, 只能作为可测量状态参量的态函数. 当然按照定义, 间接测量是可以的.

原则上只要独立的状态参量一定, 则所有其他态函数就被确定了. 问题是如何求出这些态函数的具体函数关系呢? 这里最主要的态函数就是内能 U 和熵 S, 因为分别是热力学第一定律和第二定律引入的两个态函数.

我们先求内能. 一般情况下内能可以看成温度 T 和体积 V 的函数, 因为温度是分子动能的宏观体现, 体积则和分子势能有关, 而内能的微观定义为所有分子的动能和势能之和. 对于封闭体系, 只有两个独立变量, 所以只要温度和体积确定, 内能也就确定了. 从数学角度看, 这意味着可以写出全微分表达式

$$\mathrm{d}U = \left(\frac{\partial U}{\partial T}\right)_V \mathrm{d}T + \left(\frac{\partial U}{\partial V}\right)_T \mathrm{d}V.$$

考虑到等容热容的定义

$$C_V = \left(\frac{\mathrm{d}Q}{\mathrm{d}T}\right)_V = \left(\frac{\partial U}{\partial T}\right)_V,$$

可得

$$\mathrm{d}U = C_V \mathrm{d}T + \left(\frac{\partial U}{\partial V}\right)_T \mathrm{d}V. \tag{18.12}$$

而从物理规律角度看, 则有关系式

$$\mathrm{d}U = T\mathrm{d}S - p\mathrm{d}V.$$

为了能够列出关于内能的微分方程, 我们可以利用数学关系式

$$\mathrm{d}S = \left(\frac{\partial S}{\partial T}\right)_V \mathrm{d}T + \left(\frac{\partial S}{\partial V}\right)_T \mathrm{d}V \tag{18.13}$$

将物理关系式改写为

$$\mathrm{d}U = T\left(\frac{\partial S}{\partial T}\right)_V \mathrm{d}T + \left[T\left(\frac{\partial S}{\partial V}\right)_T - p\right]\mathrm{d}V.$$

注意到其中熵关于体积的偏导是不能直接实验测量的, 但用了麦克斯韦关系 (18.10) 转换后就可以直接测量了, 即上式变为

$$\mathrm{d}U = T\left(\frac{\partial S}{\partial T}\right)_V \mathrm{d}T + \left[T\left(\frac{\partial p}{\partial T}\right)_V - p\right]\mathrm{d}V.$$

与数学关系式 (18.12) 比较, 可得

$$\mathrm{d}U = C_V\mathrm{d}T + \left[T\left(\frac{\partial p}{\partial T}\right)_V - p\right]\mathrm{d}V.$$

这样就得到了内能的微分方程, 其中每一项偏导数都是实验可以直接测量的.

需要注意的是上面的内能方程对任意 pVT 系统都是成立的, 而为了具体求出内能函数, 则需要具体确定热力学系统的模型, 如理想气体、范德瓦耳斯气体等.

由上述比较还可以得到

$$\left(\frac{\partial S}{\partial T}\right)_V = \frac{C_V}{T}, \tag{18.14}$$

而这恰好可以用来确定态函数熵. 将熵作为温度 T 和体积 V 的函数, 则根据数学关系有公式 (18.13), 再根据麦克斯韦关系 (18.10) 以及公式 (18.14) 确定其偏微分, 可得

$$\mathrm{d}S = \frac{C_V}{T}\mathrm{d}T + \left(\frac{\partial p}{\partial T}\right)_V \mathrm{d}V. \tag{18.15}$$

显然, 这是普适表达式, 只要给出具体热力学系统模型就可以确定态函数熵.

类似地可以求出态函数焓 H. 如果将其作为温度 T 和压强 p 的函数, 可以写出其全微分的数学形式为

$$\mathrm{d}H = \left(\frac{\partial H}{\partial T}\right)_p \mathrm{d}T + \left(\frac{\partial H}{\partial p}\right)_T \mathrm{d}p.$$

考虑到等压热容的定义

$$C_p = \left(\frac{\mathrm{d}Q}{\mathrm{d}T}\right)_p = \left(\frac{\partial H}{\partial T}\right)_p,$$

可得

$$\mathrm{d}H = C_p\mathrm{d}T + \left(\frac{\partial H}{\partial p}\right)_T \mathrm{d}p. \tag{18.16}$$

而从物理规律角度看, 则有关系式

$$\mathrm{d}H = T\mathrm{d}S + V\mathrm{d}p.$$

为了能够列出关于焓的微分方程, 可以利用数学关系式

$$\mathrm{d}S = \left(\frac{\partial S}{\partial T}\right)_p \mathrm{d}T + \left(\frac{\partial S}{\partial p}\right)_T \mathrm{d}p \tag{18.17}$$

将物理关系式改写为

$$\mathrm{d}H = T\left(\frac{\partial S}{\partial T}\right)_p \mathrm{d}T + \left[T\left(\frac{\partial S}{\partial p}\right)_T + V\right]\mathrm{d}p.$$

注意到其中熵关于压强的偏导是不能直接实验测量的, 但用了麦克斯韦关系 (18.11) 转换后就可以直接测量了, 即上式变为

$$\mathrm{d}H = T\left(\frac{\partial S}{\partial T}\right)_p \mathrm{d}T + \left[-T\left(\frac{\partial V}{\partial T}\right)_p + V\right]\mathrm{d}p.$$

与数学关系式 (18.16) 比较, 可得

$$\mathrm{d}H = C_p\mathrm{d}T + \left[-T\left(\frac{\partial V}{\partial T}\right)_p + V\right]\mathrm{d}p. \tag{18.18}$$

这样就得到了焓的微分方程, 其中每一项偏导数都是实验可以直接测量的, 只要给定具体热力学系统的物性, 就可以求出态函数焓.

由上述比较同样还可以得到

$$\left(\frac{\partial S}{\partial T}\right)_p = \frac{C_p}{T}. \tag{18.19}$$

这同样可以用来确定态函数熵.

由公式 (18.17), (18.19), (18.11) 可以得到熵 S 作为温度 T 和压强 p 的全微分关系

$$\mathrm{d}S = \frac{C_p}{T}\mathrm{d}T - \left(\frac{\partial V}{\partial T}\right)_p \mathrm{d}p.$$

同样给定具体系统的物性, 就可以求出态函数熵.

实际上, 只要求出内能和熵, 其他热力学函数都可以按照定义确定, 当然也可以从特性函数角度理解. 因此实际上可以这么理解, 从热力学第一定律、第二定律出发, 再结合具体的物性, 就可以完全确定系统的热力学性质了. 或者说, 我们建立了一套描述 pVT 系统热力学性质的公理化体系. 当然公理还应该包括热力学第零定律、第三定律.

18.8 热容的性质

这里有一个有趣的事情是, 逻辑上的自洽反过来会对研究对象的性质有一些约束, 或者说真实描述了自然界研究对象性质的理论必然是自洽的.

例如为了使得公式 (18.15) 成立, 也就是真的有解, 则要求其中的偏微分满足

$$\left(\frac{\partial \left(\frac{C_V}{T} \right)}{\partial V} \right)_T = \left(\frac{\partial^2 p}{\partial T^2} \right)_V . \tag{18.20}$$

显然上式对物性做了限制, 即等容热容和状态方程之间有一定的约束关系, 而一般情况下状态方程和热容是不能相互导出的, 需要独立测量.

这里再举一个例子, 即等压热容和等容热容的关系. 按照公式 (18.14) 和公式 (18.19), 可以得到

$$C_p - C_V = T \left[\left(\frac{\partial S}{\partial T} \right)_p - \left(\frac{\partial S}{\partial T} \right)_V \right] .$$

比较熵的两个全微分表达式

$$\mathrm{d}S = \left(\frac{\partial S}{\partial T} \right)_V \mathrm{d}T + \left(\frac{\partial S}{\partial V} \right)_T \mathrm{d}V$$

和

$$\mathrm{d}S = \left(\frac{\partial S}{\partial T} \right)_p \mathrm{d}T + \left(\frac{\partial S}{\partial p} \right)_T \mathrm{d}p,$$

将压强 p 视为温度 T 和体积 V 的函数, 利用其全微分表达式, 化简比较后可以得到

$$\left(\frac{\partial S}{\partial T} \right)_p - \left(\frac{\partial S}{\partial T} \right)_V = - \left(\frac{\partial S}{\partial p} \right)_T \left(\frac{\partial p}{\partial T} \right)_V .$$

再利用麦克斯韦关系 (18.11), 可得

$$C_p - C_V = T \left(\frac{\partial V}{\partial T} \right)_p \left(\frac{\partial p}{\partial T} \right)_V .$$

这意味着热容相互间也是有联系的. 代入理想气体状态方程, 可以看到两个热容只相差常数. 如果代入范氏气体状态方程, 则可以发现即使假设等容热容是常数, 等压热容也是一个复杂的函数. 实际上在求态函数时, 只要给出等容热容和状态方程就已经可以求出系统的所有性质了, 当然包括各种过程下的热容, 所以它们之间存在关系也是正常的.

思 考 题

1. 热力学公理化体系构造有什么启发意义呢? 这套公理化体系是唯一的吗? 存在不同的体系吗? 力学、电磁学又是如何构造公理化体系认知的呢?

2. 推导麦克斯韦关系.

3. 若已知 $F(T, V)$, 请推导系统所有相关物理量.

4. 查阅数学对全微分的要求, 说明为什么有公式 (18.20). 用理想气体、范氏气体的计算说明对等容热容的限制. 以前计算时取等容热容为常数合理吗?

习 题

1. 假设范氏气体的等容热容是常数, 求出范氏气体的内能表达式.

2. 计算范氏气体的等压热容与等容热容之差, 用体积 V 和温度 T 表示.

第十九讲

热力学理论的应用

一旦对热力学系统建立了公理化认知,接下来要做的就是实验检验. 对于热力学理论来说,由于其公理都是可以直接实验检验的,并且已经经过大量的实验验证,所以这个理论体系只要逻辑正确,还是相当可靠的,甚至有人说热力学理论是物理理论中最完美的. 当然更积极的认知方式是不断探索,尤其是极端条件下的探索,例如对于黑洞、暗物质、暗能量等未知对象的研究,也许这些新的对象能够帮助我们找到热力学认知的边界,这样才可能有新的发现,从而有真正的创新.

如果这个理论暂时还没有错,就可以在各种热力学体系中应用了. 其实应用的过程本身也是检验的过程.

19.1　理　想　气　体

理想气体几乎是热力学系统中最简单的了,可以作为最经典的应用案例. 首先我们要确定理想气体这个模型的物性,主要是状态方程和热容的规律. 这里讨论物质的量为 ν 的封闭理想气体的性质.

对于理想气体来说,为了描述其热力学性质,可以引入温度 T、压强 p、体积 V、熵 S、内能 U、焓 H、自由能 F、吉布斯函数 G,这些都是只和状态有关的物理量. 另一方面,为了描述其和外界的相互作用,可以引入对外做功 $\mathrm{d}W$ 和吸热 $\mathrm{d}Q$,为了描述热量的多少,还可以引入等容热容 C_V、等压热容 C_p,这些都是和过程有关的物理量. 在特定条件下,这些过程量可以用状态参量来表示,其物性对应的是状态方程

$$\frac{pV}{T} = \nu R, \tag{19.1}$$

以及热容的性质,例如氢气的等容热容和温度有关,在某些温度区间内可以视为常数.

接下来结合热力学的公理,原则上就可以推导出理想气体的所有热力学性质. 当然,最重要的就是先求出内能和熵作为可测量状态参量的态函数.

根据热力学理论导出的内能微分式

$$\mathrm{d}U = C_V \mathrm{d}T + \left[T\left(\frac{\partial p}{\partial T}\right)_V - p\right]\mathrm{d}V,$$

将状态方程代入, 马上可以得到

$$\mathrm{d}U = C_V \mathrm{d}T.$$

显然理想气体的内能只和温度有关, 为了保证理论的自洽性, 等容热容也只能是温度的函数, 这和实验测量的结果是符合的. 这里为了简化讨论, 假设等容热容为常数, 设定某参考态的内能为 U_0, 这样任意状态的内能 U 即为

$$U - U_0 = C_V(T - T_0).$$

同样, 利用热力学理论导出的熵微分式

$$\mathrm{d}S = \frac{C_V}{T}\mathrm{d}T + \left(\frac{\partial p}{\partial T}\right)_V \mathrm{d}V,$$

将状态方程代入, 得到

$$\mathrm{d}S = C_V \mathrm{d}\ln T + \nu R \mathrm{d}\ln V.$$

如果 C_V 为常数, 并设定参考态的熵为 S_0, 这样任意态的熵 S 即为

$$S - S_0 = C_V \ln\frac{T}{T_0} + \nu R \ln\frac{V}{V_0}.$$

其他的态函数就都可以求出了. 一旦求出所有态函数的表达式, 理想气体的所有热力学性质也就都确定了.

　　上述推导是否正确呢? 可以取极端情况的特例检验. 在熵的表达式里, 如果取 $T_0 \to 0$ 作为参考态, 则熵的表达式会发散, 这套描述就失效了. 而由热力学第三定律可以知道, 选取 $T_0 \to 0$ 作为参考态显然是合理的. 出现这个矛盾的原因在哪呢? 这是由于等容热容的取值不适合绝对零度附近的情况, 所以给出的结果是有局限的.

19.2　范氏气体

　　范氏气体也是常用模型之一, 其物性也主要体现在状态方程和等容热容性质上. 范氏气体的状态方程为

$$\left(p + \frac{\nu^2 a}{V^2}\right)(V - \nu b) = \nu RT.$$

同样利用纯物质 pVT 系统热力学理论导出的内能微分式, 可以得到

$$dU = C_V dT + \frac{\nu^2 a}{V^2} dV.$$

显然范氏气体的等容热容也只能是温度的函数. 为了简化, 我们同样设其为常数, 选定参考态的内能设为 U_0, 则范氏气体的内能为

$$U - U_0 = C_V(T - T_0) - \left(\frac{\nu^2 a}{V} - \frac{\nu^2 a}{V_0} \right).$$

同样根据熵的微分式, 将范氏气体状态方程代入, 得到

$$dS = \frac{C_V}{T} dT + \frac{\nu R}{V - \nu b} dV.$$

由于假设了 C_V 为常数, 并设参考态的熵为 S_0, 所以得到范氏气体的熵为

$$S - S_0 = C_V \ln \frac{T}{T_0} + \nu R \ln \frac{V - \nu b}{V_0 - \nu b}.$$

这样原则上可以得到范氏气体的所有热力学性质, 例如, 可以求出其焓为

$$H = U + pV = U_0 + C_V(T - T_0) - \left(\frac{\nu^2 a}{V} - \frac{\nu^2 a}{V_0} \right) + pV. \tag{19.2}$$

当然也可以用热力学导出的焓微分式直接求积分, 结果是相同的.

在绝热节流膨胀过程中, 焓是不变的, 即该过程为等焓过程. 如果其中的气体是范氏气体, 则可以由此定出等焓线, 并且定出焦汤系数. 焦汤系数的定义为

$$\mu = \left(\frac{\partial T}{\partial p} \right)_H,$$

其中下标表示是等焓过程. 显然通过这个系数可以描述膨胀后温度是降低还是升高.

利用偏微分的数学关系式

$$\left(\frac{\partial T}{\partial p} \right)_H \left(\frac{\partial H}{\partial T} \right)_p \left(\frac{\partial p}{\partial H} \right)_T = -1,$$

焦汤系数变为

$$\mu = -\frac{\left(\dfrac{\partial H}{\partial p} \right)_T}{\left(\dfrac{\partial H}{\partial T} \right)_p},$$

分母就是等压热容. 由于分子是对压强的偏导, 但是刚求出的焓表达式 (19.2) 用压强表示会比较复杂, 所以我们将分子改写成焓对体积的偏导以简化计算:

$$\mu = -\frac{1}{C_p}\left(\frac{\partial H}{\partial V}\right)_T \left(\frac{\partial V}{\partial p}\right)_T.$$

将焓表达式代入即可得

$$\mu = -\frac{1}{C_p}\left(\frac{\partial V}{\partial p}\right)_T \left[\frac{2\nu^2 a}{V^2} - \frac{\nu^2 RTb}{(V-\nu b)^2}\right].$$

注意其中 $C_p > 0$, 体积关于压强的偏导数应小于零, 否则系统不稳定, 这样焦汤系数的符号就由括号中两项的差值决定. 有个有趣的发现是, 这两项分别对应构建范氏气体模型时考虑的吸引作用和排斥作用. 如果将范氏气体整体当成一个弹簧, 则对焦汤系数的正负可以有一个直观的理解.

若吸引作用大于排斥作用, 即

$$\frac{2a}{V^2} > \frac{RTb}{(V-\nu b)^2},$$

与弹簧类比, 吸引大于排斥的状态是拉伸状态, 此时做绝热节流膨胀后, 压强变小, 体积变大, 相当于弹簧拉伸得更长, 这样势能就变得更大, 由于能量守恒, 对应的分子动能就减小, 即对应温度降低, 此时对应焦汤系数大于零, 为正效应.

若排斥作用大于吸引作用, 即

$$\frac{RTb}{(V-\nu b)^2} > \frac{2a}{V^2},$$

与弹簧类比, 排斥大于吸引的状态是压缩状态, 此时做绝热节流膨胀后, 压强变小, 体积变大, 相当于弹簧变长, 压缩程度减小, 这样势能就变小了, 由于能量守恒, 对应的分子动能就增加, 即对应温度升高, 此时对应焦汤系数小于零, 为负效应.

当焦汤系数为零时则为临界状态, 此时有

$$\frac{RTb}{(V-\nu b)^2} = \frac{2a}{V^2},$$

由此可得

$$\frac{\nu b}{V} = 1 \pm \sqrt{\frac{RTb}{2a}}.$$

正号舍去, 解出体积, 代入范氏气体状态方程, 消去体积, 得到

$$p = -\frac{a}{b^2}\left[3\frac{RTb}{2a} - 4\sqrt{\frac{RTb}{2a}} + 1\right].$$

这样在 $T\text{-}p$ 图上就可以给出焦汤系数为零的曲线, 将图划分为正效应区和负效应区, 如图 19.1 所示. 特别是在压强为 0 处, 可以解出上转换温度 T_{u} 和下转换温度 T_{d}:

$$T_{\mathrm{u}} = \frac{2a}{Rb}, \qquad T_{\mathrm{d}} = \frac{2a}{9Rb}.$$

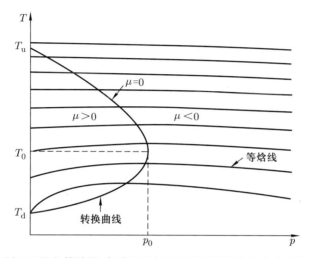

图 19.1　在 $T\text{-}p$ 图上画出的等焓线. 斜率为零的点连线后将图中状态分成了正效应区、负效应区, 制冷剂的工作区间显然在正效应区

为什么讨论这么多绝热节流过程呢? 因为这是冰箱等制冷设备的主要工作过程. 不同气体的制冷区间不同, 上述讨论对制冷剂的研究是有帮助的.

19.3　顺 磁 介 质

对于顺磁介质来说, 一样可以研究其热性质, 其热力学理论是怎样的呢? 显然, 热力学的公理, 即热力学第零定律、第一定律、第二定律、第三定律都成立, 只不过要针对顺磁介质这个特殊模型写出具体的公理形式.

顺磁介质的一个明显实验现象是: 外加磁场后被磁化, 成为磁体, 加热后磁性减弱, 甚至到达居里温度时, 磁性会完全消失, 发生相变. 这里不讨论相变情况, 只考虑简单的温度引起磁性减弱的情况. 显然其物性涉及其内部的磁场强度 $\mathscr{H}$、总磁矩 M, 当然还有温度 T, 其状态方程可以简化为居里定律:

$$M = C \frac{\mathscr{H}}{T},$$

其中 C 为居里系数, 简单情况下可设为常数. 另外顺磁介质在 $\mathcal{H}=0$ 时的热容为 b/T^2, 其中 b 为常数, 这个热容既可以理解为等磁场强度热容, 即

$$C_{\mathcal{H}}(\mathcal{H}=0,T)=\frac{b}{T^2},$$

也可以理解为等磁矩热容, 即

$$C_M(M=0,T)=\frac{b}{T^2}.$$

这是顺磁介质的基本物性. 实际上这是建立了一个模型, 我们可以称之为居里模型, 示意图见图 18.1.

　　对于居里模型来说, 热力学的公理同样适用. 比如由热力学第一定律可以得到

$$\mathrm{d}U=\mathrm{d}Q+\mu\mathcal{H}\mathrm{d}M,$$

其中右边第二项是施加磁场时外界对磁介质做的磁化功, μ 是介质磁导率. 同样热力学第二定律依然成立, 结合热力学第一定律就可以写出顺磁介质的热力学基本微分方程

$$\mathrm{d}U=T\mathrm{d}S+\mu\mathcal{H}\mathrm{d}M.$$

仿照 pVT 系统, 我们马上可以写出其他类似的微分方程

$$\mathrm{d}H=\mathrm{d}(U-\mu\mathcal{H}M)=T\mathrm{d}S-\mu M\mathrm{d}\mathcal{H},$$
$$\mathrm{d}F=\mathrm{d}(U-TS)=-S\mathrm{d}T+\mu\mathcal{H}\mathrm{d}M,$$
$$\mathrm{d}G=\mathrm{d}(U-TS-\mu\mathcal{H}M)=-S\mathrm{d}T-\mu M\mathrm{d}\mathcal{H},$$

容易得到对应的麦克斯韦关系为

$$\left(\frac{\partial T}{\partial M}\right)_S=\mu\left(\frac{\partial\mathcal{H}}{\partial S}\right)_M,$$
$$\left(\frac{\partial T}{\partial\mathcal{H}}\right)_S=-\mu\left(\frac{\partial M}{\partial S}\right)_{\mathcal{H}},$$
$$\left(\frac{\partial S}{\partial M}\right)_T=-\mu\left(\frac{\partial\mathcal{H}}{\partial T}\right)_M,$$
$$\left(\frac{\partial S}{\partial\mathcal{H}}\right)_T=\mu\left(\frac{\partial M}{\partial T}\right)_{\mathcal{H}}.$$

如何求内能 U 呢? 将其作为温度 T 和总磁矩 M 的函数, 则有

$$
\begin{aligned}
\mathrm{d}U &= \left(\frac{\partial U}{\partial T}\right)_M \mathrm{d}T + \left(\frac{\partial U}{\partial M}\right)_T \mathrm{d}M \\
&= T\mathrm{d}S + \mu\mathscr{H}\mathrm{d}M \\
&= T\left(\frac{\partial S}{\partial T}\right)_M \mathrm{d}T + \left[T\left(\frac{\partial S}{\partial M}\right)_T + \mu\mathscr{H}\right]\mathrm{d}M \\
&= C_M(M,T)\mathrm{d}T + \left[-\mu T\left(\frac{\partial \mathscr{H}}{\partial T}\right)_M + \mu\mathscr{H}\right]\mathrm{d}M \\
&= C_M(M,T)\mathrm{d}T,
\end{aligned}
$$

也即内能只是温度 T 的函数, 与磁矩 M 无关. 为了满足这个要求, 显然 $C_M(M,T)$ 也只能是 T 的函数, 也就是说

$$
C_M(M,T) = C_M(M=0,T) = \frac{b}{T^2},
$$

这样可以轻松得到顺磁介质的内能为

$$
U - U_0 = -b\left(\frac{1}{T} - \frac{1}{T_0}\right),
$$

其中 U_0 是选定参考态的内能.

如何求熵 S 呢? 将其作为温度 T 和总磁矩 M 的函数, 则有

$$
\begin{aligned}
\mathrm{d}S &= \left(\frac{\partial S}{\partial T}\right)_M \mathrm{d}T + \left(\frac{\partial S}{\partial M}\right)_T \mathrm{d}M \\
&= \frac{C_M(M,T)}{T}\mathrm{d}T - \mu\left(\frac{\partial \mathscr{H}}{\partial T}\right)_M \mathrm{d}M \\
&= \frac{b}{T^3}\mathrm{d}T - \mu\frac{M}{C}\mathrm{d}M \\
&= \mathrm{d}\left(-\frac{b}{2T^2} - \frac{\mu M^2}{2C}\right).
\end{aligned}
$$

这样就可以解出熵的态函数表达式.

由于实际操作中, 可控的参量通常是温度和磁场, 所以也可以用居里定律将其改写为

$$
\mathrm{d}S = \mathrm{d}\left(-\frac{b + \mu C\mathscr{H}^2}{2T^2}\right).
$$

一个有趣的结论是, 如果是绝热可逆过程, 可以通过上式给出绝热过程方程, 即

$$
\frac{b + \mu C\mathscr{H}^2}{2T^2} = c,
$$

其中 c 为常数. 我们马上就可以发现, 如果磁化达到平衡态后, 再绝热去磁, 则温度会降低, 这可以用来在低温时进一步降温.

以上求得的理论是否正确呢? 其实应用一下热力学第三定律就知道, 在低温极限同样存在问题. 例如外加磁场一定时, 令温度趋于零, 则熵差出现发散情况, 和热力学第三定律不符合, 也就是说这个理论体系本身就不自洽. 不过其在非零温范围内仍然是可以应用的.

19.4　橡皮筋的热力学

橡皮筋也有热力学? 真的可以有. 先来看两个实验.

将橡皮筋先放在嘴唇上感受一下其温度, 然后快速拉伸橡皮筋后再用嘴唇感受一下温度, 会感到温度升高, 如果拉伸后等一会, 再突然放松, 则会感受到温度降低.

另一个实验是, 用橡皮筋悬挂一小物体, 再用热吹风机吹橡皮筋, 则会发现橡皮筋缩短.

从以上实验能总结出什么呢? 首先我们确定研究对象为橡皮筋, 找出其物性. 显然, 橡皮筋有温度 T, 在外加力 F 作用下, 会伸长 $x - x_0$, x_0 是橡皮筋原长, 最简单的情况下假设其满足胡克定律, 即有

$$\mathscr{F} = k(T)(x - x_0),$$

其中 $k(T)$ 为劲度系数, 显然和温度有关. 由于橡皮筋悬挂小物体时, 加热橡皮筋会缩短, 所以劲度系数与温度是单调递增的关系. 为了简单, 我们假设它们之间是正比例关系, 即

$$k(T) = k_0 T.$$

原则上还需要热容的信息, 尽管不知道详细的信息, 但在长度不变的条件下, 其热容 C_x 应该是大于零的.

当然还要将热力学的公理应用到橡皮筋上, 即根据热力学第一定律, 有

$$dU = dQ + \mathscr{F} dx,$$

其中第二项是外界对橡皮筋做的功. 结合热力学第二定律, 就可以得到橡皮筋的热力学基本微分方程

$$dU = T dS + \mathscr{F} dx.$$

做了勒让德变换后, 可以得到其他微分方程为

$$\mathrm{d}H = \mathrm{d}(U - \mathscr{F}x) = T\mathrm{d}S - x\mathrm{d}\mathscr{F},$$
$$\mathrm{d}F = \mathrm{d}(U - TS) = -S\mathrm{d}T + \mathscr{F}\mathrm{d}x,$$
$$\mathrm{d}G = \mathrm{d}(U - TS - \mathscr{F}x) = -S\mathrm{d}T - x\mathrm{d}\mathscr{F},$$

对应的麦克斯韦关系为

$$\left(\frac{\partial T}{\partial x}\right)_S = \left(\frac{\partial \mathscr{F}}{\partial S}\right)_x,$$
$$\left(\frac{\partial T}{\partial \mathscr{F}}\right)_S = -\left(\frac{\partial x}{\partial S}\right)_{\mathscr{F}},$$
$$\left(\frac{\partial S}{\partial x}\right)_T = -\left(\frac{\partial \mathscr{F}}{\partial T}\right)_x,$$
$$\left(\frac{\partial S}{\partial \mathscr{F}}\right)_T = \left(\frac{\partial x}{\partial T}\right)_{\mathscr{F}}.$$

如何求橡皮筋的内能呢? 将其作为温度 T 和长度 x 的函数, 则有

$$\begin{aligned}
\mathrm{d}U &= \left(\frac{\partial U}{\partial T}\right)_x \mathrm{d}T + \left(\frac{\partial U}{\partial x}\right)_T \mathrm{d}x \\
&= T\mathrm{d}S + \mathscr{F}\mathrm{d}x \\
&= T\left(\frac{\partial S}{\partial T}\right)_x \mathrm{d}T + \left[T\left(\frac{\partial S}{\partial x}\right)_T + \mathscr{F}\right]\mathrm{d}x \\
&= C_x\mathrm{d}T + \left[-T\left(\frac{\partial \mathscr{F}}{\partial T}\right)_x + \mathscr{F}\right]\mathrm{d}x \\
&= C_x\mathrm{d}T,
\end{aligned}$$

也就是说内能只是温度 T 的函数, 与长度 x 无关. 为了满足这个要求, 显然 C_x 也只能是 T 的函数. 这里为了简单假设其为大于零的常数, 这样就可以轻松求出内能.

如何求熵呢? 将其作为温度 T 和长度 x 的函数, 则有

$$\begin{aligned}
\mathrm{d}S &= \left(\frac{\partial S}{\partial T}\right)_x \mathrm{d}T + \left(\frac{\partial S}{\partial x}\right)_T \mathrm{d}x \\
&= \frac{C_x}{T}\mathrm{d}T - \left(\frac{\partial \mathscr{F}}{\partial T}\right)_x \mathrm{d}x \\
&= C_x\mathrm{d}\ln T - k_0(x - x_0)\mathrm{d}x \\
&= \mathrm{d}\left(C_x \ln T - \frac{1}{2}k_0(x - x_0)^2\right).
\end{aligned}$$

这样就可以解出熵的态函数表达式.

由于快速拉伸橡皮筋的过程是绝热可逆过程, 所以可以通过上式给出绝热过程方程

$$C_x \ln T - \frac{1}{2} k_0 (x - x_0)^2 = c,$$

其中 c 为常数. 我们马上就可以发现, 如果快速拉伸橡皮筋, 显然温度会升高, 如果快速收缩橡皮筋, 则温度会降低, 这和实验是吻合的.

另一个有趣的事情是, 橡皮筋拉伸后, 其熵是变小的, 微观上看这是橡皮筋内部分子排列的特性.

这套理论对不对呢? 它同样与热力学第三定律矛盾. 问题出在热容假设不合理, 在温度趋于零时, 热容应该也趋于零. 当然在非零温度下, 以上的分析就挺好了.

思　考　题

1. 绝对零度附近的理想气体等容热容具有什么性质? 可以从量子力学描述下的统计角度考虑.
2. 能设计一个顺磁介质作为工作物质的卡诺热机吗? 如果可以, 请计算其效率.
3. 查阅橡皮筋的化学结构, 从微观上解释为什么等温拉伸时, 其熵是变小的.

习　题

1. 直接应用公式 (18.18) 求出理想气体的焓, 并与用定义 $H = U + pV$ 和内能表达式直接给出的焓比较, 二者是一样的吗?
2. 假设范氏气体的等容热容是常数, 推导范氏气体的绝热过程方程, 并以范氏气体作为工作物质, 计算卡诺热机的效率.

第二十讲

相变现象

相变现象是热学里非常有趣而复杂的现象,如何才能对相变现象建立起一套认知呢? 已有的热力学认知还能用吗? 我们会发现, 一方面, 已有热力学理论可以做适当应用, 另一方面, 也不得不面对相变现象里的新问题. 实际上, 我们每天都要面对类似的情况.

20.1 相 变 现 象

什么是相变现象呢? 煮开水时水变成水蒸气、春天冰雪融化、干冰的升华、液氮冷冻空气球、超导现象、超流现象、高温下磁体磁性消失现象, 这些都是相变现象.

为什么称之为相变呢? 通常都是物质性质发生了显著变化. 例如水蒸发是从液态变成了气态, 超导则是从有电阻状态变成了零电阻状态. 这些都是从某种性质单一的相改变为另一种性质单一的相, 所以称之为相变.

如何研究相变呢? 显然各种相变是非常复杂的, 尽管我们对每种都想研究清楚, 建立认知, 但一开始就研究复杂的相变会非常困难, 所以研究的第一步可以挑一个最熟悉并且简单的研究对象, 比如水的蒸发与冰的融化等, 之后当然是观察、量化描述、找物理规律. 由于水是纯物质系统, 显然符合热力学, 当然可以尝试套用热力学理论. 如果理论不成功, 则要重新建立模型, 构建理论, 并做实验检验.

水的相变现象是怎样的呢? 对于室温下的水, 可以直接测量或控制的物理量是压强 p、体积 V、温度 T. 为了使其发生相变, 可以有多种方式. 如保持 1 个标准大气压的情况下, 将其加热至 $100°C$, 则水会开始气化, 气液共存、温度不变. 继续加热, 所有的水都变成水蒸气, 之后温度才会继续升高. 相变就发生在气液共存的过程中. 如果将水降温, 则到 $0°C$ 时, 会有冰出现, 冰水共存, 温度不变. 继续放热, 所有的水都结成冰, 之后温度才会继续降低. 相变发生在液固共存的过程中. 如果在高山上低气压处做类似的实验, 则会发现气液相变的温度会降低, 而液固相变的温度会升高 (实际上一般的纯物质系统相变温度会降低, 水的性质要更复杂). 以上是常见的水的相变现象.

　　然而如果进一步拓展压强和温度的范围, 就会发现情况要复杂得多. 如压强低于 611.73 Pa 后, 就没有液态的水了. 冰等压加热到一定温度后会直接升华为水蒸气, 气固共存, 温度不变. 继续加热, 所有的冰都变成水蒸气, 之后温度继续升高. 在温度为 273.16 K, 压强为 611.73 Pa 时, 则会出现气液固三相共存的情况, 这个状态被称为三相点. 如果维持压强高于 22.064 MPa, 则加热水不会出现气液共存的现象, 即没有明显的相变过程. 而维持压强为 22.064 MPa, 加热水到 647 K, 水会直接变为水蒸气, 不再有相变潜热. 其实压强稍低一点, 就可以在相变温度处观察到气液共存, 也就是有气液分界面. 所以压强为 22.064 MPa, 温度为 647 K 的状态是气液相变的临界点.

　　情况还可以变得更复杂, 如果推广到极端低温, 或者极端高压, 则冰的相还可能发生变化, 有的是晶体结构发生变化, 有的是晶体常数发生变化, 构成了十多种固体相.

　　实际上, 水的相变情况还可能会更复杂, 1 个标准大气压下加热纯水, 如果缓慢加热, 有可能超过 100°C 也不会发生相变, 称为过热液体, 继续加热, 温度高到一定程度就会发生暴沸. 实际上烧水时的相变通常是以沸腾的方式进行, 而不是简单的气液安静共存, 所以相变温度也被称为沸点. 而将 1 个标准大气压下的水蒸气降温, 也可能出现温度低于沸点仍然保持为气体的状态, 称为过冷气体. 类似地也有过冷液体. 自己在家将蒸馏水放在冰箱里就可以制作过冷水, 甚至可以制作过冷的可乐.

　　由于描述水的物理量可以有三个, 而独立的只有两个, 所以发生相变不一定在等压下进行, 也可以在等温或等容下进行. 例如, 如图 20.1 所示, 将水蒸气放入带有活塞的气缸, 保持温度为 100°C, 则压缩到 1 个标准大气压时, 出现气液共存, 继续压缩, 压强不变, 持续放热, 直到所有的气体都变成液体, 继续压缩液体到 GPa 量级的压强时, 则开始出现冰水共存, 继续压缩, 压强不变, 持续放热, 直到所有的水都变成冰. 如果温度高于 647 K, 则蒸气会被持续压缩, 但没有气液相变, 气体被压到 10 GPa 以上时, 会被直接压成冰, 发生相变. 647 K 是水的临界温度. 如果温度低于 273.16 K, 同样只有气固相变, 即凝华现象, 273.16 K 是三相点温度. 温度在

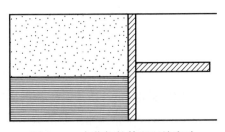

图 20.1　水蒸气的等温压缩实验

三相点和临界点之间时, 水蒸气可以被压缩为液体, 再被压缩为固体. 但在温度靠近临界点处, 水蒸气被压缩为水后体积变化较小, 在临界点温度处, 可以认为相变前后体积一样大.

其实上述描述可以量化, 即在 V-T 图上画出等压线, 或在 p-V 图上画出等温线 (见图 20.2), 甚至在 p-V-T 图上画出一个二维的曲面.

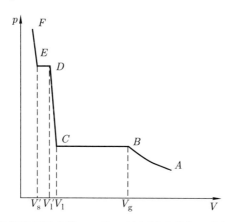

图 20.2 p-V 图上的一条等温压缩曲线. A 到 B 为压缩水蒸气, 到达 B 处, 体积变为 V_g, 此时出现小液滴, 开始气液相变. 从 B 到 C 相变过程中气液共存, 压强不变, 到 C 点后全部为液体, 体积变为 V_l. 从 C 到 D 为压缩液体过程, 到达 D 点, 体积变为 V_l', 此时有冰颗粒出现, 开始液固相变. 从 D 到 E 相变过程中, 压强不变, 到 E 点后全部变为固体, 体积变为 V_s'. 从 E 到 F 则是压缩固体过程

显然上述描述中最特殊的就是相变点. 注意到相变点处体积可以变化, 但温度和压强则保持不变, 所以可以在 p-T 图上将相变点单独标记出来. 我们会发现它们将连成线, 有气液相变曲线、液固相变曲线、气固相变曲线, 并且三条线还会相交于一点, 即三相点. 而气液相变曲线在高温处会有一个截止的临界点, 如图 20.3 所示. 当然如果拓展到很低温和很高压的情况, 则还会出现固固相变曲线. 但无论有多少条相变曲线, 这些曲线最多只能有三条相交于一点. 我们马上就可以发现, 这些相变曲线将水的状态 (每个 (p, T) 点代表一个状态) 划分成了不同的相区, 所以 p-T 图也被称为相图. 一个细致的水的相图如图 1.3 所示.

如果是在等容情况下发生相变, 其描述会相对复杂一点. 如发生气液相变时, 发生相变的特征是出现气液共存的分界面. 如果持续加热, 温度和压强会同时发生变化, 超过一定温度, 分界面会消失, 这里复杂的情况是可能连续经过多个相变点. 特别是如果将 18 g 水放入体积为 55.8 ml 的透明密闭容器中, 用白光照射观察, 开始时能观察到明显的气液分界面. 如果持续加热, 则在温度接近临界温度时, 气液界面越来越模糊, 到达并超过临界温度后消失. 在 p-T 图上看来, 显然是沿着气液

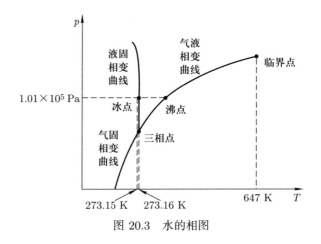

图 20.3　水的相图

相变曲线不断靠近临界点, 之后再脱离相变曲线.

　　如果将温度慢慢下降, 接近临界点时, 本来透明的均匀气体会变成淡蓝色, 达到临界点时会出现翻滚的乳白色雾. 温度继续下降, 低于临界点时, 气液分界面再次出现, 气体和液体都变得透明. 这种在临界点温度附近观察到淡蓝色光和乳白色光的现象称为临界乳光现象.

20.2　相 变 规 律

　　观察了相变现象, 有了量化描述之后, 接下来要做的就是寻找实验规律了. 能找到哪些规律呢? 显然, 即使是纯水的相变也很复杂, 为了进一步简化, 我们先只考虑气液相变, 且只考察水蒸气在不同温度下等温压缩过程中的规律.

　　我们将不同温度下的等温压缩曲线示意性地画在 p-V 图中, 如图 20.4 所示. 在非临界相变点处, 水蒸气体积 V_g 不等于水的体积 V_l, 或者说气体被压缩成液体后体积发生变化. 并且这个变化差值 $V_g - V_l$ 和温度有关, 温度较低, 差值较大, 温度变高, 差值较小, 特别是在临界点处, 差值消失.

　　在非临界相变点处, 水蒸气变为水需要放热, 即存在相变潜热 L. 考虑到相变过程等温而且可逆, 所以有相变潜热意味着相变前后摩尔熵发生变化, 即水蒸气的熵 S_g 和水的熵 S_l 存在不为零的差值 $S_g - S_l$. 并且这个差值也和温度有关, 相变点温度升高时, 这个差值减小, 直到临界点处, 差值消失.

　　相变点处气液共存体的压强 p 和温度 T 存在固定函数关系 $p = p(T)$, 即相图上的相变曲线.

　　存在一个特殊的相变点, 即临界点. 一方面这个点本身性质特殊, 此点处水蒸

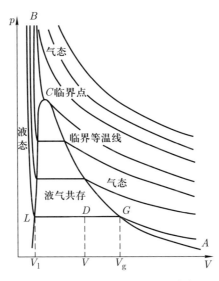

图 20.4 水蒸气不同温度下等温压缩曲线的示意图

气的体积、熵和发生相变后的"水"的体积、熵分别相等, 可以观察到临界乳光现象, 即意味着密度出现可观测的涨落, 而且实验上还可以观测到等容热容在此点处发散, 出现奇异行为.

另一方面, 在此点处已经无法区分气液两相, 或者说气液共存区被压缩到零. 一个有趣的事实是, 在相图上, 可以从低于临界温度的一个气体相出发, 先等压升温, 高过临界点温度, 再等温加压, 高过临界点压强, 再等压降温, 低到临界温度以下, 到达一个液体相. 实际上就是经历一个绕过临界点的过程从气体变成了液体, 而不发生相变.

这些对于气液相变来说是比较明显的经验规律, 当然还可以总结出其他规律, 如吉布斯相律 (独立强度量数目与组元数目、相数的关系, 可以从相图上直接看出来) 等, 这里暂时不讨论. 对液固相变、气固相变也可以做类似总结, 其相变规律和气液相变是很相似的.

20.3 开放系统的热力学

在实验方面做了经验总结后, 我们就需要想办法对观察到的现象做一个系统的公理化认知. 如果是已经研究过的对象, 当然可以套用已建立的认知, 如果有无法解释的现象或者已有理论不符合实验, 则要建立新理论.

这里仍然先以气液相变为例. 显然没有发生相变时, 或者完全相变后, 都可以直接套用封闭体系的热力学理论进行处理, 真正复杂的是在气液共存区域. 气液共存时, 气体和液体可以分别独立考虑, 但是问题的复杂性在于, 尽管气体和液体总体的粒子数不变, 但各自的粒子数都是可以变化的, 需要建立粒子数可变热力学系统的热力学理论.

建立理论首先要有模型, 显然要求是粒子数可变的 pVT 系统. 此时多了一个变量, 可以是粒子数 N, 也可以是物质的量 ν, 对于具体模型, 还需要给出状态方程

$$f(p, V, T, \nu) = 0,$$

以及热容等物性性质. 考虑到广延量和强度量的性质, 其实只要知道 1 mol 封闭体系的状态方程和热容, 再利用广延量的性质即可得到物质的量可变系统的物性. 之后要做的是模仿封闭系统建立开放系统的热力学理论, 至少要先给出热力学基本微分方程. 这里需要利用内能 U 的广延量性质.

先设系统的摩尔内能是 U_m, 则物质的量为 ν 时的内能就为

$$U = \nu U_m.$$

对于 1 mol 的封闭体系, 其热力学基本微分方程为

$$dU_m = TdS_m - pdV_m,$$

这里的 S_m, V_m 指的是摩尔熵、摩尔体积, 由于都是广延量, 所以物质的量为 ν 时的熵 S 和体积 V 就为

$$S = \nu S_m, \quad V = \nu V_m,$$

这样就有

$$dU = TdS - pdV + (U_m - TS_m + pV_m)d\nu. \tag{20.1}$$

引入

$$\mu = U_m - TS_m + pV_m,$$

μ 被称为化学势, 纯物质的化学势就是 1 mol 该物质的吉布斯函数. 这样就有

$$dU = TdS - pdV + \mu d\nu. \tag{20.2}$$

这就是开放纯物质系统的基本微分方程. 马上可以得到其他类似的微分方程:

$$dH = TdS + Vdp + \mu d\nu,$$
$$dF = -SdT - pdV + \mu d\nu,$$
$$dG = -SdT + Vdp + \mu d\nu.$$

显然对于纯物质系统来说, 其热力学性质就都能确定了.

这里需要注意一下, 一般情况下的化学势可以根据吉布斯函数定义, 即吉布斯函数对相应物质的量的偏导数就是化学势, 而在纯物质系统中, 情况比较简单, 就是

$$\mu = \frac{G}{\nu}.$$

20.4 平衡态的熵判据

对粒子数可变的气体和液体都有了公理化描述之后, 问题就是气液何时达到平衡. 因为尽管受到约束, 气液两相的压强、温度、体积、物质的量都是可能变化的参量, 所以自然会有何时不再变化, 即达到平衡的问题.

这里我们采用孤立系统的熵判据来判断. 如果将气液共存系统孤立起来, 达到平衡时, 系统的熵应该极大, 即满足

$$\delta S = 0, \qquad \delta^2 S < 0.$$

用 α 标记气相或者液相, 假设每相的物质的量为 ν_α, 摩尔体积为 $V_{\alpha m}$, 摩尔内能为 $U_{\alpha m}$, 摩尔熵为 $S_{\alpha m}$, 则每相的体积 V_α、内能 U_α、熵 S_α 为

$$V_\alpha = \nu_\alpha V_{\alpha m}, \quad U_\alpha = \nu_\alpha U_{\alpha m}, \quad S_\alpha = \nu_\alpha S_{\alpha m},$$

总的内能、体积、物质的量、熵为

$$U = \sum_\alpha U_\alpha, \quad V = \sum_\alpha V_\alpha, \quad \nu = \sum_\alpha \nu_\alpha, \quad S = \sum_\alpha S_\alpha.$$

由于将其视为孤立系统, 所以有约束条件总内能不变、总体积不变、总物质的量不变, 即对所有可能的扰动, 都有

$$\delta U = \sum_\alpha \delta U_\alpha = 0,$$
$$\delta V = \sum_\alpha \delta V_\alpha = 0,$$
$$\delta \nu = \sum_\alpha \delta \nu_\alpha = 0,$$

这里 δ 表示的是虚变动.

由于每相都是可变物质的量系统, 所以对于每相的熵 S_α 来说, 根据公式 (20.2), 其虚变动应满足

$$\delta S_\alpha = \frac{1}{T_\alpha}\delta U_\alpha + \frac{p_\alpha}{T_\alpha}\delta V_\alpha - \frac{\mu_\alpha}{T_\alpha}\delta \nu_\alpha, \tag{20.3}$$

所以总熵的虚变动满足

$$\delta S = \sum_\alpha \frac{1}{T_\alpha}\delta U_\alpha + \sum_\alpha \frac{p_\alpha}{T_\alpha}\delta V_\alpha - \sum_\alpha \frac{\mu_\alpha}{T_\alpha}\delta \nu_\alpha. \tag{20.4}$$

设 $\alpha = 1, 2$ 分别表示气相和液相, 同时考虑到孤立系统的约束条件及熵极大条件, 则有

$$0 = \left(\frac{1}{T_2} - \frac{1}{T_1}\right)\delta U_2 + \left(\frac{p_2}{T_2} - \frac{p_1}{T_1}\right)\delta V_2 - \left(\frac{\mu_2}{T_2} - \frac{\mu_1}{T_1}\right)\delta \nu_2.$$

由于上式对于任何的虚变动 δU_2, δV_2, $\delta \nu_2$ 都成立, 所以其系数必然都为零, 即要求

$$T_2 = T_1, \quad p_2 = p_1, \quad \mu_2 = \mu_1.$$

这就是平衡条件, 分别对应热学平衡条件、力学平衡条件、化学平衡条件 (这里其实是相平衡条件). 实际上这个结论可以推广, 多相共存达到平衡时, 每一相的温度、压强、化学势都相同.

　　平衡条件中各相的温度、压强相同是容易理解的, 因为如果温度不等, 就会有热量流动, 如果压强不等, 就会引起体积变化和物质流动, 即发生输运过程, 而输运会反过来促进系统达到温度、压强相等. 对于化学势相等怎样理解其意义呢? 如果化学势不等, 会发生什么呢? 由于气液共存区是等温等压的, 所以我们可以借用吉布斯函数 G 表述的热力学第二定律来尝试理解.

　　气液共存的整体是封闭系统, 并且等温等压, 则按照热力学第二定律, 真实发生的过程应满足

$$\mathrm{d}G \leqslant -S\mathrm{d}T + V\mathrm{d}p = 0.$$

由于是气液两相, 所以总吉布斯函数变化 $\mathrm{d}G$ 为

$$\mathrm{d}G = \sum_\alpha \mathrm{d}G_\alpha.$$

而每一相都是开放系统, 所以其吉布斯函数变化 $\mathrm{d}G_\alpha$ 应满足开放系统的热力学基本微分方程, 即

$$\mathrm{d}G_\alpha = -S_\alpha \mathrm{d}T_\alpha + V_\alpha \mathrm{d}p_\alpha + \mu_\alpha \mathrm{d}\nu_\alpha.$$

由于等温等压, 所以上式变为

$$\mathrm{d}G_\alpha = \mu_\alpha \mathrm{d}\nu_\alpha.$$

这样就可以得到

$$\mathrm{d}G = \mu_1 \mathrm{d}\nu_1 + \mu_2 \mathrm{d}\nu_2 \leqslant 0.$$

再考虑到整体为封闭系统, 即

$$\mathrm{d}\nu_1 = -\mathrm{d}\nu_2,$$

所以得到

$$\mathrm{d}G = (\mu_2 - \mu_1)\mathrm{d}\nu_2 \leqslant 0.$$

显然其中等号对应的是可逆过程, 也就是真实的相变过程, 这是化学势相等的情况, 其粒子数变化可以任意, 即水可以完全变为水蒸气或者反之. 而小于 0 的情况对应的是不可逆的情况. 此时若化学势不等, 如

$$\mu_2 > \mu_1,$$

则真实发生的过程要求

$$\mathrm{d}\nu_2 < 0,$$

即水的化学势较大时, 会有更多的水分子变为水蒸气. 同样, 如果

$$\mu_2 < \mu_1,$$

则真实发生的过程要求

$$\mathrm{d}\nu_2 > 0,$$

即水蒸气的化学势较大时, 会有更多的水蒸气变成水. 这样我们就看到化学势和粒子数变化是密切相关的, 其实就是和相变密切相关.

熵判据中还有一个条件, 就是二阶变分小于零, 这个条件意味着什么呢? 对公式 (20.4) 再做一次虚变动, 即二阶变分, 则可以得到

$$\delta^2 S = \sum_\alpha \left[-\frac{1}{T_\alpha^2}\delta T_\alpha(\delta U_\alpha + p_\alpha\delta V_\alpha - \mu_\alpha\delta\nu_\alpha) \right]$$
$$+ \sum_\alpha \left[\frac{1}{T_\alpha}(\delta^2 U_\alpha + \delta p_\alpha\delta V_\alpha + p_\alpha\delta^2 V_\alpha - \delta\mu_\alpha\delta\nu_\alpha - \mu_\alpha\delta^2\nu_\alpha) \right].$$

由平衡条件, 即不同相的 $T_\alpha, p_\alpha, \mu_\alpha$ 相同, 再结合孤立条件, 则有

$$\sum_\alpha \delta^2 U_\alpha = 0, \quad \sum_\alpha \delta^2 V_\alpha = 0, \quad \sum_\alpha \delta^2\nu_\alpha = 0.$$

同时利用公式 (20.3), 即每相熵的虚变动关系, 则可得

$$\delta^2 S = \sum_\alpha \frac{1}{T_\alpha}(-\delta T_\alpha\delta S_\alpha + \delta p_\alpha\delta V_\alpha - \delta\mu_\alpha\delta\nu_\alpha).$$

结合热力学基本微分方程, 推导可以得到

$$\delta^2 S = \sum_\alpha \frac{\nu_\alpha}{T_\alpha} \left[\left(\frac{\partial p_\alpha}{\partial V_{\alpha m}} \right)_{T_\alpha} (\delta V_{\alpha m})^2 - \frac{C_{V\alpha m}}{T_\alpha} (\delta T_\alpha)^2 \right]. \tag{20.5}$$

按照熵判据要求, 上式始终小于零, 所以每个平方项的系数都要小于零, 则有

$$C_{V\alpha m} > 0, \qquad \left(\frac{\partial p_\alpha}{\partial V_{\alpha m}} \right)_{T_\alpha} < 0.$$

这就是稳定性条件. 显然不满足这个条件的系统是不稳定的.

20.5 克拉珀龙方程

有了对气液两相的分别描述, 以及两相达到平衡的条件, 原则上就可以解释气液相变的相关实验规律了. 我们注意到化学势在相变中起了很重要的作用, 特别是化学势的高低决定了相变进行的方向, 所以可以从化学势出发, 看能得到什么解释.

由于水的气液两相都是纯物质系统, 其化学势就是 1 mol 物质的吉布斯函数, 所以根据热力学基本微分方程, 每一相的化学势都满足

$$d\mu_\alpha = -S_{\alpha m} dT_\alpha + V_{\alpha m} dp_\alpha.$$

因此摩尔熵和摩尔体积都是化学势的一阶导数:

$$S_{\alpha m} = -\left(\frac{\partial \mu_\alpha}{\partial T_\alpha} \right)_{p_\alpha}, \qquad V_{\alpha m} = \left(\frac{\partial \mu_\alpha}{\partial p_\alpha} \right)_{T_\alpha}.$$

我们马上就可以发现, 非临界点处的气液相变中, 气液两相的摩尔体积不等、摩尔熵不等, 其实是化学势的一阶导数不等, 但是两相的化学势却是相等的. 在临界点处, 气液两相的摩尔体积相等、摩尔熵相等, 其实是化学势的一阶导数相等. 另外临界点处等容热容是发散的, 意味着不连续, 而热容是熵对温度的偏导数, 即为化学势的二阶导数, 这说明化学势的二阶导数在临界点处不连续.

从这个角度看, 可以给出一个相变分类的依据. 化学势连续, 但其一阶导数不连续的相变称为一级相变. 其一阶导数也连续, 但其二阶导数不连续的相变称为二级相变, 又叫临界相变、连续相变. 其他以此类推. 这就是埃伦菲斯特 (Ehrenfest) 的相变分类方法.

考虑平衡条件, 气液两相的温度、压强要求相等, 统一记为 T, p. 由于化学势是 1 mol 纯物质的吉布斯函数, 所以在相变点上, 每相的化学势作为温度和压强的函数 $\mu_\alpha(T, p)$ 也完全确定, 由于平衡条件要求两相化学势相同, 则有

$$\mu_1(T, p) = \mu_2(T, p),$$

$\alpha = 1, 2$ 分别表示气液两相. 这相当于给定了温度和压强的约束关系, 也就是决定了相图上的气液相变曲线.

由于要给出液体的物性, 因而求出液体的化学势比较困难, 所以不太容易直接求相变曲线. 我们换一个间接的做法, 先求出相变曲线的斜率. 对上式两边求全微分, 则有

$$\mathrm{d}\mu_1(T, p) = \mathrm{d}\mu_2(T, p),$$
$$-S_{1m}\mathrm{d}T + V_{1m}\mathrm{d}p = -S_{2m}\mathrm{d}T + V_{2m}\mathrm{d}p,$$
$$\frac{\mathrm{d}p}{\mathrm{d}T} = \frac{S_{1m} - S_{2m}}{V_{1m} - V_{2m}}.$$

考虑到相变过程是等温过程, 熵变就是相变潜热 L 除以相变温度 T, 所以有

$$\frac{\mathrm{d}p}{\mathrm{d}T} = \frac{L_m}{T(V_{1m} - V_{2m})}.$$

这就是克拉珀龙方程, 给出的是相变曲线的斜率.

但是这里的摩尔相变潜热 L_m 从实验上看是随温度变化的, 有办法给出其关系吗? 考虑到相变是等压过程, 所以相变潜热就是相变前后气液两相的焓差, 即

$$L_m = H_{1m} - H_{2m}.$$

原则上, 这都是热力学可以解决的问题, 但是需要知道气液两相的物性. 为了能进一步简化对物性的依赖, 对上式沿着相变曲线做一个微分, 即

$$\mathrm{d}L_m = \mathrm{d}H_{1m} - \mathrm{d}H_{2m},$$

而两相各自的焓微分可以由热力学完全确定, 所以有

$$\mathrm{d}L_m = C_{p1m}\mathrm{d}T + \left[-T\left(\frac{\partial V_{1m}}{\partial T_1}\right)_{p_1} + V_{1m}\right]\mathrm{d}p - \left\{C_{p2m}\mathrm{d}T + \left[-T\left(\frac{\partial V_{2m}}{\partial T_2}\right)_{p_2} + V_{2m}\right]\mathrm{d}p\right\}.$$

两边同除以 $\mathrm{d}T$, 并利用克拉珀龙方程可得

$$\frac{\mathrm{d}L_m}{\mathrm{d}T} = C_{p1m} - C_{p2m} + \frac{L}{T} - \frac{L\left[\left(\frac{\partial V_{1m}}{\partial T_1}\right)_{p_1} - \left(\frac{\partial V_{2m}}{\partial T_2}\right)_{p_2}\right]}{V_{1m} - V_{2m}}.$$

上式给出了相变潜热和温度的一个微分方程, 要想完全确定还是需要物性的信息, 不过考虑到是气液 (1 代表气相, 2 代表液相) 相变, 如果不在临界点附近, 则会有

$$\left(\frac{\partial V_{1m}}{\partial T_1}\right)_{p_1} \gg \left(\frac{\partial V_{2m}}{\partial T_2}\right)_{p_2}, \quad V_{1m} \gg V_{2m}.$$

再将气体近似为理想气体, 代入理想气体状态方程, 则可以得到

$$\frac{\mathrm{d}L_m}{\mathrm{d}T} = C_{p1m} - C_{p2m}.$$

这个式子同样需要知道物性的信息才能解出, 不过如果温度范围不大, 热容随温度变化比较缓慢的话, 可以认为两个热容都是常数, 这样就可以解出潜热作为温度的函数

$$L_m = (C_{p1m} - C_{p2m})T + L_{0m},$$

这里 L_{0m} 为积分常数. 将上式代入克拉珀龙方程, 同时忽略液体的摩尔体积, 将气体近似为理想气体, 就可以解出相变曲线, 即

$$\ln p = -\frac{L_{0m}}{RT} + \frac{1}{R}(C_{p1m} - C_{p2m})\ln T + A,$$

这里 A 为积分常数. 这个公式其实就是气液相变时的饱和蒸气压公式, 显然压强随温度的变化是非常剧烈的.

通过以上分析, 可以看出非临界点处气液相变是一级相变, 其基本性质都可以由气液两相的化学势来决定, 而每一相的化学势我们完全可以借助热力学理论确定. 这个分析马上可以类比到气固相变, 并能导出气固相变的饱和蒸气压曲线, 也可以用到液固相变, 这些都是一级相变.

显然热力学理论还是很厉害的, 可以解释相变的很多性质. 然而遗憾的是, 以上分析并不能解释临界点的行为. 这就使得我们不得不对临界点的相变重新认识, 甚至构造新的理论.

思　考　题

1. 查阅各种相变现象.
2. 加热一个空的易拉罐, 之后将其倒扣在水中, 会发生什么? 如果罐中有水, 情况会如何?
3. 推导公式 (20.1).
4. 推导公式 (20.5).

习　题

1. 1 mol 气体等温压缩, 刚开始有小液滴出现时体积为 V_{gm}, 恰好都变为液体时体积为 V_{lm}, 则发生气液相变时, 若体积为 V_m, 气体和液体的物质的量分别是多少? 你能将该结果总结为一个规律吗?

2. 固态 NH_3 的蒸气压方程和液态 NH_3 的蒸气压方程分别为 $\ln p = 23.3 - 3754/T$ 和 $\ln p = 19.49 - 3063/T$, 其中 p 是以 mmHg 表示的蒸气压, 而 T 是以 K 为单位的温度. 由此求出三相点的压强、温度、汽化热、熔化热、升华热.

第二十一讲

范氏气体与气液相变

相变这个研究对象显然是复杂的, 但对于单元系的一级相变仍然可以用还原论, 即研究清楚每一相的性质, 再组合即可. 然而事情的复杂性在于很难给出物性的解析表达, 比如气液相变时液体的状态方程. 幸运的是, 我们有一个范氏气体模型, 由于这个模型既考虑了分子间吸引相互作用, 又考虑了排斥相互作用, 所以可以用来描述实际气体, 而液体的性质又和稠密气体非常相似, 所以也可以用范氏气体模型近似液体, 这样范氏气体也许也可以用来描述气液相变.

21.1 等温压缩曲线

将范氏气体当成研究对象, 其状态方程为

$$\left(p + \frac{\nu^2 a}{V^2}\right)(V - \nu b) = \nu RT.$$

如果使用约化形式, 即公式 (3.7), 则为

$$\left(p_r + \frac{3}{V_r^2}\right)\left(V_r - \frac{1}{3}\right) = \frac{8}{3}T_r,$$

其中 p_r, T_r, V_r 是无量纲化后的压强、温度、体积, 这样就可以看它在各种情况下的现象, 并且研究得到的结果具有普适性, 对于不同的气体都适用.

该怎么将范氏气体和相变联系起来呢? 我们可以仿照水蒸气的等温压缩实验, 做等温压缩范氏气体的假想实验.

由于有状态方程, 所以可以在 p_r-V_r 图上清楚地看到压缩过程. 改变温度, 等温压缩曲线也会发生变化. 图 3.2 显示了几个典型温度下的压缩曲线. 在 $T_r > 1$ (即 $T > T_c$) 时, 压缩曲线的特征与压缩理想气体类似. 而 $T_r < 1$ (即 $T < T_c$) 时, 压缩曲线行为较为复杂, 但大致可以看出: 体积较大、压强较小时, 比较容易压缩, 即等温压缩系数的绝对值较小, 这比较像气体的压缩行为; 压强较大、体积较小时, 斜率变陡, 即很难压缩, 这像是液体的压缩行为; 中间起伏的部分则有可能对应相变的

行为. 而 $T_r = 1$ (即 $T = T_c$) 的临界情况和实际气液相变的临界点特征则有相似之处, 这让我们相信范氏气体有可能描述相变的现象.

怎么和实际气液相变联系呢? 我们可以试试分析一条临界温度以下的等温压缩曲线, 即 $T_r < 1$ 的情况, 如图 21.1 所示. 从压缩曲线上看, 比较奇怪的是极大值点 d 和极小值点 e 之间的一段曲线, 其斜率为正, 对应等温压缩系数为负, 这是不符合稳定性条件的, 即物理上很难实现这种状态. 而在极大值点的右边, 则很像气体的压缩行为, 极小值点的左边, 则很像液体的压缩行为. 从物理图像上看, 这条曲线展示的是气体不断被压缩, 一直到极大值点, 然后失去稳定性, 或者从左边液体的状态开始, 不断等温膨胀, 一直到极小值点, 然后失去稳定性. 显然我们会猜测失去稳定性之后的状态可能是气液共存的状态.

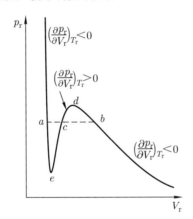

图 21.1　一条 $T_r < 1$ 时的等温压缩曲线

然而这条压缩曲线与实际情况是有所不同的, 实际情况会有等温等压的气液共存区, 即如果可以和实际相变对应, 图中应该有 b 到 a 的一段虚线所示的过程. 当然 a 和 b 的位置在哪还需要确定. 如果确定了 a 和 b 的位置, 至少能定性地描述实际的等温压缩过程, 即先压气体, 在 b 点开始出现小液滴, 即气液共存, 之后气体不断变成液体, 直到 a 点, 所有的气体都变成了液体, 再压缩液体. 但这样出现了一个问题: b 点到极大值点 d 以及 a 点到极小值点 e 这两段曲线怎么理解? 有实际物理意义吗?

对于 b 点到极大值点 d 那一段曲线, 看起来应该发生气液相变, 但却仍然保持了气体状态, 这种情况会出现吗? 实际上如果压缩非常纯净的水蒸气, 有可能出现过冷的水蒸气, 这种状态在一定的扰动下会快速液化, 所以过冷气体为亚稳态. 而对于 a 点到极小值点 e 那一段膨胀曲线, 看起来应该发生气液相变, 却保持了液体状态. 实验上, 如果用非常纯净的水做膨胀实验, 则有可能出现过热液体, 这种状态在一定的扰动下会快速气化, 所以过热液体也是亚稳态. 这样我们就看到, 这两段曲线对应的不是平衡态, 而是亚稳态, 范氏气体能描述的现象更丰富.

有趣的是, 1911 年, 威尔逊 (Wilson) 利用过冷气体的性质制作出了云室. 当带电粒子经过过冷气体时, 在带电粒子周围会出现小液滴, 一系列的小液滴就记录了粒子的径迹. 为此威尔逊获得了 1927 年的诺贝尔物理学奖.

而在 1952 年, 格雷泽 (Glaser) 则利用过热液体的性质制作出了气泡室. 当带电粒子经过过热液体时, 带电粒子周围的液体会快速气化, 形成气泡, 一系列的气泡同样能记录粒子的径迹. 为此格雷泽获得了 1960 年的诺贝尔物理学奖.

经过这样的分析我们就可以发现, 对于气液相变, 范氏气体很可能是个很好的模型, 不仅可以分析气液一级相变, 甚至可以分析临界相变, 以及过冷、过热亚稳态的性质.

21.2 麦克斯韦等面积法则

为了能和实际气液相变类比, 我们需要在范氏气体等温压缩曲线上确定 b 点和 a 点. 怎样才能确定呢? 这里要用到平衡条件.

按照平衡条件, 气液相变时, 气体和液体的化学势要相等, 对应的就是 b 点和 a 点的化学势要相等. 如何求范氏气体的化学势 μ 呢? 由于是纯物质系统, 化学势就是 1 mol 范氏气体的吉布斯函数, 即

$$\mu = U_m - TS_m + pV_m,$$

其中 U_m 是摩尔内能, S_m 为摩尔熵, V_m 为摩尔体积. 所以按照热力学基本微分方程, 可以得到

$$\mathrm{d}\mu = -S_m \mathrm{d}T + V_m \mathrm{d}p.$$

对于等温压缩曲线, 求化学势的过程可以简化, 因为沿着等温线有

$$\mathrm{d}\mu = V_m \mathrm{d}p.$$

在 $p\text{-}V$ 图上, 明显可以看出其积分实际上是等温线与 p 轴所夹面积. 如图 21.2 所示, 以等温线上右侧某点为参考点, 则 b 点化学势就是 (a) 图中阴影面积, 极大值点化学势就是 (b) 图中阴影面积, 极小值点化学势就是 (c) 图中阴影面积, a 点化学势就是 (d) 图中阴影面积. 比较 (a) 图和 (d) 图, 我们马上可以发现, 化学势相等要求两图中的阴影面积相同. 由于等温等压的 ab 线与等温压缩曲线相交后形成上下两个闭合曲线, 所以这相当于要求两个闭合曲线形成的面积相等. 这被称为麦克斯韦等面积法则.

当然, 原则上, 我们可以推导出任意点的化学势, 并根据化学势相等确定 a, b 点位置.

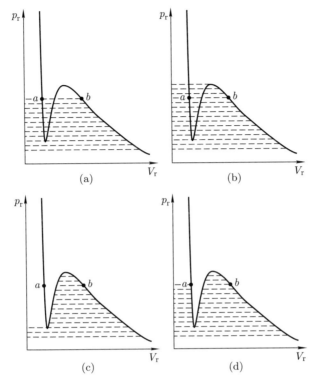

图 21.2 等温线上各点化学势对应等温线与压强轴所夹面积

21.3 范氏气体模型的严格解

为了能给出一个相对严格的自洽模型, 我们对范氏气体模型进一步具体化, 假设其等容热容 C_V 正比于温度 T. 为了能够充分利用约化范氏气体方程, 我们做如下约定: 先利用范氏气体的状态方程, 求出在临界点处的压强 p_c、温度 T_c、体积 V_c,

$$p_c = \frac{a}{27b^2}, \quad T_c = \frac{8a}{27Rb}, \quad V_c = 3\nu b,$$

无量纲化的压强 p_r、温度 T_r、体积 V_r 就定义为

$$p_r = \frac{p}{p_c}, \quad T_r = \frac{T}{T_c}, \quad V_r = \frac{V}{V_c}.$$

再假定热容满足

$$C_V = \frac{p_c V_c}{T_c^2} T = \frac{p_c V_c}{T_c} \frac{T}{T_c} = \frac{p_c V_c}{T_c} T_r,$$

从而定义无量纲化热容为

$$C_{Vr} = T_r.$$

选定 $T_0 = 0$, $V_0 = V_c = 3\nu b$, $p_0 = -a/V_c^2$ 时的范氏气体作为参考态, 并约定此时的内能 U_0 和熵 S_0 分别为

$$U_0 = \frac{p_c V_c}{2}, \qquad S_0 = 0.$$

这样可以求出临界点的内能 U_c 和熵 S_c 分别为

$$U_c = p_c V_c, \qquad S_c = \frac{p_c V_c}{T_c}.$$

再对内能 U, 熵 S, 焓 H, 自由能 F, 吉布斯函数 G 做无量纲化的定义

$$U_r = \frac{U}{U_c}, \quad S_r = \frac{S}{S_c}, \quad H_r = \frac{H}{U_c}, \quad F_r = \frac{F}{U_c}, \quad G_r = \frac{G}{U_c}.$$

如此定义后, 热力学基本微分方程变为

$$dU_r = T_r dS_r - p_r dV_r,$$
$$dH_r = T_r dS_r + V_r dp_r,$$
$$dF_r = -S_r dT_r - p_r dV_r,$$
$$dG_r = -S_r dT_r + V_r dp_r.$$

这样整个范氏气体的模型都无量纲化了.

在此形式下, 参考态的各物理量为

$$T_r = 0, \quad V_r = 1, \quad p_r = -3, \quad S_r = 0,$$
$$U_r = \frac{1}{2}, \quad H_r = -\frac{5}{2}, \quad F_r = \frac{1}{2}, \quad G_r = -\frac{5}{2},$$

临界态的各物理量为

$$T_r = 1, \quad V_r = 1, \quad p_r = 1, \quad S_r = 1,$$
$$U_r = 1, \quad H_r = 2, \quad F_r = 0, \quad G_r = 1,$$

任意态 (T_r, V_r, p_r) 的各物理量为

$$S_r = T_r + \frac{8}{3} \ln \frac{3V_r - 1}{2}, \tag{21.1}$$

$$U_r = \frac{1}{2} T_r^2 - \frac{3}{V_r} + \frac{7}{2},$$

$$H_r = \frac{1}{2} T_r^2 + \frac{8}{3} \frac{T_r V_r}{V_r - \frac{1}{3}} - \frac{6}{V_r} + \frac{7}{2},$$

$$F_r = -\frac{1}{2} T_r^2 - \frac{8}{3} T_r \ln \frac{3V_r - 1}{2} - \frac{3}{V_r} + \frac{7}{2},$$

$$G_r = -\frac{1}{2} T_r^2 - \frac{8}{3} T_r \ln \frac{3V_r - 1}{2} + \frac{8}{3} \frac{T_r V_r}{V_r - \frac{1}{3}} - \frac{6}{V_r} + \frac{7}{2}, \tag{21.2}$$

再结合约化范氏气体状态方程 (3.7) 就可以研究相变性质了.

21.4 相 变 点

为了确定相变点 a, b, 我们可以利用平衡条件. 直观地来看, 就是用麦克斯韦等面积法则来确定相变点, 现在则可以用公式 (21.2) 来确定.

注意无量纲化学势 μ_r 是范氏气体的无量纲吉布斯函数 G_r. 为此, 我们结合约化范氏方程, 用数值方法画出等温线上化学势 μ_r 随压强 p_r 的变化, 如图 21.3 所示. 从图中可以看到, $T_r < 1$ 曲线中的交点处就是相变点 a, b. 这里解析解太复杂, 所以只能给出数值解.

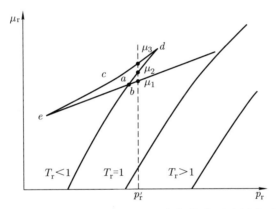

图 21.3　温度 $T_r < 1, = 1, > 1$ 时, 化学势随压强的变化关系. 注意图中不同温度曲线的相对位置与一般教科书上不同, 这是因为此处给出的是完整的化学势结果

与实际相变比较, 在等温压缩过程中, 化学势的值先增加到 b 点, 发生相变时, 保持不变, 完全液化后到达 a 点, a, b 两点的化学势是重合的, 之后继续增加. 还可以看出, $T_r < 1$ 时, 在相变点处化学势相同, 但其一阶导数不同, 对应的就是体积不连续, 即对应一级相变. 但在 $T_r = 1$ 时, 化学势的一阶导数也连续了, 但从图 3.2 中可以看出, 等温线上体积对压强的导数是发散的, 此时对应的是二级相变, 或者临界相变.

熵是化学势关于温度的偏导数, 并且根据公式 (21.1) 知道, 熵是体积的单调函数. 所以 $T_r < 1$ 时, 体积不连续, 使得熵也不连续, 即有相变潜热. 而 $T_r = 1$ 时, 体积连续, 则熵也连续, 即无相变潜热, 但化学势关于温度的二阶导数, 即熵对温度的一阶导数

$$C_{Vr}/T_r = 1,$$

始终保持为常数, 即二阶导数也是连续的.

　　用数值解法确定不同温度下的相变点对应的压强, 就可以得到相变曲线 $p = p(T)$ 了, 当然对应会有临界点.

　　从图 21.3 中还可以看到, $T_r < 1$ 时对应的曲线上, 除了与实际气体相变类似的行为, 还有对应过冷气体 $(b \to d)$, 过热液体 $(a \to e)$, 以及不稳定的部分 $(d \to c \to e)$. 这段曲线上的化学势出现多值的情况, 例如在压强 p'_r 处出现了 3 个化学势值. 根据热力学第二定律, 对于等温等压系统来说, 如果处于平衡态, 其吉布斯函数极小, 由此我们马上就可以看出, 多个化学势值中最小的 μ_1 对应最稳定的平衡态, 最大的 μ_3 对应失稳的情况, 而中间的 μ_2 对应的则是亚稳态, 扰动足够大, 就会回到平衡态.

　　这样范氏气体模型就描述了气液相变的基本实验特征. 由于用了无量纲的约化范氏气体状态方程, 所以上述结论对所有种类的范氏气体都成立, 即只要用实际气体拟合出范氏修正系数 a, b, 则可以根据上述结果直接算出对应气体的相变性质, 从而指导对相应气体的相变研究.

思　考　题

1. 查阅过冷、过热现象的视频.
2. 推导无量纲化后范氏气体在任意状态下的各物理量.

习　题

1. 利用克拉珀龙方程结合范氏气体模型给出饱和蒸气压方程.
2. 利用公式 (21.2) 给出气液相变曲线的数值解, 并与上题中的结果比较.

*第二十二讲

临界现象

相变现象中, 非常奇特的是临界现象. 对临界现象如何描述, 寻找规律, 并给出解释呢? 这里以气液相变的临界点为例, 尝试给出一些初步的认知.

22.1 临界现象

气液相变在临界点发生的乳光现象, 是临界现象中比较有趣的.

将 18 g 水放入体积为 55.8 ml 的透明密闭容器中, 用白光照射观察. 温度高于临界温度时, 容器中是透明的气体; 温度下降至接近临近温度时, 从容器侧面可以看到淡蓝色光; 在临界温度附近时, 会出现乳白色雾; 温度低于临界温度后, 容器中是透明的气液共存状态, 能看到清晰的液面.

怎么能对临界乳光现象给出一些认知呢? 一个富有启发性的类比是蓝天、白云. 蓝天、白云都是光的散射现象, 即在光传播路径的侧面观察到了光, 而之所以能看到, 是因为空气中有散射源. 白云的散射源是 10 μm 左右的小液滴, 这个尺寸比可见光波长大许多, 这对应光的米氏 (Mie) 散射. 这种散射的特征是不同颜色光的散射程度差不多, 所以看到的是白色. 而蓝天的散射源尺寸比可见光波长要小很多. 一个可能的散射源是密度分布不均匀的空气, 这对应光的瑞利散射, 其特征是不同颜色光的散射强度正比于频率的四次方, 所以看到的是频率更高的蓝色光. 与蓝天和白云类比可以猜测, 发生临界乳光现象时, 气体密度分布出现了不均匀. 从温度较高时的较为均匀, 到接近临界温度时, 局部出现尺度较小的不均匀, 发生瑞利散射看到蓝雾, 再到局部出现较大的不均匀, 甚至出现小液滴, 发生米氏散射看到乳白色的光, 再到之后出现气液分界面, 说明小液滴凝聚在一起变成了液体.

为什么均匀的气体会变得不均匀呢? 从微观统计角度看, 这是热运动导致的对平衡的偏离, 即有涨落. 通常情况下, 这种涨落比较小, 而在临界点附近, 这种密度涨落更容易发生.

显然描述临界乳光现象的一个关键物理量是密度 $\rho(r)$ 或者数密度 $n(r)$, 其中需要重点关注的是对其不均匀性的量化描述. 直观上来看, 不均匀性有两个明显特征, 一个是局部密度对平均密度的偏离幅度, 一个是空间上的偏离范围. 这两个特征可以统一地用密度关联函数来描述, 其定义为

$$C(\boldsymbol{r}, \boldsymbol{r}') = \overline{\{n(\boldsymbol{R}+\boldsymbol{r}) - \overline{n(\boldsymbol{R}+\boldsymbol{r})}\}\{n(\boldsymbol{R}+\boldsymbol{r}') - \overline{n(\boldsymbol{R}+\boldsymbol{r}')}\}}.$$

这里的横线表示求平均, 即对所有空间坐标 $\boldsymbol{R}$ 求平均. 如果取特殊情况

$$\boldsymbol{r} = \boldsymbol{r}',$$

则可以得到

$$C(\boldsymbol{r}, \boldsymbol{r}) = \overline{\{n(\boldsymbol{R}+\boldsymbol{r}) - \overline{n(\boldsymbol{R}+\boldsymbol{r})}\}^2}.$$

这其实就是方差, 描述的就是局部密度对平均密度的偏离情况. 如果取

$$\boldsymbol{r}' = \boldsymbol{0},$$

则可以得到

$$C(\boldsymbol{r}, \boldsymbol{0}) = \overline{\{n(\boldsymbol{R}+\boldsymbol{r}) - \overline{n(\boldsymbol{R}+\boldsymbol{r})}\}\{n(\boldsymbol{R}) - \overline{n(\boldsymbol{R})}\}}.$$

这表示的是相距为 $\boldsymbol{r}$ 的两点的密度关联程度, 对应明显关联的区域, 也即 $\boldsymbol{r}$ 的大小, 其实就是局部密度不均匀的空间尺度, 其典型值称为关联长度.

局部密度分布不均匀的出现, 以及在临界点附近关联长度的变大, 说明密度对温度的变化非常敏感, 微观上看, 就是临界点附近涨落很严重.

从对称性的角度看, 临界点温度之上的气体对称性更高, 更无序, 而气液共存, 有分界面的状态对称性更低, 更有序, 所以也可以说涨落导致了对称性自发破缺.

同样可以引入一个物理量来描述有序程度, 称为序参量. 通常用相变点上液体和气体的密度差

$$\rho_1 - \rho_g$$

作为序参量. 显然其为零时更无序, 不为零时更有序. 当然也可以用气体和液体的摩尔体积之差

$$V_{gm} - V_{1m}$$

作为序参量.

由于水的临界温度较高, 不方便控制, 所以演示临界乳光现象时, 常使用乙醚 (临界温度 $194°C$)、二氧化碳 (临界温度 $31.1°C$)、六氟化硫 (临界温度 $45.55°C$) 等临界温度低的物质.

另一个典型的临界现象是等容热容在临界点的发散行为. 如将氦气封闭在体积为临界体积的密闭容器中, 在降温过程中测其等容热容, 会发现其在临界点有发散行为. 考虑到等容热容和熵的关系

$$C_V = T\left(\frac{\partial S}{\partial T}\right)_V,$$

这意味着在临界点, 熵对温度的变化极其敏感.

类似地, 等压膨胀系数、等温压缩系数在临界点也是发散的, 说明临界点处系统的热力学性质非常不稳定.

22.2 临 界 指 数

由于临界现象是在临界点发生的, 所以我们自然希望找到描述临界现象的各物理量趋近临界点时的变化行为.

为了描述对临界点的趋近, 通常定义一个约化变量来表示, 如

$$\varepsilon = \frac{T - T_c}{T_c}.$$

也可以类似地用压强和体积来定义. 这里主要关心热力学量 L 对约化变量 ε 在临界点处的依赖关系, 所以可以仿照级数展开, 将其函数关系一般地写为

$$L(\varepsilon) = A\varepsilon^\lambda(1 + B\varepsilon^\sigma + \cdots),$$

λ 被称为临界指数.

显然 $\lambda < 0$ 时, 热力学量有发散行为, 而 $\lambda > 0$ 时则趋于零. 一个特殊的情况是 $\lambda = 0$, 这对应两种情况: 一种是

$$L(\varepsilon) \sim \ln \varepsilon,$$

将其泰勒展开就可以发现临界指数为零, 这种情况下 L 是发散的. 另一种情况是

$$L(\varepsilon) = A(1 + B\varepsilon^\sigma + \cdots),$$

这时 L 不是发散的, 而是趋于一个常数. 原则上实验直接测量再作图, 就可以得到临界指数, 其意义主要是描述热力学量在趋近临界点时的不同行为.

常见的几个临界指数定义如下.

(1) 临界指数 α, 用来描述等容热容的临界行为, 其定义为

$$C_V \sim |\varepsilon|^{-\alpha}.$$

其实临界指数应该是 $-\alpha$, 但习惯上丢掉了负号. 如果考虑到趋近临界点的方式不同, 还可以定义不同的指数. 如果系统体积保持为临界体积不变, 沿着温度降低到临界温度的过程趋近临界点, 则临界指数就为 $-\alpha$, 如果沿着温度升高到临界温度的过程趋近临界点, 则临界指数就为 $-\alpha'$.

　　实验上看到热容在临界点是发散的. 测量 ^{4}He 的热容可以发现其在临界点像是对数发散, 也就是

$$\alpha \approx 0,$$

而对 CO_2 则有

$$\alpha \approx 0.1, \qquad \alpha' \approx 0.1.$$

　　(2) 临界指数 β, 用来描述序参量趋近临界点的行为, 其定义为

$$V_{gm} - V_{lm} \sim |\varepsilon|^{\beta},$$

或者

$$\rho_l - \rho_g \sim |\varepsilon|^{\beta}.$$

这里趋于临界点的方式是沿着气液相变曲线, 温度逐渐升高到临界点. 由于临界乳光现象和密度密切相关, 所以可以预期 β 会对理解临界乳光现象有帮助.

　　对 CO_2 的实验测量结果有

$$\beta \approx 0.34,$$

其他气体的也大致在 0.30 到 0.35 之间. 1945 年, 古根海姆 (Guggenheim) 研究了多种气体, 发现可以得到以下近似规律:

$$\frac{\rho_l - \rho_g}{\rho_c} = \frac{7}{2}\left(1 - \frac{T}{T_c}\right)^{1/3},$$

即临界指数为 1/3. 这样就有

$$\frac{\partial(\rho_l - \rho_g)}{\partial \varepsilon} \sim |\varepsilon|^{\beta-1}.$$

由于 $\beta - 1 < 0$, 显然在临界点附近, 密度对温度的变化是非常敏感的, 也就是说如果温度不均匀, 导致的密度涨落是很明显的, 这和实验现象是符合的.

　　(3) 临界指数 γ, 用来描述等温压缩系数趋于临界点的行为, 其定义为

$$\kappa = -\frac{1}{V}\left(\frac{\partial V}{\partial p}\right)_T \sim |\varepsilon|^{\gamma}.$$

趋于临界点的方式是保持临界体积不变, 降温达到临界点. 还可以定义沿着气液相变曲线升温到临界点的临界指数 γ', 即

$$\kappa \sim |\varepsilon|^{\gamma'}.$$

　　对 CO_2 的实验测量结果有

$$\gamma \approx 1.35,$$

对 Xe 的实验测量结果有

$$\gamma' \approx 1.2.$$

(4) 临界指数 δ, 描述临界等温线上压强趋于临界点的行为, 其定义为

$$|p - p_{\mathrm{c}}| \sim |V - V_{\mathrm{c}}|^{\delta},$$

或者

$$|p - p_{\mathrm{c}}| \sim |\rho - \rho_{\mathrm{c}}|^{\delta}.$$

对 CO_2 的实验测量结果有

$$\delta \approx 4.2.$$

22.3 范氏气体模型

对于实验观察到的现象, 可以构建什么样的理论理解呢? 范氏气体可以用来描述气液相变, 特别是可以有临界点, 因此可以用这个模型来试试理解临界行为.

范氏气体状态方程的约化形式为

$$\left(p_{\mathrm{r}} + \frac{3}{V_{\mathrm{r}}^2} \right) \left(V_{\mathrm{r}} - \frac{1}{3} \right) = \frac{8}{3} T_{\mathrm{r}}.$$

采用和上一讲中类似的无量纲化方案, 得到约化等容热容为

$$C_{V\mathrm{r}} = T_{\mathrm{r}},$$

其单位为

$$\frac{p_{\mathrm{c}} V_{\mathrm{c}}}{T_{\mathrm{c}}} = \frac{3}{8} \nu R,$$

任意态的约化内能和约化化学势为

$$U_{\mathrm{r}} = \frac{1}{2} T_{\mathrm{r}}^2 - \frac{3}{V_{\mathrm{r}}} + \frac{7}{2},$$
$$\mu_{\mathrm{r}} = -\frac{1}{2} T_{\mathrm{r}}^2 - \frac{8}{3} T_{\mathrm{r}} \ln \frac{3V_{\mathrm{r}} - 1}{2} + \frac{8}{3} \frac{T_{\mathrm{r}} V_{\mathrm{r}}}{V_{\mathrm{r}} - \frac{1}{3}} - \frac{6}{V_{\mathrm{r}}} + \frac{7}{2}.$$

我们首先来求临界指数 α. 由于是沿着临界等容线, 温度降低接近临界点, 所以直接利用约化内能求约化等容热容得

$$C_{V\mathrm{r}} = T_{\mathrm{r}} = 1 + \varepsilon,$$

显然临界指数为

$$\alpha = 0.$$

再来求临界指数 α'. 由于是沿着临界等容线温度升高接近临界点, 如果直接用约化内能求, 结果和上式相同. 但实际上这种情况下气液共存, 应该分别求出气体部分和液体部分的约化体积以及物质的量占比, 再通过气体部分和液体部分的约化内能得到总约化内能.

我们先求气体部分和液体部分的约化体积, 即 V_{rg} 和 V_{rl}. 如何得到这两个约化体积呢? 可以借助两相化学势相等的平衡条件, 即

$$\mu_{rg} = \mu_{rl}.$$

注意表达式中约化温度相同, 则有

$$-\frac{8}{3}T_r \ln \frac{3V_{rg}-1}{2} + \frac{8}{3}\frac{T_r V_{rg}}{V_{rg}-\frac{1}{3}} - \frac{6}{V_{rg}} = -\frac{8}{3}T_r \ln \frac{3V_{rl}-1}{2} + \frac{8}{3}\frac{T_r V_{rl}}{V_{rl}-\frac{1}{3}} - \frac{6}{V_{rl}}.$$

这里只关心趋近临界点的行为, 所以将约化体积改写为

$$V_{rg} = 1 + v_g, \qquad V_{rl} = 1 + v_l,$$

其中 1 是临界约化体积. 到临界点时, 两相约化体积相同, v_g, v_l 是小量, 并且满足

$$v_g = -v_l > 0.$$

代入约化化学势的表达式, 并将涉及体积的各项全部按照泰勒展开, 保留到三阶, 可以求出

$$v_g^2 = \frac{4(1-T_r)}{1-5(1-T_r)}.$$

考虑到

$$-\varepsilon = 1 - T_r,$$

并且在趋近临界点时是小量, 泰勒展开后保留第一项, 则可以得到

$$v_g = -v_l = 2(-\varepsilon)^{1/2}.$$

因此可以得到气液两相的约化体积在趋近临界点时分别近似为

$$V_{rg} = 1 + 2(-\varepsilon)^{1/2}, \qquad V_{rl} = 1 - 2(-\varepsilon)^{1/2}.$$

由等容接近临界点, 可以得到气体的物质的量占比为

$$x_g = \frac{1 - V_{rl}}{V_{rg} - V_{rl}},$$

液体的物质的量占比为

$$x_l = 1 - x_g,$$

对应气液两相的约化内能为

$$U_{rg} = \frac{1}{2}T_r^2 - \frac{3}{V_{rg}} + \frac{7}{2},$$

$$U_{rl} = \frac{1}{2}T_r^2 - \frac{3}{V_{rl}} + \frac{7}{2}.$$

因此临界温度以下气液共存的总约化内能就为

$$U_r = x_g U_{rg} + x_l U_{rl}.$$

这样直接对约化温度 T_r 求导数就可以得到约化等容热容. 注意其中的 ε 是小量, 泰勒展开后可得

$$C_{Vr} = T_r + 12 + 24(-\varepsilon)^{1/2} + \cdots,$$

或者

$$C_{Vr} = 13 + 24(-\varepsilon)^{1/2} + \varepsilon + \cdots.$$

显然临界指数

$$\alpha' = 0.$$

比较临界点温度上下的约化等容热容, 可以发现两者之差为

$$\Delta C_{Vr} = 12 + 24(-\varepsilon)^{1/2} + \cdots \approx 12.$$

注意约化后的热容单位为 $3\nu R/8$, 所以有

$$\Delta C_V = \frac{9}{2}\nu R.$$

这说明热容在临界点处不连续, 出现了阶跃行为. 而实验上看到的是发散行为, 这样就可以发现, 范氏气体模型只能定性解释临界点的行为, 而不能定量解释.

再求临界指数 β. 显然靠近临界点处, 气液两相摩尔体积差正比于

$$V_{rg} - V_{rl} = 4(-\varepsilon)^{1/2},$$

所以临界指数为

$$\beta = \frac{1}{2}.$$

实验值大约为 1/3.

再看临界指数 γ. 等温压缩系数用约化后的压强、体积、温度表示为

$$\kappa = -\frac{1}{V_r}\left(\frac{\partial V_r}{\partial p_r}\right)_{T_r}.$$

按照状态方程, 我们先求出

$$\left(\frac{\partial p_r}{\partial V_r}\right)_{T_r} = -\frac{8T_r/3}{(V_r - 1/3)^2} + \frac{6}{V_r^3},$$

再求出

$$\kappa = \frac{1}{\dfrac{8T_r V_r/3}{(V_r - 1/3)^2} - \dfrac{6}{V_r^2}}.$$

注意求 γ 时, 是保持体积为临界体积, 降温趋近临界点, 所以有

$$\kappa = \frac{1}{6(T_r - 1)} = \frac{1}{6}\varepsilon^{-1},$$

因此临界指数为

$$\gamma = 1.$$

而对于 γ', 由于是沿着气液共存的相变曲线趋近临界点, 而有气液共存时, 等温压缩系数实际上是无穷大, 这时可以取恰好都是气体或者液体的状态来沿着相变曲线趋近临界点. 这样只要将等温压缩系数中的体积换成气体约化体积 V_{rg} 或者液体约化体积 V_{rl} 就可以了. 这两个体积趋近临界点时和温度的关系已经求出了, 直接代入, 再做级数展开就可以得到 $\gamma' = 1$. 与实验比较可以看出基本符合, 但还是有偏差.

最后再求临界指数 δ. 根据约化状态方程, 约化压强可以写为

$$p_r = \frac{8T_r/3}{V_r - 1/3} - \frac{3}{V_r^2}.$$

将其在临界点附近做泰勒展开, 则有

$$p_r - 1 = -\frac{3}{2}(V_r - 1)^3 + \cdots,$$

所以临界指数为

$$\delta = 3.$$

与实验值 4.2 比较, 还是有偏差.

综上可以看出, 范氏气体模型只能给出临界相变的定性行为, 但具体数值却有偏差, 这意味着实验现象中还有新的物理内容需要探索理解.

22.4 朗道连续相变理论

朗道 (Landau) 为了解释临界现象, 提出了朗道连续相变理论, 其核心是从对称性的角度出发, 直接模型化自由能或者吉布斯函数 (自由焓), 来描述临界相变时有序程度的变化.

对于纯物质系统的气液临界相变, 有序程度可以用以下序参量描述:

$$\eta = V_{gm} - V_{lm},$$

其关键是温度高于临界温度时, 序参量为零, 低于临界温度时, 序参量不为零. 构造的模型要能解释这种对称性发生变化的行为.

由于气液相变时是等温等压系统, 所以可以构造吉布斯函数来描述相变. 而要反映对称性的性质, 吉布斯函数应同时是序参量的函数, 即

$$G = G(T, p, \eta),$$

并且假定平衡态的吉布斯函数判据仍然成立, 即要求平衡态时, 对所有可能的虚变动, 吉布斯函数取极小值.

由于主要想描述序参量的行为, 所以最简单的考虑是将函数展开为序参量的级数形式:

$$G(T, p, \eta) = a_0(T, p) + a_2(T, p)\eta^2 + a_4(T, p)\eta^4 + \cdots.$$

之所以只保留偶数次幂的项, 是假设序参量的正负应该不影响对称性, 实际上如果序参量是矢量, 为了在吉布斯函数里构建一个标量的贡献, 最简单的就是取其点乘, 和这里取平方是一样的原因. 对序参量的各种取值来说, 平衡态应该取吉布斯函数极小的状态. 根据多项式函数的特性, 如果级数只保留到平方项, 那么无论系数怎么变化, 吉布斯函数只可能出现一个 $\eta = 0$ 的极值, 无法描述相变前后序参量的变化. 而保留到 4 次方项, 则随着系数变化, 有可能出现 $\eta \neq 0$ 的极小值, 这样就有可能描述临界相变时序参量的变化. 显然保留更高次项也能满足这个要求, 但为了简单起见, 我们只保留到 4 次方项. 这里要求

$$a_4(T, p) > 0,$$

否则吉布斯函数在序参量为无穷大处取最小值, 显然不合理.

将吉布斯函数改写为

$$G(T, p, \eta) = a_4 \left(\eta^2 + \frac{a_2}{2a_4}\right)^2 + a_0 - \frac{a_2^2}{4a_4}.$$

显然, 若

$$a_2 > 0,$$

则极小值对应

$$\eta = 0,$$

若

$$a_2 < 0,$$

则极小值对应

$$\eta = \pm\sqrt{\frac{-a_2}{2a_4}}.$$

由此可以看到, a_2 控制了序参量的取值, 如果取

$$a_2(T, p) = a(T, p)(T - T_c), \qquad a(T, p) > 0,$$

则恰好能描述临界点前后序参量的变化行为. 这样吉布斯函数的形式就变成了

$$G(T, p, \eta) = a_0(T, p) + a(T, p)(T - T_c)\eta^2 + a_4(T, p)\eta^4.$$

在温度降低到临界点前, 平衡态的吉布斯函数对应序参量为零, 所以右边第一项实际上就系统的吉布斯函数, 即

$$G_0(T, p) = a_0(T, p).$$

温度降低到临界点以下, 平衡态的吉布斯函数对应序参量为

$$\eta = \pm\sqrt{\frac{-a(T - T_c)}{2a_4}} \sim |T - T_c|^{1/2},$$

由此得到序参量对应的临界指数

$$\beta = \frac{1}{2}.$$

这和用范氏气体模型求出的相同, 同样和实验不符合.

由于 $G(T, p)$ 是特性函数, 所以只要知道了 a_0, a, a_4 的具体形式, 整个系统的所有热力学性质全部可以得到. 例如可以根据

$$S(T, p) = -\left(\frac{\partial G}{\partial T}\right)_p$$

求出系统的熵为

$$S = -\left(\frac{\partial a_0}{\partial T}\right)_p - \left[a + \left(\frac{\partial a}{\partial T}\right)_p (T - T_c)\right]\eta^2$$
$$- \left(\frac{\partial a_4}{\partial T}\right)_p \eta^4 - 4a_4\left[\eta^2 + \frac{a(T - T_c)}{2a_4}\right]\eta\left(\frac{\partial \eta}{\partial T}\right)_p.$$

临界温度之上, 熵为

$$S_0 = - \left(\frac{\partial a_0}{\partial T} \right)_p .$$

临界温度之下, 熵为

$$S = S_0 + \frac{a^2}{2a_4}(T - T_c) + \left[\frac{a}{2a_4} \left(\frac{\partial a}{\partial T} \right)_p - \frac{a^2}{4a_4^2} \left(\frac{\partial a_4}{\partial T} \right)_p \right] (T - T_c)^2 .$$

则可以根据

$$C_p = T \left(\frac{\partial S}{\partial T} \right)_p$$

分别求出临界温度上下的等压热容 C_{p0}, C_p, 并能给出其差值在临近点上为一常数:

$$C_p - C_{p0} = \frac{a^2}{2a_4} T_c .$$

这与范氏气体模型求出的类似, 热容不连续, 相差一个常数, 对应临界指数为 0.

原则上其他临界指数也都可以求出, 但遗憾的是, 我们并不知道 a_0, a, a_4 的具体形式. 如果按照一般说法, 将 a, a_4 在临界点展开, 并只取零阶项, 也就是取为常数, 那么关于序参量、等压热容的结论都不变, 但其他的临界指数并不能求出.

所以可以看到, 朗道连续相变理论定性描述临界现象是可以的, 特别是关于对称性自发破缺的图像比较清楚, 但是定量的描述并不准确. 从朗道理论的构建过程可以看出, 这实际上是凑出来的一个描述性的理论, 并不带来更本质的理解, 这种理论一般被称为唯象理论, 或者说是走向更系统理论的过渡理论.

由于朗道理论抓住了相变现象中对称性破缺的特点, 所以对于类似的铁磁相变、超导相变、超流相变等连续相变现象, 都可以给出类似的唯象描述.

22.5　标度律和普适性

对临界指数, 范氏气体模型和朗道理论都没能准确地解释, 这说明对临界现象还需要进一步的探索和理解.

实际上关于临界指数, 通过实验还可以近似地总结出两个经验关系, 一个是

$$\alpha' + 2\beta + \gamma' \approx 2,$$

是拉什布鲁克 (Rushbrooke) 发现的, 另一个是

$$\alpha' + \beta(\delta + 1) \approx 2,$$

是格里菲斯 (Griffiths) 发现的. 将不同气体的临界指数代入会发现都能近似满足. 有趣的是, 如果将范氏气体模型求出的临界指数代入, 则严格符合这两个等式, 尽管每一个指数和实验都不精确符合.

威德姆 (Widom) 和卡丹诺夫 (Kadanoff) 分别在 1965 年和 1966 年指出, 如果热力学势函数 $L(x,y)$ (如吉布斯函数, 纯物质系统有两个独立变量) 在临界点附近是广义齐次函数, 即函数关系满足

$$L(\lambda^a x, \lambda^b y) = \lambda L(x,y),$$

则由此可以推导出只需 a 和 b 表示的临界指数, 并且满足拉什布鲁克和格里菲斯发现的两个公式, 详细过程不再推导. 这种函数关系实际上是一种特殊的标度变换关系. 假设临界相变时, 热力学势函数满足这个关系, 称为标度假设, 而临界指数满足的两个关系式则被称为标度律.

然而标度假设并不能确定热力学势函数的具体形式, 但给出了一点提示, 即标度变换的性质. 这启发卡丹诺夫从统计角度构建了标度思想的直观理解, 即类似分形自相似结构, 在不同尺度上看, 系统结构有自相似性. 从统计角度看, 这是由涨落的关联长度在临界点处趋于无穷大引起的尺度变换下的不变性. 这也是临界乳光现象中散射源的微观图像. 这个思想甚至帮助威尔逊建立了临界现象的重整化群理论, 不仅论证了标度律, 还从微观上求出了临界指数.

更加有趣的是, 这种标度的规律具有普适性, 对铁磁相变等连续相变现象类似地定义临界指数后, 都可以得到类似的标度律, 甚至有些不同的相变, 其临界指数的数值都相同. 更细致的实验总结表明, 系统的临界行为由两个量决定, 一个是空间维数 d, 一个是序参量维数 n, 凡是有相同 d 和 n 的系统都属于同一个普适类, 具有相同的临界指数, 这被称为普适性假设. 这里对序参量的维数举例说明一下. 如气液相变的序参量只有大小取值, 所以 $n=1$, 如果序参量是个复数, 独立取值有实部和虚部两个, 则 $n=2$, 如果序参量是个三维矢量, 独立取值有三个分量, 则 $n=3$.

思 考 题

1. 计算理想气体的密度关联函数和关联长度, 计算二维正方形晶格结构的密度关联函数和关联长度.

习　　题

1. 用范氏气体模型计算临界指数 α'.
2. 画出临界温度上下, 朗道相变理论中吉布斯函数随序参量的函数曲线.

*第二十三讲
化学反应热力学初步

化学反应是一类非常有趣的热学现象[24], 常涉及吸放热, 如氢气燃烧等, 还有类似相变的性质. 化学反应中的热学现象丰富多彩, 对其研究形成的认知对指导应用有非常重要的意义.

为了对化学反应建立认知, 显然要从最简单的研究对象开始. 一般的化学反应涉及不同的物质, 可能处于气态、液态、固态等不同的相, 还可能有多个反应之间的耦合, 这里为了简单, 仅讨论全都是气体的单个化学反应. 有趣的是, 这样得到的认知可以方便地推广到复杂的化学反应, 甚至相变等广义化学反应现象.

23.1 化 学 反 应

一个典型的都是气体的化学反应是

$$N_2 + 3H_2 \Longrightarrow 2NH_3,$$

左边是反应物, 右边是生成物. 这个反应是可逆反应, 达到平衡时, 三种气体共存.

为了对化学反应统一描述, 可以将化学方程式写成以下形式:

$$0 = \sum_{i=1}^{r} \nu_i B_i,$$

其中 B_i 表示化学纯物质的化学式 (这里是分子式), r 为不同物质的数目, ν_i 的绝对值是化学式前面的系数, 称为化学计量数, 对反应物取负数, 对生成物取正数.

实验观察发现, 发生反应时, 各成分物质的量会按比例变化. 设 B_i 初始物质的量为 n_i^0 (本讲中为了与化学计量数符号相区别, 用 n 表示物质的量), 反应后物质的量为 n_i, 则按照化学反应计量的规律, 有

$$\frac{n_i - n_i^0}{\nu_i} = \xi,$$

或者

$$n_i = n_i^0 + \nu_i \xi,$$

其中 ξ 被定义为反应进度. 这是化学家德唐德 (de Donder) 在 20 世纪初引入的, 显然是为了描述反应时物质的量的变化.

化学反应直接的热效应是吸放热效应. 等温条件发生化学反应时系统吸收或放出的热量叫作反应热, 规定从外界吸热为正, 放热为负. 反应热可能在等容或者等压下发生, 通常默认是等压反应热. 基于对实验现象的观察, 关于反应热有两个实验规律. 拉瓦锡 (Lavoisier) 和拉普拉斯在 1780 年左右指出, 给定反应中释放 (吸收) 的热量等于在逆反应中吸收 (释放) 的热量. 这个规律是在热力学第一定律提出之前发现的. 赫斯 (Hess) 在 1840 年发现, 反应热只与反应过程的初态和末态有关, 无论反应是一步完成的, 还是分几步完成的. 这被称为赫斯定律.

对于化学反应, 还有一类重要的问题是如何影响其反应过程. 例如通过改变温度、初始比例, 甚至加入不参加反应的气体等方式, 来看反应进行的方向, 以及反应程度等. 实验上也总结出了各种经验规律.

如何对化学反应的热学现象建立起系统认知呢? 首先需要分析清楚研究对象的特点, 其次尽量借鉴之前已有的认知, 最后如有需要再构建新的认知. 这里限定参与反应的都是气体, 也就是暂时不考虑液体、固体.

由于是多种气体共存, 并且每种气体粒子数可变, 所以实际上整个体系是粒子数可变的混合气体, 相对是复杂的研究对象. 对这样的对象, 一方面可以从整体考虑, 将其看作一个封闭热力学系统, 将化学反应看作一个热力学过程. 用热力学量, 如温度 T、压强 p、体积 V、内能 U、熵 S、焓 H、自由能 F、吉布斯函数 G 等去描述系统的性质, 用热力学第二定律判断系统是否达到平衡, 并判断过程方向. 另一方面, 也可以用还原论的思想, 将其看作多种粒子数可变理想气体的混合. 这样只要把每种气体的热力学性质描述清楚, 再组合即可. 而对于粒子数可变的系统, 也有相应的热力学量, 如温度 T_i, 压强 p_i, 物质的量 n_i, 摩尔体积 V_{im}, 摩尔内能 U_{im}, 摩尔熵 S_{im}, 摩尔焓 H_{im}, 摩尔自由能 F_{im}, 摩尔吉布斯函数, 即化学势 μ_i 等, 其热力学理论也是已知的. 稍微复杂一点的地方在于如何组合出混合气体的性质.

由于描述系统的各物理量之间存在关联, 所以需要确定独立的变量, 也就是确定系统状态的独立变量. 拆开成多种气体来看, 如果每种气体自身处于平衡态, 则只需要知道每种气体的 p_i, T_i, n_i, 系统整体的状态就完全确定了. 但实际上存在各种约束条件, 所以独立的变量没有那么多.

假设初始时每种气体 B_i 的物质的量为 n_i^0. 发生反应后, 系统达到力学平衡, 可以认为各气体有统一的压强 p:

$$p_i = p.$$

系统达到热动平衡, 可以认为各气体有统一的温度 T:

$$T_i = T.$$

无论是否达到化学反应平衡, 由于存在化学反应的约束, 所以 n_i 只需反应进度 ξ 一个变量描述:

$$n_i = n_i^0 + \nu_i \xi.$$

这样就可以发现若化学平衡未达到, 独立变量可以选为 (T, p, ξ), 若化学平衡也达到了, 就会多出一个平衡条件, 独立变量只有两个, 则 ξ 将是 (T, p) 的函数. 这样就可以由独立参量来确定系统的状态了, 原则上再根据热力学确定好各热力学函数, 就应该可以解释化学反应的热力学行为了.

　　但是化学反应有一个问题是, 反应前后内能的差值涉及不同气体内能相减, 但内能的宏观定义只是给出了同一系统两个状态的差值, 这里就有不同气体的内能参考态可能不一样的问题, 对于熵也有同样问题. 这就需要统一标准, 让不同气体有共同的参考态, 否则反应前后差值无意义. 热力学第三定律给出了不同物质熵的共同参考态, 而内能的共同参考态则需要人为规定, 在化学中, 实际上是定义了焓的共同参考态. 下面分别介绍.

23.2　热力学第三定律与标准摩尔熵

　　理查兹 (Richards) 1902 年在低温实验中发现, 等温等压条件下, 对于凝聚相体系电池反应有关系

$$\lim_{T \to 0} (\Delta G)_T = \lim_{T \to 0} (\Delta H)_T,$$

其中 Δ 表示电池反应前后的变化. 对低温化学反应的经验总结还给出了汤姆森 (Thomsen) – 贝特洛 (Berthelot) 规则: 在等温等压条件下, 低温化学反应向着放热的方向进行.

　　将化学反应物质整体当作一个系统, 由热力学理论知

$$(\Delta G)_T = (\Delta H)_T - T(\Delta S)_T.$$

等温条件下, 只要 $(\Delta S)_T$ 有限, 可知温度趋于零的情况下

$$(\Delta G)_T = (\Delta H)_T.$$

这就是理查兹发现的结果.

　　在等温等压条件下, 化学反应放出的热量 Q 就等于整体系统焓的减少, 即

$$Q = -(\Delta H)_T = -(\Delta G)_T.$$

而在等温等压条件下, 真实发生的过程朝着吉布斯函数减小的方向进行, 所以对应放出的热量为正, 这是汤姆森 – 贝特洛规则所描述的. 但这是在温度趋于零的情况

下才成立的. 而实验发现, 在温度不为零时, 汤姆森 – 贝特洛规则也近似成立, 这就要求 $(\Delta G)_T = (\Delta H)_T$ 在低温附近时, 对温度的变化不敏感. 因此能斯特在 1906 年做了一个假设:

$$\lim_{T \to 0} \left(\frac{\partial (\Delta G)_T}{\partial T} \right)_p = \lim_{T \to 0} \left(\frac{\partial (\Delta H)_T}{\partial T} \right)_p = 0.$$

由于

$$\left(\frac{\partial (\Delta G)_T}{\partial T} \right)_p = -(\Delta S)_T,$$

这意味着等温过程中的熵变随着温度而趋于零, 即

$$\lim_{T \to 0} (\Delta S)_T = 0,$$

其中等温过程可以是化学反应、相变等过程. 这被称为能斯特热定理, 也就是热力学第三定律.

对于纯物质系统来讲, 这意味着温度趋于零时, 系统的熵和其他参量无关. 例如封闭系统可以有两个独立状态参量, 如取为压强和温度, 温度趋于零后, 总可以通过一个等温过程, 将不同压强的两个态联系起来, 按照能斯特热定理, 熵变为零, 也就是熵不依赖于压强, 即

$$\lim_{T \to 0} S(T, p) = S_0,$$

S_0 是常数. 这样任意状态 (T, p) 的熵可以通过等压过程 $(0, p) \to (T, p)$ 求出:

$$S(T, p) = S_0 + \int_0^T \frac{(\mathrm{d}Q)_p}{T},$$

其中 $(\mathrm{d}Q)_p$ 也可以写作 $C_p \mathrm{d}T$, 过程中可能涉及相变等过程, 吸热可能是相变潜热. 当然参量压强也可以换成体积等其他参量.

普朗克将 S_0 取为零, 并认为对任意物质都成立, 这是热力学第三定律的普朗克表述形式, 即系统的熵随绝对温度趋于零. 从微观熵的角度, 这是容易理解的, 按照量子力学描述, 零温时, 系统处于基态, 即微观状态只有一种, 熵自然为零. 这样一来, 不同物质的熵有了共同参考状态, 即温度趋于零的状态, 共同参考态的熵为零, 由此确定的熵称为绝对熵.

化学中, 为了计算不同物质反应前后的熵差, 就需要绝对熵的定义, 通常选择温度和压强作为状态参量, 将摩尔绝对熵记为 $S_m(T, p)$. 而为了方便具体计算物质所有状态下的熵, 化学中还规定了标准摩尔熵的概念. 取定一个标准的压强 $p^\ominus$, 以前取 1 个标准大气压, 现在为 10^5 Pa, 物质的标准摩尔熵 $S_m^\ominus(T)$ 为

$$S_m^\ominus(T) = \int_0^T \frac{C_{pm}^\ominus}{T} \mathrm{d}T,$$

其中 C_{pm}^{Θ} 为标准压强下的摩尔等压热容, 可以通过实验测量得到, 之后作图 (C_{pm}^{Θ}/T)-T, 曲线下的面积即标准摩尔熵. 显然标准摩尔熵只是温度的函数.

其他压强对应的摩尔绝对熵可以通过等温过程 $(T, p^{\Theta}) \to (T, p)$ 计算, 即

$$S_m(T, p) = S_m^{\Theta}(T) + \int_{p^{\Theta}}^{p} \left(\frac{\partial S_m}{\partial p} \right)_T \mathrm{d}p.$$

再利用麦克斯韦关系

$$\left(\frac{\partial S_m}{\partial p} \right)_T = -\left(\frac{\partial V_m}{\partial T} \right)_p,$$

只要知道状态方程, 就可以计算任意状态的绝对熵. 特别是对理想气体, 可以求出摩尔绝对熵为

$$S_m(T, p) = S_m^{\Theta}(T) - R \ln \frac{p}{p^{\Theta}}.$$

23.3 生成焓与标准摩尔焓

对于内能, 也应该类似地定义一个 "绝对" 内能. 在化学中, 由于大部分反应都在等压下进行, 所以实际上是定义了一个 "绝对" 焓.

由于化学反应都是基本元素的各种组合, 但不会通过化学反应发生不同元素之间的转换, 所以首先定义某种元素的 "绝对" 焓. 为了方便, 通常选取这种元素的稳定单质来定义, 如碳可以是石墨, 也可以是金刚石, 或者 C_{60}, 但通常选取石墨作为热力学稳定形态. 选取标准压强为 p^{Θ} (10^5 Pa), 温度为 298.15 K (25°C) 的状态作为焓的参考状态. 也有定义选取 0 K 温度, 但从实用的角度说, 选择室温更方便. 这是所有元素稳定单质的共同参考态, 该状态下, 所有元素稳定单质的焓为零. 以此为零点的焓可以认为是 "绝对" 焓.

而对于非元素稳定单质的其他纯物质, 也要确定参考态下的焓, 这需要通过生成反应来确定. 生成反应是指用稳定单质元素合成 1 mol 该物质的反应, 如 1 mol 氢气和 0.5 mol 氧气合成 1 mol 水. 反应过程中维持压强为 p^{Θ}, 温度为 298.15 K 不变, 这样反应过程中吸收的热量就是焓的增加 $\Delta_{\mathrm{f}} H_m^{\Theta}$, 这被称为生成焓. 由于反应物为元素单质, 在参考态下的焓为零, 所以生成物在参考态下的摩尔焓 H_m^{Θ} (298.15 K) 就等于生成焓:

$$H_m^{\Theta}(298.15 \text{ K}) = \Delta_{\mathrm{f}} H_m^{\Theta}.$$

这样标准压强下, 任意温度的摩尔焓, 即标准摩尔焓 $H_m^{\Theta}(T)$ 为

$$H_m^{\Theta}(T) = H_m^{\Theta}(298.15 \text{ K}) + \int_{298.15 \text{ K}}^{T} \left(\frac{\partial H_m^{\Theta}}{\partial T} \right)_{p^{\Theta}} \mathrm{d}T,$$

其中 $H_m^\ominus(298.15\ \text{K})$ 对于元素的稳定单质来说为零, 对于其他纯化合物来说是生成焓. 上式也可用等压热容表示为

$$H_m^\ominus(T) = H_m^\ominus(298.15\ \text{K}) + \int_{298.15\ \text{K}}^{T} C_{pm}^\ominus(T)\mathrm{d}T.$$

这需要通过实验测定等压热容, 然后再积分得到.

任意状态 (T, p) 下的摩尔焓则可以通过等温过程 $(T, p^\ominus) \to (T, p)$ 计算得到:

$$H_m(T, p) = H_m^\ominus(T) + \int_{p^\ominus}^{p} \left(\frac{\partial H_m}{\partial p}\right)_T \mathrm{d}p,$$

或者利用麦克斯韦关系将其写为

$$H_m(T, p) = H_m^\ominus(T) + \int_{p^\ominus}^{p} \left[-T\left(\frac{\partial V_m}{\partial T}\right)_p + V_m\right]\mathrm{d}p.$$

对于理想气体, 则有

$$H_m(T, p) = H_m^\ominus(T).$$

显然理想气体的焓只与温度有关.

由此可以得到纯物质系统的标准摩尔内能为

$$U_m^\ominus(T) = H_m^\ominus(T) - p^\ominus V_m(T, p^\ominus),$$

任意状态下的摩尔内能为

$$U_m(T, p) = H_m^\ominus(T, p) - pV_m.$$

对于理想气体则有

$$U_m^\ominus(T) = H_m^\ominus(T) - RT,$$

$$U_m(T, p) = H_m^\ominus(T, p) - RT = U_m^\ominus(T),$$

也即理想气体的内能只和温度有关.

类似可以得到标准摩尔吉布斯函数, 也即标准化学势为

$$\mu^\ominus(T) = H_m^\ominus(T) - TS_m^\ominus(T),$$

任意状态下的化学势为

$$\mu(T, p) = H_m(T, p) - TS_m(T, p).$$

对于理想气体, 标准化学势为

$$\mu^{\ominus}(T) = H_m^{\ominus}(T) - TS_m^{\ominus}(T),$$

任意状态下的化学势为

$$\mu(T, p) = H_m(T, p) - TS_m(T, p) = \mu^{\ominus}(T) + RT \ln \frac{p}{p^{\ominus}}.$$

还可以得到标准摩尔自由能为

$$F_m^{\ominus}(T) = H_m^{\ominus}(T) - p^{\ominus}V_m(T, p^{\ominus}) - TS_m^{\ominus}(T),$$

任意状态下的摩尔自由能为

$$F_m(T, p) = H_m^{\ominus}(T, p) - pV_m - TS_m(T, p).$$

对于理想气体则有

$$F_m^{\ominus}(T) = H_m^{\ominus}(T) - RT - TS_m^{\ominus}(T),$$

$$F_m(T, p) = F_m^{\ominus}(T) + RT \ln \frac{p}{p^{\ominus}}.$$

对于理想气体, 还可以得到热容的关系

$$C_{pm}(T, p) = \left(\frac{\partial H_m}{\partial T}\right)_p = C_{pm}^{\ominus}(T),$$

$$C_{Vm}(T, p) = \left(\frac{\partial U_m}{\partial T}\right)_V = C_{Vm}^{\ominus}(T).$$

23.4　混合理想气体

对于都是气体物质的化学反应来说, 稍微复杂一点的地方在于系统是多种气体的混合, 而且粒子数可变. 从整体来看, 需要构建这个特殊热力学系统的热力学. 从还原论的角度看, 需要考虑如何由组分气体得到混合气体的性质.

考虑由 r 种气体组成的混合气体, 从整体来看, 其状态参量有压强 p、温度 T、体积 V, 每种气体的物质的量为 n_i, 从实验角度可以发现这些量之间应该满足一定关系. 1801 年, 道尔顿提出分压定律, 即混合气体的压强等于各物质的分压之和. 这可以视为实验定律. 这里的分压是指与混合气体相同的体积 V 与温度 T 之下, 每种气体单独存在时对应的压强 p_i. 对于由 r 种气体混合的气体, 其总压强 p 为

$$p = \sum_{i=1}^{r} p_i.$$

对于理想气体来说, 分压为

$$p_i = \frac{n_i RT}{V},$$

所以混合气体的总压强为

$$p = \left(\sum_{i=1}^{r} n_i\right) \frac{RT}{V} = \frac{nRT}{V},$$

其中 n 为气体分子的总物质的量. 这就是混合理想气体的状态方程, 给出了状态参量之间的关系.

可以将分压强写为

$$p_i = \frac{n_i}{n} p = x_i p,$$

x_i 称为摩尔分数, 即第 i 种物质的分子数占比.

还可以定义分体积 V_i 的概念, 即每种气体在与混合气体有相同压强 p 与温度 T 的情况下对应的体积:

$$V_i = \frac{n_i RT}{p}.$$

根据混合理想气体的状态方程, 我们马上可以发现混合气体体积是分体积之和:

$$V = \sum_{i=1}^{r} V_i = \sum_{i=1}^{r} n_i V_{im}.$$

V_{im} 为第 i 种气体的摩尔分体积. 当然也可以认为这是一个实验规律, 然后导出混合气体的状态方程.

然而要小心的是, 对于液体, 例如酒精和水的混合, 混合体积并不等于分体积之和. 对于实际气体, 分体积之和也不等于总体积, 而且总体积不仅依赖于温度、压强, 还和不同种类气体物质的量占比有关, 这是因为有分子间相互作用. 实际上对于由 r 种气体组成的混合气体, 其体积可以写为

$$V = V(T, p, n_1, n_2, \cdots, n_r).$$

一般来讲, 要求体积是广延量, 从数学角度看, 就是要求体积关于物质的量是一次齐次函数:

$$V(T, p, \lambda n_1, \lambda n_2, \cdots, \lambda n_r) = \lambda V(T, p, n_1, n_2, \cdots, n_r),$$

也就是物质的量变为 λ 倍, 体积也变为 λ 倍. 上式两边对 λ 求导, 再将其取为 1, 可以得到

$$V = \sum_{i=1}^{r} n_i \left(\frac{\partial V}{\partial n_i}\right)_{T, p, n_1, \cdots, n_{i-1}, n_{i+1}, \cdots, n_r} = \sum_{i=1}^{r} n_i V_i^*,$$

其中的偏导数称为气体 i 的偏摩尔体积 V_i^*. 对于理想气体, 这个偏摩尔体积就是气体 i 的摩尔分体积 V_{im}.

类似地, 混合气体的内能 U、熵 S、焓 H、自由能 F、吉布斯函数 G 都是广延量, 所以都有对应的偏摩尔量:

$$U = \sum_{i=1}^{r} n_i \left(\frac{\partial U}{\partial n_i}\right)_{T,p,n_1,\cdots,n_{i-1},n_{i+1},\cdots,n_r} = \sum_{i=1}^{r} n_i U_i^*,$$

$$S = \sum_{i=1}^{r} n_i \left(\frac{\partial S}{\partial n_i}\right)_{T,p,n_1,\cdots,n_{i-1},n_{i+1},\cdots,n_r} = \sum_{i=1}^{r} n_i S_i^*,$$

$$H = \sum_{i=1}^{r} n_i \left(\frac{\partial H}{\partial n_i}\right)_{T,p,n_1,\cdots,n_{i-1},n_{i+1},\cdots,n_r} = \sum_{i=1}^{r} n_i H_i^*,$$

$$F = \sum_{i=1}^{r} n_i \left(\frac{\partial F}{\partial n_i}\right)_{T,p,n_1,\cdots,n_{i-1},n_{i+1},\cdots,n_r} = \sum_{i=1}^{r} n_i F_i^*,$$

$$G = \sum_{i=1}^{r} n_i \left(\frac{\partial G}{\partial n_i}\right)_{T,p,n_1,\cdots,n_{i-1},n_{i+1},\cdots,n_r} = \sum_{i=1}^{r} n_i \mu_i^*,$$

其中偏摩尔吉布斯函数被定义为混合气体中气体 i 的化学势 μ_i^*, 注意偏摩尔量都是指混合气体中的某种气体的. 显然只有一种气体时, 这个化学势就是纯物质气体的摩尔吉布斯函数.

对混合气体的吉布斯函数求全微分, 有

$$dG = \left(\frac{\partial G}{\partial T}\right)_{p,n_1,\cdots,n_r} dT + \left(\frac{\partial G}{\partial p}\right)_{T,n_1,\cdots,n_r} dp$$

$$+ \sum_{i=1}^{r} \left(\frac{\partial G}{\partial n_i}\right)_{T,p,n_1,\cdots,n_{i-1},n_{i+1},\cdots,n_r} dn_i.$$

结合粒子数不变时的热力学基本微分方程以及化学势的定义, 马上可以得到混合气体的热力学基本微分方程

$$dG = -SdT + Vdp + \sum_{i=1}^{r} \mu_i^* dn_i.$$

显然 $G(T,p,n_1,n_2,\cdots,n_r)$ 是特性函数.

其他函数表示的热力学基本微分方程也可以写出为

$$\mathrm{d}U = T\mathrm{d}S - p\mathrm{d}V + \sum_{i=1}^{r} \mu_i^* \mathrm{d}n_i,$$

$$\mathrm{d}H = T\mathrm{d}S + V\mathrm{d}p + \sum_{i=1}^{r} \mu_i^* \mathrm{d}n_i,$$

$$\mathrm{d}F = -S\mathrm{d}T - p\mathrm{d}V + \sum_{i=1}^{r} \mu_i^* \mathrm{d}n_i.$$

另外还可以引入巨势函数 Ψ:

$$\Psi = F - G = F - \sum_{i=1}^{r} n_i \mu_i^*,$$

其微分方程为

$$\mathrm{d}\Psi = -S\mathrm{d}T - p\mathrm{d}V + \sum_{i=1}^{r} n_i \mathrm{d}\mu_i^*.$$

由于

$$\mathrm{d}G = \sum_{i=1}^{r} \mu_i^* \mathrm{d}n_i + \sum_{i=1}^{r} n_i \mathrm{d}\mu_i^*,$$

与吉布斯函数的微分方程结合消去 $\mathrm{d}G$, 得到

$$S\mathrm{d}T - V\mathrm{d}p + \sum_{i=1}^{r} n_i \mathrm{d}\mu_i^* = 0.$$

这个关系式被称为吉布斯关系, 或者吉布斯–杜安 (Duhem) 方程, 只有一种气体时就是摩尔吉布斯函数的微分方程.

由基本微分方程还可以得到麦克斯韦关系, 例如用吉布斯函数对应的基本微分方程可以得到

$$\left(\frac{\partial \mu_i^*}{\partial T}\right)_{p,n_1,\cdots,n_r} = -S_i^*,$$

$$\left(\frac{\partial \mu_i^*}{\partial p}\right)_{T,n_1,\cdots,n_r} = V_i^*.$$

对于理想混合气体, 原则上有了以上的热力学基本微分方程、麦克斯韦关系等, 其热力学性质应该都可以得到解决. 当然也可以用统计的办法求出特性函数, 从而得到所有的热力学性质.

通过偏摩尔量的定义, 可以发现关键是求这些偏摩尔量, 求出后, 直接按物质的量加和就可以得到整体的性质, 所以可以尝试求这些偏摩尔量. 注意到每个偏摩

尔量都是针对某种气体的, 为了找到这些偏摩尔量与对应纯物质气体物理量之间的关系, 我们可以设计一个半透膜实验. 将混合气体和第 i 种纯物质气体用一个半透膜隔开, 半透膜只允许第 i 种气体的分子透过, 其他分子不允许透过, 两边等温. 混合气体中第 i 种气体的分压强为 p_i, 摩尔分数为 x_i, 化学势为 μ_i^* (注意是偏摩尔吉布斯函数), 温度为 T, 纯物质气体的压强为 p_i', 化学势为 μ_i, 温度也为 T. 通过半透膜充分交换达到平衡后, 实验上发现

$$p_i = p_i',$$

可以将其作为实验规律. 而分子通过半透膜充分交换后, 达到了相平衡 (可以类比气液相变, 用等温等压条件下的吉布斯函数平衡判据), 所以化学势也相等, 即

$$\mu_i^*(T, p, n_1, \cdots, n_r) = \mu_i(T, p_i') = \mu_i(T, p_i).$$

而纯物质理想气体的化学势已经得到了, 所以直接套用得

$$\mu_i^*(T, p, n_1, \cdots, n_r) = \mu_i^\Theta(T) + RT \ln \frac{p_i}{p^\Theta},$$

改用摩尔分数表示就是

$$\mu_i^*(T, p, n_1, \cdots, n_r) = \mu_i(T, p) + RT \ln x_i,$$

即混合气体中第 i 种气体的化学势与该纯物质气体的化学势相差一个混合项 $RT \ln x_i$. 可以发现化学势 μ_i^* 既可以看作 (T, p_i) 的函数, 这相当于将混合气体拆开成分压为 p_i 的纯物质气体, 然后直接加和组合, 又可以看作 (T, p, x_i) 的函数, 由摩尔分数的对数来决定每种气体对整体的贡献, 其实相当于气体等温等压混合, 从而产生了混合项.

有了化学势之后, 其他热力学量都可以求出了. 由麦克斯韦关系, 偏摩尔体积为

$$V_i^* = \left(\frac{\partial \mu_i}{\partial p} \right)_{T, n_1, \cdots, n_r} = V_{im}(T, p),$$

其中 $V_{im}(T, p)$ 为纯物质气体的摩尔体积. 类似可得

$$S_i^* = -\left(\frac{\partial \mu_i^*}{\partial T} \right)_{p, n_1, \cdots, n_r} = S_{im}(T, p_i) = S_{im}(T, p) - R \ln x_i,$$

其中 S_{im} 为纯物质气体的摩尔熵. 同样可以发现, 这相当于把混合气体拆开成分压为 p_i 的纯物质气体, 再直接加和组合, 也可以看成气体等温等压混合, 出现了混合

熵 $-R\ln x_i$. 还可以按照定义得到

$$H_i^* = \mu_i^* + TS_i^* = H_{im}(T, p_i) = H_{im}(T, p) = H_{im}^{\Theta}(T),$$

$$U_i^* = H_i^* - pV_i^* = U_{im}(T, p_i) = U_{im}(T, p) = U_{im}^{\Theta}(T),$$

$$F_i^* = U_i^* - TS_i^* = F_{im}(T, p_i) = F_{im}(T, p) + RT\ln x_i.$$

这样就可以发现由纯物质气体组合混合气体的方式有两种: 一种方式是将每种气体看成分压为 p_i, 体积和温度与混合气体相同的气体, 然后再等温等容混合, 这时混合气体的其他性质可以由每种气体的物理量直接相加而来. 另一种方式是将气体看成分体积为 n_iV_{im}, 压强和温度与混合气体相同的气体, 然后再等温等压混合, 这时混合气体的性质需要考虑混合项的影响. 无论怎么组合, 最终都由纯物质气体的性质得到了混合气体的性质, 这样就可以继续理解化学反应的热学性质了.

23.5 化学反应的热力学解释

在化学反应中, 气体的物质的量都是由反应进度 ξ 来描述的:

$$n_i = n_i^0 + \nu_i\xi,$$

$$\mathrm{d}n_i = \nu_i\mathrm{d}\xi,$$

只要将其代入混合理想气体的相应公式, 就可以描述化学反应中的混合气体了.

化学反应需要解释的热力学问题主要有吸放热现象、平衡条件、化学反应进行的方向、如何改变反应等.

吸放热现象是非常容易解释的. 在等温等压的情况下, 反应吸收的热量就等于反应后焓的增加, 由于焓是态函数, 所以无论怎么反应, 只要初末态一定, 吸放热量就固定. 类似地, 对于等温等容的化学反应, 反应吸收的热量等于反应后内能的增加. 这就能解释实验上拉瓦锡、拉普拉斯、赫斯观察到的规律了. 例如对于等温等压反应, 焓的增加为

$$\Delta H = \sum_{i=1}^{r} H_i^*\Delta n_i = \left[\sum_{i=1}^{r}\nu_i H_{im}^{\Theta}(T)\right]\xi.$$

为了考虑化学反应平衡和方向问题, 在等温等压反应中, 可以利用吉布斯函数平衡判据. 先用反应进度写出吉布斯函数微分方程

$$\mathrm{d}G = -S\mathrm{d}T + V\mathrm{d}p + \left(\sum_{i=1}^{r}\nu_i\mu_i^*\right)\mathrm{d}\xi.$$

由于等温等压, 所以

$$dG = \left(\sum_{i=1}^{r} \nu_i \mu_i^* \right) d\xi.$$

1922 年, 德唐德将上式右边的求和项取负后定义为化学亲和势 A:

$$A = - \sum_{i=1}^{r} \nu_i \mu_i^*.$$

将混合气体的化学势公式代入, 得

$$A(T, p, \xi) = - \sum_{i=1}^{r} \nu_i \mu_i^{\ominus}(T) - RT \ln \prod_{i=1}^{r} \left(\frac{p_i}{p^{\ominus}} \right)^{\nu_i}.$$

这样就可以具体计算了. 注意到反应进度决定了各气体的摩尔分数或者分压强大小, 所以亲和势应是 (T, p, ξ) 的函数.

若已经达到平衡, 显然应有 $dG = 0$, 这就要求化学亲和势为零, 即

$$- \sum_{i=1}^{r} \nu_i \mu_i^{\ominus}(T) = RT \ln \prod_{i=1}^{r} \left(\frac{p_i}{p^{\ominus}} \right)^{\nu_i}.$$

引入标准摩尔反应吉布斯函数 $\Delta_r G_m^{\ominus}(T)$ 的定义

$$\Delta_r G_m^{\ominus}(T) = \sum_{i=1}^{r} \nu_i \mu_i^{\ominus}(T).$$

它显然只是温度的函数, 与压强无关. 再引入标准平衡常数 $K_p^{\ominus}(T)$:

$$K_p^{\ominus}(T) = \prod_{i=1}^{r} \left(\frac{p_i}{p^{\ominus}} \right)^{\nu_i}.$$

这样就有

$$\Delta_r G_m^{\ominus}(T) = -RT \ln K_p^{\ominus}(T).$$

可以看出, 在平衡的条件下, 尽管平衡常数表达式中含有气体分压强, 但其连乘结果只和温度有关, 而与体系的压力或体积无关. 当然这是针对理想气体的化学反应. 这个规律被称为化学平衡的质量作用定律.

由于分压 $p_i = x_i p$, 所以有时也引入摩尔分数 x_i 表示的平衡常数定义:

$$K_x(T, p) = \prod_{i=1}^{r} x_i^{\nu_i}.$$

注意这样定义的平衡常数是和压强有关的. 注意到

$$p_i = x_i p = \frac{n_i^0 + \nu_i \xi}{\displaystyle\sum_{i=1}^{r} (n_i^0 + \nu_i \xi)} p,$$

代入标准平衡常数定义, 并由平衡常数为常数, 即可求出平衡时的反应进度.

这样只要初始条件给定, 就可以完全确定反应平衡时的各个参量了.

若化学反应还未达到平衡, 真实的反应过程要求

$$\mathrm{d}G < 0,$$

所以, 若 $A > 0$, 则反应朝 $\mathrm{d}\xi > 0$ 的方向进行, 也就是正向反应, 若 $A < 0$, 则反应逆向进行. 所以 A 可以用来判断化学反应的过程方向.

引入相对压力商 Q_p 的定义:

$$Q_p = \prod_{i=1}^{r} \left(\frac{p_i}{p^\ominus} \right)^{\nu_i}.$$

由于分压可以由摩尔分数 x_i 和压强 p 确定, 而摩尔分数由反应进度 ξ 确定, 所以相对压力商是 (p, ξ) 的函数. 这样亲和势可以写为

$$A = -\Delta_r G_m^\ominus(T) - RT \ln Q_p(p, \xi),$$

或者用平衡常数表示:

$$A = RT \ln K_p^\ominus(T) - RT \ln Q_p(p, \xi).$$

我们马上发现也可以用相对压力商来判断反应方向: $Q_p(p, \xi) < K_p^\ominus(T)$ 时, 反应正向进行, $Q_p(p, \xi) > K_p^\ominus(T)$ 时, 反应逆向进行.

从实用的角度看, 有时需要控制条件来改变反应以满足实用的需求, 例如使反应更充分、生成物更多等. 能控制的变量通常有温度 T、压强 p、反应物的物质的量 n_i 或者摩尔分数 x_i 等. 而能描述反应方向的参量是亲和势 A, 描述平衡的参量是标准平衡常数 $K_p^\ominus$, 所以实际上就是要找出这两个量关于控制参量的函数关系. 其实之前已经求出了.

为了直观看到变化的关系, 可以求出相应的偏微分. 为此, 我们将吉布斯函数的微分方程用亲和势表示为

$$\mathrm{d}G = -S\mathrm{d}T + V\mathrm{d}p - A\mathrm{d}\xi.$$

利用麦克斯韦关系可以得到

$$\left(\frac{\partial A}{\partial T}\right)_{p,\xi} = \left(\frac{\partial S}{\partial \xi}\right)_{T,p} = \sum_{i=1}^{r} \nu_i S_i^*,$$

其中的求和项表示的是等温等压条件下, 反应进度为 1 时, 反应过程的熵变.

　　化学反应平衡时, 亲和势为零. 若该反应熵变大于零, 则温度升高后, 亲和势变大, 反应正向进行. 等温条件下, 熵增加的反应是吸热反应, 所以升高温度更有利于吸热化学反应. 同理, 降温更有利于放热化学反应. 而如果熵变为零, 也就是吸热为零, 则温度对反应没有影响. 这和实验上的观测相同.

　　还可以求出

$$\left(\frac{\partial (A/T)}{\partial T}\right)_{p,\xi} = \frac{1}{T^2} \sum_{i=1}^{r} \nu_i H_i^*,$$

其中求和项表示的是等温等压条件下, 反应进度为 1 时反应过程的焓变, 也就是反应时的吸热. 从这个式子能对温度的影响看得更加清楚.

　　利用麦克斯韦关系, 还可以求出

$$\left(\frac{\partial A}{\partial p}\right)_{T,\xi} = -\left(\frac{\partial V}{\partial \xi}\right)_{T,p} = -\sum_{i=1}^{r} \nu_i V_i^*,$$

其中求和项表示的是等温等压条件下, 反应进度为 1 时反应过程的体积变化. 显然, 升高压强更有利于体积减小的反应, 降低压强更有利于体积增大的反应, 如果反应前后体积不变, 则压强不影响反应的方向.

　　从亲和势的计算式

$$A(T,p,\xi) = -\sum_{i=1}^{r} \nu_i \left(\mu_i^{\Theta}(T) + RT \ln \frac{p_i}{p^{\Theta}}\right)$$

直接可以看出, 若 $\nu_i < 0$, 即 i 为反应物, 则增加 p_i, 亲和势变大, 反应正向进行, 若 $\nu_i > 0$, 即 i 为生成物, 则增加 p_i, 亲和势变小, 反应反向进行. 这样就可以看出应该如何控制变量, 让反应朝应用需要的方向进行.

　　对标准平衡常数可以做同样的分析来判断如何控制化学反应.

　　这样我们就以理想气体化学反应为例, 大致讨论了化学反应中的热力学问题. 但实际化学反应还有很多复杂的情况, 可以在物理化学教材中找到更详细的描述.

思　考　题

1. 普朗克假设任意物质在温度趋于零时熵都可以取为零, 这个假设合理吗? 1 mol 石墨在零温时变成了 1 mol 金刚石, 熵会有变化吗? 1 mol 普通玻璃变成 1 mol 钢化玻璃呢?

2. 为什么不同元素在共同参考态的焓都可以取为零? 可以取不同常数吗?

3. 计算气体混合时的熵变化. 能看出熵的直观意义吗?

4. 推导公式

$$\left(\frac{\partial (A/T)}{\partial T}\right)_{p,\xi} = \frac{1}{T^2} \sum_{i=1}^{r} \nu_i H_i^*.$$

习　　题

1. 计算标准平衡常数随温度 T、压强 p、分压 p_i 的变化, 并指出如何才能更有利于化学反应朝正向进行.

2. 在合成 NH_3 理想气体反应中, 在等温等压条件下, 设原料气体中 N_2 与 H_2 物质的量之比为 r, N_2 的平衡转化率为 α, 为了使 NH_3 的平衡摩尔分数最大, r 应取何值?

第二十四讲

光子气

　　热辐射是常见的一类热现象, 早期人们将其理解为各种振动模式的经典电磁波, 然而在此基础之上的经典统计理论却无法解释实验上的辐射性质, 这被开尔文称为第二朵乌云. 为此, 普朗克不得不引入能量子假说, 从而宣布了量子力学的诞生, 而对热辐射的理解也由此变成了光子气.

　　对于热辐射的热学性质该如何构建理解呢? 我们可以按照物理的认知规律逐步展开.

24.1　黑　体　辐　射

　　认识热辐射, 从实验现象开始. 一个典型的热辐射现象是加热一个铁块. 温度不高的时候, 铁块表观上没有明显变化, 而随着温度不断升高, 铁块开始变红, 变黄, 甚至发出耀眼的白色. 当然温度到熔点, 铁块会熔化. 而在加热的过程中, 人的皮肤尽管没有直接接触铁块, 也能明显感觉到热, 所以这个现象才会被称为热辐射. 另一个有趣的现象是烧制陶瓷的时候, 如果白色陶瓷表面有黑色釉, 则在高温的时候, 黑色的部分看起来更亮, 而白色的部分看起来甚至是黑的.

　　什么是热辐射? 看到颜色的变化, 自然会想到这种辐射和光有关, 而光和电磁波本质上是相同的, 所以原则上能想到热辐射就是电磁辐射. 实际上, 如果用红外摄影仪观察, 可以看到人体在发射红外电磁波. 皮肤和眼睛感受到的都是电磁波, 只不过皮肤感受到的是热效应, 眼睛看到的是电场作用. 这样关于热辐射的量化描述就可以直接借鉴电磁波的描述.

　　物体表面的颜色和其热辐射出的颜色为什么不一样? 物体表面的颜色通常是白光照射下的颜色, 实际上是表面反射出的电磁波, 而热辐射是物体辐射出的电磁波.

　　这些现象涉及多个物理性质, 要分别用相应的物理量来描述.

　　发射热辐射的物体的热状态用温度 T 描述, 而热辐射电磁波本身也可看作一个热力学系统, 达到热平衡时, 其温度也应为 T. 对热辐射颜色的描述用波长 λ, 或

者频率 ν, 由于热辐射中实际上各种波长的电磁波都有, 所以描述热辐射的时候其实可以用光谱, 即位于 $\lambda \to \lambda + \mathrm{d}\lambda$ 之间的辐射能流密度 (单位时间、单位面积上流过去的能量) 为 $r(\lambda)\mathrm{d}\lambda$, 其中 $r(\lambda)$ 被称为谱密度. 当然也可以用频率谱密度描述, 即将波长变量换为频率变量. 皮肤感受到热的多少可以用辐射能流密度 E, 由于是不同波长电磁波的共同效果, 所以和谱密度之间有关系

$$E = \int_0^\infty r(\lambda)\mathrm{d}\lambda.$$

物体表面反射光的本领用反射系数, 或者吸收系数 a 描述. 由于不同波长吸收情况不同, 所以才看到不同颜色, 因此吸收系数应该是波长的函数 $a(\lambda)$.

有了物理量之后, 自然我们会关心它们之间的函数关系. 不同温度下, 热辐射谱密度不同, 所以可寻找关系

$$r = r(\lambda, T).$$

物体表面的吸收系数也可能不同, 所以可寻找关系

$$a = a(\lambda, T).$$

同样, 人能直接感受到的热辐射也不同, 所以可寻找关系

$$E = E(T).$$

这些原则上都可以通过实验直接测量得到.

从高温下黑色陶瓷更亮、白色陶瓷更暗的现象, 可以发现反射系数或者吸收系数可能和热辐射有关, 所以还可以通过实验寻找 r 和 a 的关系.

历史上人们尽管早就知道吸收系数大的物体辐射更厉害, 但定量关系却不是通过实验找到的, 而是通过能量守恒分析得到的. 基尔霍夫 (Kirchhoff) 于 1859 年从能量守恒的角度提出, 物体和热辐射电磁波达到热平衡时, 物体辐射出去的能量和吸收的能量要相同.

设热平衡时, 物体周边的热辐射谱密度为 $r(\lambda, T)$, A 物体吸收系数为 $a_{\mathrm{A}}(\lambda, T)$, A 物体自己发出的热辐射谱密度为 $r_{\mathrm{A}}(\lambda, T)$, 则按照能量守恒, 应有

$$\int r_{\mathrm{A}}(\lambda, T)\mathrm{d}\lambda = \int a_{\mathrm{A}}(\lambda, T)r(\lambda, T)\mathrm{d}\lambda.$$

由于该式对任意物体都成立, 这样无论吸收系数是什么函数, 上式也得成立, 这就要求

$$r_{\mathrm{A}}(\lambda, T) = a_{\mathrm{A}}(\lambda, T)r(\lambda, T).$$

或者换个角度看, 如果两者不同, A 物体辐射出去的电磁波就会改变其周边的电磁辐射光谱, 从而没有达到平衡. 基尔霍夫进一步发现, 如果再假设有 B 物体, 也与

同样的热辐射电磁波达到热平衡, 设 B 物体自己发出的热辐射谱密度为 $r_B(\lambda, T)$, 吸收系数为 $a_B(\lambda, T)$, 则同样有

$$r_B(\lambda, T) = a_B(\lambda, T) r(\lambda, T).$$

我们马上可以得到一个结论:

$$\frac{r_A(\lambda, T)}{a_A(\lambda, T)} = \frac{r_B(\lambda, T)}{a_B(\lambda, T)} = r(\lambda, T).$$

显然这个结论可以推广到任意物体, 这被称为基尔霍夫热辐射定律.

　　显然热辐射的谱密度 $r(\lambda, T)$ 是重要的, 而且具有普适性, 只要再测量出吸收系数, 各种物体的热辐射就都可以计算得到了. 但是如何才能得到这个热平衡的热辐射谱密度呢? 可以看到有一个极端特例, 吸收系数为 1 的情况, 即

$$a(\lambda, T) = 1.$$

显然白光照射下, 这种物体会显示为黑色, 而且无论什么波长的光都被吸收, 所以是完美的 "黑体".

　　真的有这样的黑体吗? 一般的物体都不可能, 但可以人为制作一个. 将一个封闭空腔 (如日常生活中的盒子) 表面开一个小口, 则电磁波从小口入射后几乎被完全吸收, 这个小口可以等效为一个完美黑体, 如图 24.1 所示. 而根据基尔霍夫热辐射定律, 从小口辐射出的电磁波光谱就是这个特殊的谱密度 $r(\lambda, T)$, 被称为黑体辐射.

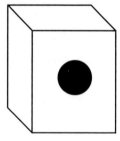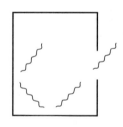

图 24.1　盒子表面的小口可以认为是黑体, 因为入射的不同波长电磁波几乎都被吸收, 不会直接反射出来

　　这样一来, 热辐射的研究对象就变得非常简单了, 即黑体辐射.

　　斯特藩 (Stefan) 于 1879 年从实验角度总结了辐射功率和温度的关系. 对黑体辐射来说, 函数关系为

$$E(T) = \sigma T^4, \quad \sigma \approx 5.670 \times 10^{-8} \ \text{W/(m}^2 \cdot \text{K}^4).$$

玻尔兹曼从热力学角度证明了这个定律, 所以它被称为斯特藩 – 玻尔兹曼定律.

维恩 (Wien) 通过理论推导于 1893 年发现黑体辐射谱存在一个极大值, 其对应波长 λ_m 和温度有关系

$$\lambda_\mathrm{m} T = b, \quad b \approx 2.898 \times 10^{-3}~\mathrm{m \cdot K}.$$

这被称为维恩位移律.

陆末 (Lummer) 和普林斯海姆 (Pringsheim) 于 1897 年测量了黑体辐射的光谱, 即谱密度 $r(\lambda, T)$, 如图 24.2 所示.

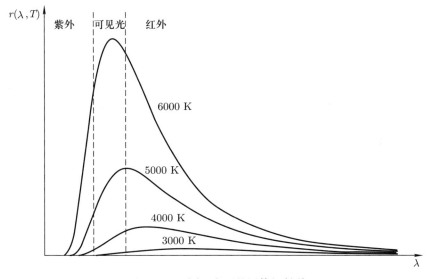

图 24.2 不同温度下的黑体辐射谱

普朗克于 1900 年利用内插法猜出了普朗克公式

$$r(\lambda, T) = \frac{2\pi h c^2}{\lambda^5} \frac{1}{\mathrm{e}^{hc/k_\mathrm{B} T \lambda} - 1}. \tag{24.1}$$

如果仔细观察黑体辐射谱, 可以发现谱密度曲线下的面积就是热辐射能流密度, 由此将不同温度谱密度下的面积算出, 可以得到斯特藩 – 玻尔兹曼定律. 而找到不同温度下黑体辐射谱密度的极大值就可以得到维恩位移律. 因此黑体辐射的实验规律主要体现在谱密度上.

考虑到辐射能流密度与能量密度 u 的关系

$$E(T) = uc = \sigma T^4,$$

其中 c 为光速, 则可以发现能量密度, 或者用热力学的习惯描述, 称之为内能密度, 只和温度有关:

$$u = u(T) = \frac{\sigma}{c} T^4.$$

另外, 热辐射还可以产生光压 p. 太阳系内宇宙飞船航行时的太阳帆设计就是基于光压的考虑. 从实验测量, 或者从电磁场理论出发直接推导, 都可以得到热辐射的压强和内能密度满足关系

$$p = u(T)/3 = \frac{1}{3} \frac{\sigma}{c} T^4.$$

这实际上相当于热辐射的状态方程.

24.2　热力学理论

如果将黑体辐射当成一个热力学系统, 则可以类比 pVT 纯物质系统, 黑体辐射可以有自己的体积 V, 即空腔体积, 还有压强 p、温度 T、等容热容 C_V、内能 U、熵 S、焓 H、自由能 F、吉布斯函数 G 等物理量. 利用同样的类比, 就可以按照热力学理论得到黑体辐射的宏观热学性质.

我们首先假设两条实验性质作为公理, 一个是内能密度只和温度有关, 即

$$u = u(T),$$

另一个是压强和内能密度的关系

$$p = \frac{1}{3} u.$$

这其实相当于给出了一个热力学系统的模型. 然后再结合热力学基本微分方程

$$\mathrm{d}U = T\mathrm{d}S - p\mathrm{d}V$$

就可以推导出其他状态函数作为状态参量 (T, V) 的函数, 从而得到其热学性质的描述.

我们先推导内能函数. 将微分方程改写为以 (T, V) 为变量的形式

$$\mathrm{d}U = T\left(\frac{\partial S}{\partial T}\right)_V \mathrm{d}T + \left[T\left(\frac{\partial S}{\partial V}\right)_T - p\right]\mathrm{d}V,$$

再利用麦克斯韦关系得到

$$\mathrm{d}U = T\left(\frac{\partial S}{\partial T}\right)_V \mathrm{d}T + \left[T\left(\frac{\partial p}{\partial T}\right)_V - p\right]\mathrm{d}V.$$

由于内能和内能密度的关系为

$$U = u(T)V,$$

再加上压强和内能密度的关系, 就可以得到

$$\left(\frac{\partial U}{\partial T}\right)_V = \frac{\mathrm{d}u}{\mathrm{d}T}V = T\left(\frac{\partial S}{\partial T}\right)_V, \tag{24.2}$$

$$u = \frac{1}{3}T\frac{\mathrm{d}u}{\mathrm{d}T} - \frac{1}{3}u. \tag{24.3}$$

通过公式 (24.3) 可以解出

$$u = \alpha T^4,$$

其中 α 为积分常数. 由内能密度可以得到能流密度为

$$E = \gamma c\alpha T^4 = \sigma T^4, \tag{24.4}$$

其中 γ 为无量纲的常数. 这就是斯特藩 – 玻尔兹曼定律. 由此立刻得到内能为

$$U = \alpha T^4 V,$$

压强为

$$p = \frac{1}{3}\alpha T^4.$$

此即热辐射的状态方程.

我们再来求熵. 由公式 (24.2) 可得

$$\left(\frac{\partial S}{\partial T}\right)_V = 4\alpha T^2 V.$$

将熵作为 (T, V) 的函数, 有

$$\mathrm{d}S = \left(\frac{\partial S}{\partial T}\right)_V \mathrm{d}T + \left(\frac{\partial S}{\partial V}\right)_T \mathrm{d}V.$$

再利用麦克斯韦关系和压强的公式, 可得

$$\mathrm{d}S = 4\alpha T^2 V \mathrm{d}T + \frac{4}{3}\alpha T^3 \mathrm{d}V.$$

考虑到体积为零时, 热辐射不存在, 熵应为零, 由此可解得

$$S = \frac{4}{3}\alpha T^3 V.$$

这样按照定义就可以求出

$$H = \frac{4}{3}\alpha T^4 V,$$
$$F = -\frac{1}{3}\alpha T^4 V,$$
$$G = 0.$$

有了这些结果, 其他和黑体辐射相关的热学性质就都可以导出了, 例如绝热过程方程、等容热容、等压热容等.

一个有趣的结论是热辐射系统的吉布斯函数为 0, 这意味着其化学势也为零. 对应实验上的特性是, 如果等温地将空腔变大, 即体积变大, 则热辐射总量会增加, 但保持内能密度不变. 和一般的封闭理想气体等温膨胀比较, 如果也能保持内能密度不变, 这意味着粒子数不守恒, 要增加. 其实增加的热辐射是从空腔器壁上发射出来的, 空腔器壁起到了粒子源的作用.

显然热力学构建出了对热辐射整体热性质的系统理论, 与实验观察也是自洽的, 但对于谱密度这样的实验性质则无法解释. 这就需要构建热辐射的微观统计理论.

24.3　电磁波模型

为了构建对黑体辐射谱的理论认知, 首先需要构建热辐射的理想模型. 早期人们将其理解为电磁波, 则空腔中的电磁波要能稳定存在, 会形成各种驻波. 在驻波模型的基础上, 我们就可以尝试构建理论来解释实验上的谱密度了. 显然, 对电磁波本身来说, 麦克斯韦方程组是作为公理存在的, 而涉及热的部分则以统计规律作为公理. 假设空腔是边长为 L 的立方体, 则按照驻波条件有

$$k_x L = n_x \pi,$$
$$k_y L = n_y \pi,$$
$$k_z L = n_z \pi,$$
$$k_x^2 + k_y^2 + k_z^2 = k^2 = \left(\frac{2\pi}{\lambda}\right)^2,$$

其中 n_x, n_y, n_z 取正整数, 每一个组合 (n_x, n_y, n_z) 代表一个驻波模式. 为了和谱密度对应, 需要求出波长在 $\lambda \to \lambda + \mathrm{d}\lambda$ 之间有多少个驻波模式. 为此我们先求在 $k \to k + \mathrm{d}k$ 区间有多少个驻波模式. 以 n_x, n_y, n_z 为三个相互正交的坐标构成驻波模式空间, 注意其取值是正整数, 这样 (n_x, n_y, n_z) 坐标代表一个模式, 或者等效地

认为一个模式在该空间占据的体积为 1, 由于坐标满足

$$n_x^2 + n_y^2 + n_z^2 = \frac{L^2}{\pi^2}k^2,$$

这样该空间中, $k \to k + \mathrm{d}k$ 区间的体积为

$$\frac{1}{8} \times 4\pi\frac{L^2}{\pi^2}k^2\mathrm{d}\left(\frac{L}{\pi}k\right) = \frac{V}{2\pi^2}k^2\mathrm{d}k,$$

其中 V 为空腔体积. 再将变量换为 λ, 则区间体积可写为

$$\frac{4\pi V}{\lambda^4}\mathrm{d}\lambda.$$

将这个体积除以每个驻波的体积 1, 并考虑到电磁波是横波, 还有两个独立振动, 可以得到 $\lambda \to \lambda + \mathrm{d}\lambda$ 之间的驻波模式数量为

$$\frac{8\pi V}{\lambda^4}\mathrm{d}\lambda.$$

这也被称为对应波长区间的振动自由度.

1896 年, 维恩类比麦克斯韦 – 玻尔兹曼分布, 假设不同波长电磁波的分布服从类似的规律

$$\mathrm{e}^{-\frac{c_1/\lambda}{k_\mathrm{B}T}},$$

其中 c_1 为常系数, 则 c_1/λ 相当于对应电磁波的能量, 这样可以得到 $\lambda \to \lambda + \mathrm{d}\lambda$ 之间电磁波的内能密度为

$$u_\lambda = c_2\frac{c_1}{\lambda}\frac{8\pi}{\lambda^4}\mathrm{e}^{-\frac{c_1/\lambda}{k_\mathrm{B}T}}\mathrm{d}\lambda,$$

其中 c_2 也为常系数. 而能流密度为

$$\gamma c u_\lambda,$$

其中 γ 为无量纲的常系数. 与谱密度比较后得到

$$r(\lambda, T) = \gamma c_2 c_1 \frac{8\pi c}{\lambda^5}\mathrm{e}^{-\frac{c_1/\lambda}{k_\mathrm{B}T}}.$$

这就是维恩公式.

陆末和普林斯海姆通过实验检验发现, 维恩公式只在短波长、低温时与实验结果符合得较好, 对于长波长则偏差较大.

1900 年, 瑞利假设对于这些电磁波振子, 经典统计理论是正确的, 这样达到热平衡时, 按照能量均分定理, 每个振动自由度分得的平均能量为 $k_\mathrm{B}T$, 就得到 $\lambda \to \lambda + \mathrm{d}\lambda$ 区间内热辐射的内能密度为

$$\frac{8\pi}{\lambda^4}k_\mathrm{B}T\mathrm{d}\lambda.$$

而谱密度显然与之成正比, 这样就可以得到

$$r(\lambda, T) = \gamma \frac{8\pi c}{\lambda^4} k_\mathrm{B} T.$$

瑞利推导这个公式的时候出现了一个因子错误, 金斯发现并修正了这个因子, 因而这个公式被称为瑞利 – 金斯公式.

　　然而这个公式有个严重的问题, 在短波长处发散, 显然和实验是不符合的. 埃伦菲斯特称其为紫外灾难, 开尔文则将其视为物理学大厦上空的第二朵乌云.

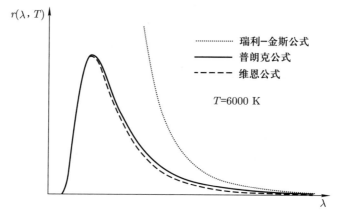

图 24.3　维恩公式和瑞利 – 金斯公式对符合实验的普朗克公式的偏离

　　理论和实验的不符合意味着来到了认知边界, 往前再迈一步, 就有新的发现.

24.4　普朗克能量子假说

　　普朗克为了解决紫外灾难, 不得不违背常识, 假设波长为 λ、频率为 $\nu = c/\lambda$ 的电磁波的振动能量只能取分立值, 而且只能是 $\varepsilon_0 = h\nu$ 的整数倍, 即

$$\varepsilon = m\varepsilon_0, \qquad m = 0, 1, 2, \cdots.$$

这被称为能量子假说, 其中 h 被称为普朗克常数. 同时为了计算电磁振子的平均能量, 普朗克假设振子服从麦克斯韦 – 玻尔兹曼分布, 这样就可以计算出平均能量为

$$\bar{\varepsilon} = \frac{\displaystyle\sum_{m=0}^{\infty} m\varepsilon_0 \mathrm{e}^{-\frac{m\varepsilon_0}{k_\mathrm{B} T}}}{\displaystyle\sum_{m=0}^{\infty} \mathrm{e}^{-\frac{m\varepsilon_0}{k_\mathrm{B} T}}} = \frac{\varepsilon_0}{\mathrm{e}^{\frac{\varepsilon_0}{k_\mathrm{B} T}} - 1},$$

用波长表示为

$$\bar{\varepsilon} = \frac{hc/\lambda}{\mathrm{e}^{\frac{hc/\lambda}{k_\mathrm{B}T}} - 1}.$$

替换掉瑞利–金斯公式中的平均能量, 即得谱密度为

$$r(\lambda, T) = \gamma \frac{8\pi hc^2}{\lambda^5} \frac{1}{\mathrm{e}^{\frac{hc}{\lambda k_\mathrm{B}T}} - 1},$$

或者用频率表示为

$$r'(\nu, T) = \gamma \frac{8\pi}{c^2} \frac{h\nu^3}{\mathrm{e}^{\frac{h\nu}{k_\mathrm{B}T}} - 1}.$$

这和实验上测量得到的结果符合得非常好, 与普朗克最初用内插法猜出的公式也吻合. 普朗克因此获得了 1918 年的诺贝尔物理学奖.

对于能量子假说, 普朗克自己都不太敢相信, 然而爱因斯坦却看到了这个假说的物理含义, 即光可以看成光子, 并用这个模型完美解释了光电效应, 因此获得了 1921 年的诺贝尔物理学奖.

24.5　光子气模型

爱因斯坦的光子概念说明黑体辐射也可以看成光子组成的气体, 即光子气, 这启发玻色提出了玻色分布. 这时黑体辐射的模型变成了光子气, 每个光子能占据的态就是各种驻波模式, 对应能量为

$$\varepsilon = h\nu = hc/\lambda.$$

振动自由度就是简并度:

$$g(\lambda) = \frac{8\pi V}{\lambda^4} \mathrm{d}\lambda.$$

由于空腔可以发射和吸收光子, 所以光子数不守恒, 再加上全同性的约束, 玻色基于等概率假设推导出了光子的玻色分布:

$$a_\lambda = \frac{g(\lambda)}{\mathrm{e}^{\frac{hc/\lambda}{k_\mathrm{B}T}} - 1}.$$

这样可以得到 $\lambda \to \lambda + \mathrm{d}\lambda$ 区间的内能密度为

$$u_\lambda = \frac{1}{V} \frac{hc}{\lambda} a_\lambda.$$

再求出能流密度为

$$\gamma c u_\lambda,$$

代入具体表达式, 并与谱密度比较, 可得

$$r(\lambda, T) = \gamma \frac{8\pi h c^2}{\lambda^5} \frac{1}{e^{\frac{hc}{\lambda k_{\mathrm{B}} T}} - 1},$$

与普朗克得到的公式相同.

对谱密度积分可得黑体辐射的能流密度为

$$E = \int_0^\infty \gamma \frac{8\pi h c^2}{\lambda^5} \frac{1}{e^{\frac{hc}{\lambda k_{\mathrm{B}} T}} - 1} \mathrm{d}\lambda.$$

积分可得

$$E = \gamma \frac{8\pi^5 k_{\mathrm{B}}^4}{15 h^3 c^2} T^4 = \sigma T^4.$$

显然可以得到斯特藩－玻尔兹曼定律, 其中用到了积分公式

$$\int_0^\infty \frac{x^3}{e^x - 1} \mathrm{d}x = \frac{\pi^4}{15}.$$

进而可以得到黑体辐射的内能密度为

$$u = \frac{\sigma}{\gamma c} T^4 = \alpha T^4,$$

因此黑体辐射的内能为

$$U = \alpha T^4 V.$$

由相对论可知, 光子动量和能量的关系为

$$Pc = \varepsilon.$$

类似于理想气体压强的推导, 可以得到光子气压强为

$$p = \frac{1}{3} u(T) = \frac{1}{3} \alpha T^4.$$

还可以计算出总的光子数为

$$N = \int_0^\infty a_\lambda \mathrm{d}\lambda \approx 2.404 \times \frac{8\pi k_{\mathrm{B}}^3}{h^3 c^3} T^3 V,$$

其中用到了积分公式

$$\int_0^\infty \frac{x^2}{e^x - 1} \mathrm{d}x \approx 2.404.$$

显然光子气模型以及玻色分布规律能解释实验上观察到的全部性质. 实际上按玻尔兹曼熵关系式, 还可以算出光子气的熵, 从而描述黑体辐射的所有热力学性质. 因此这是更好的理论系统.

24.6　宇宙微波背景辐射

在宇宙大爆炸理论描述下, 宇宙在大爆炸初期是光子和其他粒子共存的状态, 由于有电磁相互作用, 光子和其他粒子是达到热平衡的. 之后宇宙不断膨胀, 同时温度降低. 当温度足够低时, 中性原子开始形成, 宇宙中的光子几乎不再参与和物质的相互作用, 这被称为光子退耦合, 从而形成宇宙微波背景辐射.

这本是宇宙大爆炸理论的预言, 但在 1964 年, 彭齐亚斯 (Penzias) 和威尔逊检查天线的电磁噪声来源时, 发现有一种噪声始终无法找到来源. 他们认为这种噪声来自宇宙, 波长大约 7.35 cm, 处于微波段, 大约对应温度为 3 K 的热辐射, 从而从实验上证实了宇宙微波背景辐射的存在. 他们因此获得了 1978 年的诺贝尔物理学奖.

后来一系列卫星测量的数据表明, 宇宙微波背景辐射的光谱精确符合普朗克公式, 从而更加说明了光子气理论的有效性.

宇宙微波背景辐射从退耦合起, 就保留了当时的所有信息不再改变, 所以通过今天对其的测量可以推知宇宙大爆炸的早期信息, 因而宇宙微波背景辐射一直都是天文观测的重点.

思　考　题

1. 阳光下玫瑰花看起来是红色的, 玫瑰花和周围的电磁辐射达到热平衡了吗? 如果达到热平衡, 玫瑰花还是红色的吗? 可能是什么颜色?
2. 对于高温铁块发出的光, 人眼睛看到的颜色是维恩位移律中黑体辐射谱极大值对应的波长吗?
3. 推导频率表示的黑体辐射谱密度 $r'(\nu, T)$.
4. 将普朗克公式取长波长和短波长极限, 并与瑞利 - 金斯公式、维恩公式比较.
5. 宇宙微波背景辐射对应的温度会变吗? 你有生之年能观察到吗?
6. 调查红外温度计的工作原理.

习　题

1. 确定公式 (24.4) 中的无量纲常数 γ 的取值.
2. 已知真空中电磁场的动量流密度为

$$T_{ij} = \varepsilon_0 E_i E_j + \frac{1}{\mu_0} B_i B_j - \frac{1}{2}\left(\varepsilon_1 E^2 + \frac{1}{\mu_0}B^2\right)\delta_{ij},$$

其中 E 为电场强度, B 为磁感应强度, 下标为其分量, 又已知电磁场的能量密度为

$$w = \frac{1}{2}\varepsilon_0 E^2 + \frac{1}{2}\frac{1}{\mu_0}B^2,$$

将黑体辐射看作空腔中达到热平衡的电磁波, 推导黑体辐射压强与内能密度的关系.

参考文献

[1] 穆良柱. 什么是 ETA 物理认知模型. 物理与工程, 2020, 30(1): 29.

[2] 穆良柱. 什么是物理方法. 大学物理, 2018, 37(2): 18.

[3] 穆良柱. 什么是物理精神. 大学物理, 2018, 37(3): 26.

[4] 王季陶. 现代热力学及热力学学科全貌. 上海: 复旦大学出版社, 2005.

[5] Bjorken J D and Paschos E A. Inelastic Electron-Proton and γ-Proton Scattering and the Structure of the Nucleon. Phys. Rev., 1969, 185: 1975.

[6] Feynman R P. The Behavior of Hadron Collisions at Extreme Energies//High Energy Collisions: Third International Conference at Stony Brook. New York: Gordon and Breach, 1969.

[7] Gell-Mann M. A Schematic Model of Baryons and Mesons. Phys. Lett., 1964, 8(3): 214.

[8] Shechtman D, et al. Metallic Phase with Long-Range Orientational Order and No Translational Symmetry. Phys. Rev. Lett., 1984, 53: 1951.

[9] Graben H W and Present R D. Third Virial Coefficient for the Sutherland (∞, ν) Potential. Rev. Mod. Phys., 1964, 36: 1025.

[10] Peck J and Fenichel H. The Critical Point of Neon. Phys. Lett. A, 1974, 49(2): 97.

[11] Maxwell J C. V. Illustrations of the Dynamical Theory of Gases. —Part I. On the Motions and Collisions of Perfectly Elastic Spheres. The London, Edinburgh, and Dublin Philosophical Magazine and Journal of Science, 1860, 19(124): 19.

[12] Stern O. A Measurement of the Thermal Molecular Speed. Physikalische Zeitschrift, 1920, 21: 582.

[13] 高执棣, 郭国霖. 统计热力学导论. 北京: 北京大学出版社, 2004.

[14] 林宗涵. 热力学与统计物理学. 2 版. 北京: 北京大学出版社, 2018.

[15] Casimir H B G. On Onsager's Principle of Microscopic Reversibility. Rev. Mod. Phys., 1945, 17: 343.

[16] 彭桓武, 徐锡申. 理论物理基础. 北京: 北京大学出版社, 1998.

[17]　Ouyang Q and Swinney H L. Transition from a Uniform State to Hexagonal and Striped Turing Patterns. Nature, 1991, 352: 610.

[18]　Rossini F D and Frandsen M. The Calorimetric Determination of the In-Trinsic Energy of Gases as a Function of the Pressure. Data on Oxygen and Its Mixtures with Carbon Dioxide to 40 Atmospheres at 28°C. Bureau of Standards Journal of Research, 1932, 9: 733.

[19]　Carnot S. Reflections on the Motive Power of Fire. New York: Dover Publications, Inc., 1960.

[20]　Thomson W. On an Absolute Thermometric Scale Founded on Carnot's Theory of the Motive Power of Heat, and Calculated from Regnault's Observations. Philosophical Magazine, 1848, 10.

[21]　Thomson W. On the Dynamical Theory of Heat: With Numerical Results Deduced from Mr. Joule's Equivalent of a Thermal Unit and M. Regnault's Observations on Steam. Math. and Phys. Papers, 1851, 1: 175.

[22]　赵凯华, 罗蔚茵. 新概念物理教程: 热学. 2 版. 北京: 高等教育出版社, 2005.

[23]　俞允强. 宇宙演化与热寂说. 物理, 2011, 40(9): 561.

[24]　高执棣. 化学热力学基础. 北京: 北京大学出版社, 2006.

索引